アジア社会と水

—アジアが抱える現代の水問題—

後藤　晃・秋山憲治 編著

文眞堂

まえがき

水は人々の命を支えているもっとも重要な資源であり、人は生活のさまざまな場面で水と深く関わってきた。しかし利用可能な水の量は地域差が大きく、また水資源の有効利用には様々なインフラが必要である。人がコントロールできない自然の作用も大きく、気候変動の影響は深刻さを増している。このため解決をはかるべき課題はますます増えており、21 世紀が「水の世紀」と言われるのもこうした背景によると思われる。

「水の世紀」は、水をめぐる環境が厳しさを増している現状を鑑みるとむしろ「水の危機の世紀」といった方が適切かもしれない。世界の水需要は人口の増加や経済規模の拡大でこの半世紀足らずの間に２倍に増え、将来も同等のペースで増え続けると考えられている。水需要の増大に対しては供給を増やす必要があり、これまでダムの建設や地下水開発など国や企業による投資が進められてきた。しかし開発はさまざまなトラブルを引き起こす可能性がある。地下水開発は地下水資源の減少、さらには枯渇の危機を招き、複数の国を流れる国際河川では上流の国のダム建設による下流における流水量の減少や水質汚染が紛争の火種になっている。

解決すべき課題はとりわけアジアで多い。ユーフラテス川、インダス川、ブラマプトラ川、メコン川などで水の分配をめぐる国家間のトラブルが多発し、西アジアや南アジアでは地下水の過剰なくみ上げで地下水位が大きく低下しところによっては枯渇の危機に瀕している。洪水と干ばつの慢性化も問題である。温暖化の影響とされるタイの大洪水は記憶に新しいが、西アジアの多くの国は干ばつに悩まされており、バングラデシュでは海面上昇で将来農業に甚大な被害が出ることが予測されている。中国とインドでは地域間の水資源の不均衡と水不足が問題となっており、インドでは沢山の人々が安全な水にアクセスできない状態が続いている。

アジアで水をめぐる環境が厳しいのは、地理的な要因にもよるが人々の水との関わりが他の地域と比べて深いことが関係している。人々の本来的な生業である農業が水資源の総利用量に占める割合は、ヨーロッパが30％程度であるのに対してアジアは80％と圧倒的に高い。これは、アジアの農業を特徴づけている稲作が灌漑を行うことで成り立ち、アジアに広がる乾燥地も農業生産力は人工的な灌漑によって維持されているためである。人の営為によって水利施設が建設・維持され、灌漑用水の利用を通して地域社会のコミュニティーが維持されてきた伝統があり、それゆえ水との関わりが社会のシステムを規定し文化の主要な要素ともなってきた。アジアでは水は社会および文化の基層をなしてきたといってよい。

では、水との関係が深いアジアで今日抱えている問題を解決する手立てはあるのだろうか。人口増加と経済開発また気候変動が今日の水危機の要因であるとすると、解決への道は厳しいといってよい。国際河川をめぐる紛争は今後さらに激しくなることが予想されるし、地下水の状況は益々厳しい方向に向かう。しかし安全な飲料水へのアクセスは水の浄化の技術と上水道への投資によって改善の可能性がある。これは河川の汚濁など水をめぐる環境悪化についても同様である。日本では高度経済成長期に都市を流れる川や水路はコンクリで固められ自然の浄化作用を失い住民をも無機化してきたが、生態系の復元を目指した川の作り変えが成果をあげている。

このようにみると水問題のテーマは限りなくある。神奈川大学アジア研究センターでは、現状を踏まえて2014年に、経済、人類学、建築、歴史、環境問題を専門とする研究者の参加によって「アジアの水に関する総合的研究」をテーマに共同研究を立ち上げた。本書はこの共同研究の成果である。執筆者は専門領域を異にするためアプローチの仕方は一様ではなく、各自の問題意識と関心からアジアの水に向き合っている。このため各章間の関連は必ずしもよくないが、多様な観点から多角的に捉えることはできたと考えている。

以下に、本書の構成と各論文の要旨を紹介する。

第一部「現代の水問題」では、はじめに水問題の現状を概観し、現代のアジアで課題となっている水をめぐる問題をテーマとする。開発と国際河川の水分配、地下水過剰取水の問題、都市の上水道の建設、開発によって自然を失った都市河川の自然回復の試みが扱われている。

第1章「アジアの持続可能な水環境」では、20世紀後半以降に地球の自然環境が大きく変化する中、アジア諸国の水をとりまく環境がどう変わってきたかについて検討する。とくにアジア環境パートナーシップ（WEPA）の参加国の中から日本を含めて4カ国、それにモンゴルを加えて、水資源、水質の現状および今後の課題を分析し紹介する。

第2章「チベット高原の経済開発と水問題」では、中国にとっての給水塔であり地政学上重要なチベット高原の経済開発が水資源や環境をどう変えてきているか、またチベットを水源としアジア諸国に流れ出す国際河川は何本もあるが、メコン川を中心にダム開発が下流域の国々にどのような影響を及ぼしているかを論じている。

第3章「乾燥地の地下水開発と水危機」では、動力ポンプで揚水する井戸の普及でこの半世紀に地下水開発が進み農業開発が大きく進展した乾燥地域の水資源問題を扱う。涵養される水量を大幅に超える取水で地下水が枯渇の危機に瀕している実情を、イランの事例で具体的に示す。

第4章「日本の近代水道の創設」では、日本における水道事業の嚆矢となった横浜の水道創設について論じている。現在、世界の人口の12パーセントに当たる9億人が安全な水にアクセスできていない現実を踏まえて、なぜ横浜で近代水道が誕生したのか、日本の水道事業にとっての歴史遺産ともいうべき事業の時代背景と建設のプロセスを紹介、さらに現在の水道事業が直面する課題について論じている。

第5章「住民参加による多自然型川づくり」では、開発の時代に汚染され人々を疎外してきた川を、人々の生活に豊かさを与え自然を感じられる憩いの場に変え、生態系を育む自然空間として復元していくプロセスを日本と韓国の事例で紹介し、市民参加による多自然型川づくりのデザイン及びマネジメントを明らかにする。

第6章「流域ガバナンスの変遷」では、国際河川メコン川の流域ガバナンスについて、とくに1957年に下流域4カ国により設立されたメコン委員会と1995年に再建されたメコン川委員会を中心に論じている。メコン流域の当事者国家や国連などによる上からの統治と地域社会の下からの自治の交わるところの協治に注目している。

第二部では、「水と社会」の問題を扱う。アジア社会は水社会としての側面をもち、人の水との関わりが社会のシステムや文化の様式に影響を与えてきた。水利開発や経済の諸活動、また日々の生活の様々な場面で水との関係がどう作用してきたのか、歴史や人類学などの対象となる個々のテーマで論じられている。

第7章「植民地朝鮮・全北湖南平野における水利組合の設立過程」では、朝鮮・全羅北道湖南平野の2水系における植民地下での水利組合事業の展開過程を分析している。2水系ともに日本人大地主が事業を主導したが、上・下流域間での用水配分をめぐって日本人大地主間の利害対立が生じた。その深刻度と両水系での事業進捗度の差、大規模ダムの建設、朝鮮人地主・農民などの関係を論じている。

第8章「タイ社会における水と人のかかわり」では、タイ社会における水と人とのかかわりをその基層や基盤まで含めて多角的に検討し、その多様性（多義性）を考察している。とりわけタイでは社会の基層に水との関わりが深く、これを様々な事例をもとに紹介し論じている。おもに人々の生活、信仰、稲作に関わる制度や風習を対象とし、公害や災害に際しての水と人との関係にも焦点を当てている。

第9章「ミエン・ヤオ族の儀礼における水の功能」では、ミエン・ヤオ族は中国南部および東南アジア大陸部の山地で焼畑耕作や移動を繰り返し広く分布しているが、中国藍山県の通過儀礼の還家願儀礼における水の役割を取り上げ、そのパフォーマンスおよび読誦される経文をベトナムとタイと比較することで、斉一性と地域的多様性を検証している。

第10章「日中文化交流の一側面」では、江戸時代の玉垣村（現・鈴鹿市桜島町）で行われた開墾の経緯や様子を記した「吉澤桜島碑記」に基づき、『西湖佳話』と津藩の治水事業を検討している。碑記の概略を口語訳にし、その背景、そして桜島と西湖との関係を論じ、中国とどのようなかかわりがあったかを論じている。

第11章「物流と海洋：海運と国際調達の新たな役割」では、海洋国家日本の過去、現在そして将来の観点から水の役割を考察する。海運と国際経営の視点にたち日本企業の海外事業を取り上げ、海上輸送が製造業の生産体制と物流システムの進化にどのように関わっているか、今後の課題となる事項や可能性の所在を考察している。

後藤　晃

目　　次

まえがき ………………………………………………………………… i

第一部　現代の水問題 ……………………………………………………… 1

第1章 アジアの持続可能な水環境 ……………… 佐藤　寛 … 3
—水の現状と課題—

Ⅰ．はじめに ……………………………………………………………… 3
Ⅱ．地球の水 ……………………………………………………………… 4
Ⅲ．アジアの水の現状と課題 …………………………………………… 9
Ⅳ．おわりに ……………………………………………………………24

第2章　チベット高原の経済開発と水問題 ………… 秋山憲治 …29
—国際河川との関連より—

Ⅰ．はじめに ……………………………………………………………29
Ⅱ．チベットの位置づけ：地政学と諸特徴 …………………………30
Ⅲ．西部大開発とチベット ……………………………………………35
Ⅳ．チベットの経済開発と水・生態系への影響 ……………………42
Ⅴ．チベット高原を水源とする国際河川と近隣諸国への影響 ………47
Ⅵ．おわりに ……………………………………………………………53

第3章　乾燥地の地下水開発と水危機 ………… 後藤　晃 …56
—イランの事例から—

Ⅰ．はじめに ……………………………………………………………56
Ⅱ．イランの地理的環境と水系 ………………………………………58
Ⅲ．井戸の普及と地下水の過剰な取水 ………………………………61

Ⅳ．政府の農業政策と水政策 ……………………………………………70
Ⅴ．おわりに ……………………………………………………………73

第4章　日本の近代水道の創設 ……………………… 内藤徹雄 …78
―横浜水道を中心に―

Ⅰ．はじめに ……………………………………………………………78
Ⅱ．横浜における近代水道創設の経緯 ………………………………79
Ⅲ．明治初期の水道計画案 ……………………………………………83
Ⅳ．パーマーによる近代水道の完成 …………………………………85
Ⅴ．近代水道の他都市への普及とその後の推移 ……………………91
Ⅵ．おわりに ……………………………………………………………94

第5章　住民参加による多自然型川づくり…山家京子・鄭　一止…99
―日本・源兵衛川と韓国・水原川を事例として―

Ⅰ．川と人との関わり
―負の空間から都市的親水自然空間へ― …………………………99
Ⅱ．日本・源兵衛川 …………………………………………………… 101
Ⅲ．韓国・水原川 ……………………………………………………… 118
Ⅳ．2つの事例とその周辺から見えてくること …………………… 133

第6章　流域ガバナンスの変遷 ……………………川瀬　博 … 138
―メコン川を事例に考える―

Ⅰ．はじめに …………………………………………………………… 138
Ⅱ．メコン川の特長 …………………………………………………… 139
Ⅲ．流域統治の時代 …………………………………………………… 140
Ⅳ．流域分割の時代 …………………………………………………… 142
Ⅴ．流域協治の時代を迎えて ………………………………………… 147
Ⅵ．まとめにかえて …………………………………………………… 154

第二部　水と社会 …… 157

第7章　植民地朝鮮・全北湖南平野における水利組合の設立過程 ……松本武祝 … 159

Ⅰ．はじめに
—帝国日本の米穀増産と朝鮮水利組合事業 …… 159
Ⅱ．湖南平野における水利組合事業の特徴 …… 163
Ⅲ．初期段階における湖南平野における水利組合事業 …… 168
Ⅳ．新規水源開発と水利組合事業の進展 …… 173
Ⅴ．水利組合設立に対する朝鮮人の反対運動 …… 179
Ⅵ．まとめにかえて …… 182

第8章　タイにおける水と人とのかかわり ……高城　玲 … 188
—その多様性と多義性をめぐって—

Ⅰ．はじめに …… 188
Ⅱ．日常生活における水と人 …… 189
Ⅲ．信仰における水と人 …… 193
Ⅳ．稲作における水と人 …… 194
Ⅴ．公害・災害における水と人 …… 199
Ⅵ．おわりに …… 206

第9章　ミエン・ヤオ族の儀礼における水の功能……廣田律子 … 211
—中国・ベトナム・タイ広域比較分析の取り組み—

Ⅰ．はじめに …… 211
Ⅱ．儀礼水に関するこれまでの研究 …… 213
Ⅲ．ミエン・ヤオ族の儀礼 …… 215
Ⅳ．儀礼における水の使用 …… 217
Ⅴ．道教儀礼・法教儀礼から考える …… 239
Ⅵ．まとめ …… 243

第 10 章　日中文化交流の一側面
　　　―『西湖佳話』と津藩の治水事業―…………鈴木陽一… 249

Ⅰ．はじめに …………………………………………………… 249
Ⅱ．「吉澤桜島碑記」の概略……………………………………… 250
Ⅲ．碑記の背景 ………………………………………………… 254
Ⅳ．桜島と西湖 ………………………………………………… 258

第 11 章　物流と海洋：
　　　海運と国際調達の新たな役割 ……………田中則仁… 271

Ⅰ．はじめに …………………………………………………… 271
Ⅱ．近世日本のアジア海洋交易 ……………………………… 272
Ⅲ．近世日本の海上交易 ……………………………………… 273
Ⅳ．現代の海運と物流 ………………………………………… 276
Ⅴ．メーカーとサプライヤーの国際調達 …………………… 281
Ⅵ．望まれる国際的企業間連携 ……………………………… 289

あとがき ………………………………………………………… 294

第一部

現代の水問題

第1章
アジアの持続可能な水環境
―水の現状と課題―

佐藤　寛

I．はじめに

古代ギリシャの哲学者タレスは万物の源は水（アルケー）と唱えた。地球に生息する動植物の生命の誕生と生息には不可欠なものが水である。水そのものは社会生活の基盤であり無くてはならない資源である。20世紀後半から21世紀にかけて地球の自然環境に変化が見られるようになった。地球温暖化、異常気象、砂漠化、オゾン層の破壊、巨大台風の発生、ゲリラ豪雨など地球に異変が生じている。これらの異変は大干ばつや洪水などと水にまつわる話題が絶えない。これらの水災害は、まるで人類に戦いを挑む装いのように見える。主たる原因は、気候変動と環境悪化によって地球の自然環境に大きな異変をもたらしていると考えられている。21世紀は水の世紀といわれてから幾久しい。「20世紀は石油と領土の世紀であり、21世紀は水の世紀」といわれるのは、地球環境の悪化による水資源問題に対する深刻さにある。これらの水問題は発展途上国を中心とした急激な経済成長や先進国における水の大量消費などであり、また経済発展に伴って人口増加による水の消費が拡大し、水の需要と供給のアンバランンスの結果といえる。世界の人口は2000年に60億人を突破し、2017年には74億人を数え、2025年には約83億人、2050年には約90億人を数えるものと推測されている。このような状況下で世界の経済は発展を続けて、水の消費も大幅に増加するものと推測される。

本章では、21世紀を迎えた今日において水を取り巻く環境の大きな変化に注目し、アジアの水の現状と課題を中心として考察するものである。

アジア諸国は、近年急激な経済成長によって豊かな生活を享受している。しかし、この経済発展の裏には環境破壊も同時に進行している。中でも水問題は深刻な直面にある。水質汚濁をはじめ洪水や干ばつと多種多様なほど水問題が山積しているのが現状である。

アジアの水問題を考察するために、今回はアジア水環境パートナーシップ（WEPA：Water Environment Partnership in Asia）の13カ国のパートナー国（カンボジア、中国、インドネシア、日本、韓国、ラオス、マレーシア、ミャンマー、ネパール、フィリピン、スリランカ、タイ、ベトナム）に限定し、その中からカンボジア、中国、インドネシア、日本に焦点あて、さらにアジア水環境パートナーシップ以外でアジアの一員であるモンゴル国を題材に筆者の現地調査を踏まえた視点から考察するものである。

Ⅱ．地球の水

1. 水の誕生

地球は46億年前に太陽系の惑星の一つとして誕生した。広大な銀河で太陽の8倍以上の重い巨大な星が大爆発を起こした。この爆発によって砕け散った星の残骸がチリやガスとなって宇宙空間に広がった。やがてチリやガスを集め回転しながら収縮し巨大な円盤状星雲ができたのが原始太陽系の誕生である。そして原始太陽の周りを回転しながら衝突と反応を繰り返しながら微惑星ができ、また微惑星同士がさらに衝突を幾度となく繰り返し合体しながら成長して惑星が形成された。その中の一つに地球が誕生したのである[1]。このようにして誕生した地球は太陽系の一つの惑星で、太陽から金星と火星の中間に位置し3番目に近い惑星である。太陽系では5番目に大きな惑星である[2]。太陽形成の段階で残りかすであるチリやガスから誕生した地球は他の惑星とは違う存在である。それは地球に水が存在したことと生命が誕生したことである。

地球の水の存在したのは「星間雲を形成する岩石、個体粒子の主要成分であるケイ酸塩と化学結合した“結合水”それらの表を被う“氷”」[3]であった。地球に海が誕生したのは約40億年前に形成されたと考えられている。微惑星同士の衝突や合体が収まり、やがて地球全体の気温が下がることによって、高温の蒸気として雲が発生し、地球全体を覆っていた水が、降雨となり数百から数千年にわたって雨が降り続いた[4]。これらの雨は原始大気（水蒸気と二酸化炭素が主成分）が冷えて地表に降り原始海洋が形成された[5]。地球に生命が誕生したのは、太陽と地球は近くもなく遠くもない距離や密度などバランスのとれた条件によって生命が誕生したものと考えられる[6]。

地球の表面部分は、水が個体、液体、気体という形態で存在している。最も身近な水から遠い水として容易に入手し難い水などがある。海水、湖沼、河川、地下水、気体中の水蒸気など変容して存在している[7]。この水の存在を「水圏」という。水圏は「海、湖沼、河川、地下水など地表面近くにおいて水が占有している部分を意味」[8]している。

地球は水の惑星といわれ、70％が地球の地面が海水で覆われている。地球上の表面上の水の総量は13.86億km^{3}と推定されている。その中で海水等が約13.51億km^{3}で、淡水は約0.35億km^3、氷河等約0.24億km^3、地下水が約0.11億km^3、河川、湖沼等約0.001億km^3、土壌・大気・生物中の水約0.0003億km^{3}といわれている。地球上の水の大半は海水で97.47％、淡水は2.53％、氷河等は1.76％、地下水が0.76％、河川・湖沼等0.008％、土壌・大気・生物中の水0.002％の割合で地球上の水が存在している[9]。この水の割合の中で人間が使用している水は淡水であるが、淡水の大半は南極や北極等に存在している氷河で容易に入手は困難である。中でも南極には地球の氷の約90％が淡水のリザーバである。そして、地球の温暖化期であった約300万年前や40万年前、12万年前の南極の氷床は現在より小さく海水準5mから最大で20mほど高かったものと推定されている[10]。

太陽からのエネルギーによって、地球の大気と水が絶えず循環している。地球上の海水や河川の水は蒸発し、上空で雲になり、後に雨や雪となって地上に降下する。これらはいずれも河川を通じて海に戻る。この繰り返しが水循環であり水は絶えず一定の場所に留まってはいない。

水循環によって海水に含まれる塩分は蒸発時に淡水化されており、淡水は蒸発により常に作り出されているのである。ガソリンや石炭等の化石燃料は消費されることによって減少して行くが、水資源は水循環システムにより消費されれば減少することはない。水循環によって得られた水の量は地球上のペットボトル500mlのペットボトル1本分とすれば、河川や湖沼等の水を我々が普段使用している淡水の量はそのうちわずか1滴程度にしかならない[11]。地球上の水は数万年から数十万年といった時間の尺度ではその水の総量には大きな変化はないと考えられる。地球の存在する水は大部分海水や氷河・氷床、地下水等は容易に入手することは困難である[12]。如何に地上の淡水が僅少であるかが伺える。

2. 気候変動と水問題

気候変動は水循環と大きく関わっている。干ばつや洪水、高潮、暴風雨などによる被害をもたらす。気候変動は水を基に人間社会に何らかの悪影響を与える。

20世紀後半から21世紀に入ったころから地球規模での災害が世界各地で多発している。地球温暖化、オゾン層の破壊、砂漠化、森林破壊、水危機などにより地球の自然環境は悪化の道を辿っている。大干ばつ、大洪水、大型台風到来等と水問題に関する報道が大きく取りざたされてきた。これらの水問題は気候変動との関係が深い。気象変動の直接的な原因は地球温暖化にあるといわれている。近年において活発に人間活動が地球温暖化に深く関わっていることである。それは、化石燃料の大量消費による二酸化炭素の排出でメタン、亜酸化窒素などの温室効果ガスの放出や森林伐採で薪炭を燃焼等が温暖化に与える影は大きい[13]。

温暖化は太陽からのエネルギーによって地球は温められ、地表から温められた熱が放射される。人間の活動において化石燃料を焼却時にCO_2が排出される。CO_2やメタン、亜酸化窒素等の温室効果ガスは地上から放射された熱を吸収し大気が暖められて、地球温暖化が起こる。温暖化現象は1880年～2012年の間に0.85℃上昇し、また世界年平均海面水位では1901年～2010年の間に0.19m上昇した。特に、20世紀半ば以降での観測においては温暖化の原因は人間の経済活動等による可能性が高いとされている[14]。気候変動の影響と考えられる干ばつ、洪水、台風等の災害は、1980年代に比べ2000年代以降は増加傾向にある。これらによる現象は21世紀を迎えた今日ではさらに強力な台風到来や異常気象、海面上昇、干ばつ、洪水等世界各地に甚大な被害をもたらしている。食料不足や難民の増加、ジカ熱等の感染症が拡大し気候変動との関連と考えらえている[15]。

気候変動の影響と考えられる温室効果ガスは1990年代以降排出量が50%増加している。これらの影響は、特に開発途上国では深刻な状況がある。生態系の脆弱な地域で自然環境と最も身近で直接的に生計を共にしている貧困の人たちには甚大な影響を与えている。

これらの影響は小島嶼開発地上国に対しも海面上昇が国の存続に関わる問題として脅威を与えている[16]。近年の高潮現象は世界の各地でも見られ、日本では広島の厳島神社での回廊の浸水回数の増加や英国のテムズ川河口で防潮水門が高潮の頻発により操作頻度を高めている[17]。南太平洋の小島嶼であるサンゴ礁の国ツバルにも見られる。直接的な原因は温暖化といわれている中で、地球規模での海面上昇が顕在化しており今後においてさらに進むといわれている。

また、一方の地球温暖化による現象は世界の各地に広がり顕在化している。氷河の融解が始まると止めることが困難である。露出し始めた岩石などに吸収された太陽光は、その熱で氷河の下部から温めて融解する。ヨーロッパのアルプスやキリマンジャロ、ヒマラヤ、南米パタゴニアなどの各地で氷河の融解が見られる。地球上で最も標高の高いヒマラヤ山脈の氷河も消失の危機に立たされている。ヒマラヤ山脈は中国、インド、ネパール、ブータン、パキスタンの国々にまたがる。ヒマラヤを源流とする河川がインダス川、ガンジス川、ブラマプトラ川、長江などがある。その氷河が減少することは中国、インド、インドシナ半島の各国の水源に多大なる影響が出るものと懸念されている[18]。

地球の温暖化が進むと大気の水の循環がより一層激しくなり、気象の変動幅が地域と時期によって大きくなる[19]。ヒマラヤ山脈の氷河の融解によって、中央、南、東、東南アジアの大河で渇水が発生する危険性があり、2050年までに10億人以上が影響受けるものと懸念されている[20]。

気候変動の影響の一つにメコン川下流域では、農作物の適合性の変化に伴い、家畜の死亡の増加や水産養殖の生産量の減少、そして人々の労働時の熱性ストレスなどさまざまな病気の発生率が上昇するとされ、約4,200万人以上の生活と生計などに重大な影響を及ぼすことになると強く懸念されている[21]。

アフリカでは、約2億5,000万人が気候変動の影響より強い水ストレスに直面する可能性があるといわれている。一部の国では干ばつが起こるとことによって、伝統的な農業で使用していた天水が不足することで農業の生産量が2020年までに半減すると懸念されている。また、サハラ以南アフリカや南アジア、東アジアでは干ばつと降雨のアンバランスの変化によって主要の農産物、特に穀物の収穫量が大幅に減少すると強く懸念されている[22]。気候変動によって、従来栽培していた作物の不作の現象が出るものと考えられる。温暖化の恩恵を受ける地域での農地もあればまた、転換せざるを得ない地域もある。国際食糧政策研究所によれば2050年までには、トウモロコシ、小麦、コメ、ジャガイモの四大作物の栽培地の分布が変わり、転作を余儀なくされる地域も存在する可能性があると懸念されている[23]。

温室効果ガスの排出量の削減が急務であり、21世紀末（2081～2100年）の地球の表面温度は産業革命以前の水準に比べると高く、1986年～2005年の平均に対する上昇温度の幅は2.6から4.8℃の範囲内になる可能性が非常に高いものと予測されている[24]。2014年の気候変動に関する政府間パネル（IPCC）において、現状の温室効果ガスを削減しないと将来「深刻で取り返しのつかない影響が広範囲に及ぶと」警告したことが記憶に新しい[25]。

今後は開発途上国を中心に経済発展が進むにつれて、ライフスタイルの変化に伴って近代的で快適な生活の中でエアコンの普及が一層進むものと考えられる。カリフォルニア大学バークレー校のルーカス・デービス経済学者は2100年までに温暖な国々では、ほぼ全世帯にエアコンが普及するものと述べている[26]。更なる温暖化が進行する要素である。これらの地球温暖化などの気候変動そのものが我々社会に直接被害を及ぼすことではなく、異常な高潮現象やゲリラ豪雨、寡雨、高温乾燥、干ばつなど何らかの気候変化が人間社会に災害として影響を及ぼす。そうした異常現象の発生の確率を変化させるのが気候変動である[27]。

Ⅲ. アジアの水の現状と課題

1. アジアの水問題

アジアの水の現状と課題は、アジア水環境パートナーシップ（WEPA：Water Environment Partnership in Asia）の13カ国の中からカンボジア、中国、インドネシア、日本の4カ国を選定し、各国の水資源の現状、水質状況、今後の課題を紹介する。そして、アジア水環境パートナーシップ以外のアジアの一員であるモンゴル国の重要性を鑑み、筆者が現地調査結果を踏まえてウランバートル市の水事情について紹介する。

アジアの自然環境は多様性に含んだ豊かな地域である。モンスーン・アジア地域や乾燥地域、北部の半乾燥地域、南部の湿潤地域など多様性に満ち48カ国を有する広範囲の地域である。地域によっては自然災害が多い地域もあり、洪水と干ばつの両極端な季節変動による被害も被ってきた。モンスーン・アジア地域は、豊かな水の恩恵を享受し、多様な水文化を築いてきた。しかしながら、台風や洪水による被害や災害も多い。モンスーン・アジア地域は、豊富な水資源を背景にシベリアから熱帯東南アジアまで森林地帯が連なり、豊富な生態系やコメをはじめ多くの農作物の生育に適した環境である[28]。

アジア地域は世界有数の人口集中地であり、世界の約6割の人々が住む地域である。アジア地域の今後の水環境において懸念すべき事情が指摘されている。それは人口増加による経済活動などを通じての人為的変化として水問題に大きな影響を与える。もう一つは、自然的変化として、地球温暖化現象による気候変動がこのアジア地域においても大きな影響を与えるものと懸念される[29]。

今後のアジアの水の課題は、急激な人口増加と経済発展によって水の需要が増加し水不足が懸念される。アジアには中国やインドなど10億人を超える国が存在し、20世紀時に急激な経済成長により人口が集中、現在では世界の人口の約半数以上を超える。人口増加や経済発展は、今後において水需要の増加と水不足を増大させる。そして水分布のアンバランスもたらす可能性がある。

また、気候変動によって地球温暖化がさらに進み水環境にも大きな影響が現れる可能性が懸念されている。特に、東南アジアにおける洪水と渇水の頻度を増加させる。温暖化による異常気象は降水パターンを変え、洪水を増加させる可能性が指摘されている[30]。「多すぎる水と少なすぎる水」の管理が課題である。

アジアは、過去20年間にわたり経済成長を続けGDPは120％増を記録し、また、人口においても世界の6割を占めるまで増加した。しかし、経済成長や人口急増と急激な都市開発等により、アジアの水資源は量と質の視点から環境への負荷が現れ生態系への影響が懸念され始めた[31]。

気候変動の影響とみられる温暖化によって頻発する洪水と干ばつである。気候変動問題は、今後のアジア諸国の持続可能な社会を形成、維持して行く上で重要な課題である。台風、洪水、海面上昇など水災害のリスクが高い。世界中でも水災害リスクはアジア諸国が6～9国が上位を占めている。また、この水災害によって経済面では、インドと東南アジアのGDPでは年間2－3％の減少、2100年までには95％値の確率で9－13％減少になると推測されている。また、アジアにおける温室効果ガスの排出量は年々増加傾向にあり、2030年には世界のCO_2排出量がアジアから46％排出されるのではないかと予想されている[32]東南アジアは水災害多発地域である。

アジアの開発途上国の将来の社会的・経済的発展には合理的な水資源開発と効率的な水管理が不可欠である。インドのManmohan Singh前首相は、「現在のインド経済成長率を維持し、すべての国民、特に貧しく弱い市民が急速な経済成長の恩恵を受けるためには、二つの資源問題、すなわちエネルギーと水を優先的に考慮する必要があると述べている」[33]。

人間社会いおいて社会的や経済的発展のベースに水の存在がある。

WEPAパートナー国は、水環境管理において幾つかの課題に取り組むべきであるという共通の認識を有している。以下共通の課題の概要を『アジア水環境パートナーシップ：アジア水環境管理アウトルック2015』[34]の資料の一部を省略して示す。

a）産業構造や実際の排水水質に基づく排水基準の見直し。

b）中長期的な気候変動課題に対応するための時系列データの重点。

c）水質汚濁防止の適切かつ効果的な地域の行動。

d）生活排水による水質汚濁を防止するために、生活雑排水による影響により着目する。

e）自然社会条件及び開発のレベルに見合った処理技術の選定も組み合わせた、排水処理の施設の改善。

f）遵守の強化。水質管理に関する法政制度を強化する。

g）行政官と研究者との水環境を改善するための水環境管理における科学的知見の活用。

h）革新的かつ効果的な資金調達及びインセンティブメカニズムによる排水及び汚泥管理。

i）民間企業やコミュニティーに代表される多様なステークホルダーの水環境管理への関与の促進。

2. カンボジア

(1) 水資源の現状

カンボジアは、メコン河の集水域は国土面積の約86%を占める。北から南に流れ約480kmの距離を縦断したメコン河流域にある[35]。

メコン河は海抜5,200m以上のチベットに源流を発し、中国雲南省を南下し、インドシナ半島を縦断して南シナ海に注ぐ、全長4,880km、流域面積79万5,000km^{2}を持つ国際河川である。メコン流域には中国をはじめラオス、カンボジア、ミャンマー、タイ、ベトナムの国々があり、人口は約2億4,000万人であり、このうち約7,000万人の人々がメコン河流域内に居住しており、流域の平均人口密度は87人/km^{2}である。この流域には1970年代以降、ミャンマー、ラオス、カンボジアなどの三カ国において急激な人口増加が続いている[36]。国内には東南アジア最大の湖であるトンレサップ湖がある。11月半ば過ぎから5月上旬の乾季になるとトンレサップ湖の水がメコン河に流入し、5月半ばから11月半ばの雨季にはメコン河の水がトンレサップ湖に流入するという特長がある。トンレサップ湖は瓢箪の形をし、面積は2,500km^2、乾季の水深は1～2mの浸水しかないが、雨季になると湖の面積が大きく変化し、メコン河からの水が流入し湖全体の水量が増加し、面積は約13,000km^{2}にまで拡大し、水深は平均で8～10mとなる。メコン河を主として、トンレサップ川、バサック川及びその他の支流から水がトンレサップ湖に豊富に供給される。乾季には水不足の状態となり、雨季には水量が過剰な状態となる[37]。

地下水は、従来から生活用水や灌漑用水として使用されていたが、近年の経済発展に伴い首都郊外や地方に立地する工業部門の水の需要に対し取水量が増加傾向にある。プノンペンはトンレサップ川やメコン河の立地条件に恵まれ地下水の涵養量が大きく、そして最良の浅部帯水層であると考えられ、地下水の利用可能量は176億m^3と推定され、豊富な地下水の利用は全国で面積4万8,000km^2と推定されている[38]。

⑵　水質状況

カンボジア環境報告書2013年版によれば、公共用水域の水質は全体として良好であり、水質汚濁は大きな問題とは考えられていない。カンボジアのメコン河を中心とした河川の水質は概ね国家水質環境基準を満たし汚染されていないとみなされている。しかし、地域によっては水質が悪化しているところがある。例えば、農業排水及び都市部からの生活・産業排水が未処理のまま公共用水域に流入している。乾季には河川の水量不足に伴って水汚濁が顕在化する。また、経済発展による開発活動に伴って、製造業・鉱業、サービス・観光業からの未処理排水、屠殺場や畜産場、農地開拓による農薬残留物等多種多様である。カンボジア環境省環境汚染管理局（DoEPC/MoE）は、最近のメコン河水質モニタリング結果を生物化学的酸素要求量（BOD）で示しており、河川の水質はBODの国家水質環境基準（10mg/L未満）を満たしているとされている[39]。

地下水は水質に関するデータは非常に限られているが、メコン河、バサック川及びトンレサップ川各流域に位置し、生活用水源としての地下水への依存度が62～100％と高い州において、地下水がヒ素に汚染されていることが2000年の全国飲料水質評価で判明している。

⑶　今後の課題

カンボジア政府は、過去15年以上にわたり、水質改善や保全の視点からモニタリング及び評価の強化に努めてきた。より良い水質管理、科学的基盤改善を目標としてきた。具体例として、1993年に水資源気象省は公共水域において毎月の水質検査を開始。また環境省は、多様な分野で定期モニタリングプログラムを行っており、1999年からは水質のモニタリングも実施。このようなモニタリング活動は、より効果的な水質管理政策のための科学的根拠を形成し、今後、戦略的計画、行動計画、具体策をとることができる[40]。

地域の開発途上国の多くが、水質及び汚染源からの排水に係るデータ不足が水質管理の推進の妨げとなっているので、今後においても徹底したデータ収集が水資源や水質管理へと導く。

3. 中国

(1) 水資源の現状

中国の水資源総量は約2.8兆Km^{3}とブラジルやロシアなどと世界有数の水資源総量を有する国家である。しかし、13億人を越える人口の為、1人当たりの水資源量は約2,100m^{3}と少なく世界平均の5分の1に過ぎない。中国の水資源の分布は偏っており、南部の雲南省や海南省は比較的に水源の豊富な地域で、北部の北京市をはじめ河北省、河南省、山東省、遼寧省、山西省は乏しい。都市の3分の2で水不足が生じ、110都市が切迫した状況である。北京や天津でも深刻な水不足に直面している[41]。北部は南部と比較すると人口は多いが1人当たりの年間の水資源量は約700m^{3}と南部の4分1である[42]。

2016年における全国平均降水量は730.0mmで平年の629.9mmより16％と多い年であった。全国の降水量は3.5mm（新疆トルファンのトクスン県）から349.4mm（安徽省黄山）までと広大な国土により地域で降水量の不均衡が著しい[43]。

中国には流域面積が100Km^{2}以上を越える河川が5万本以上存在し、1,000Km^{2}以上の河川が1,500本を有する。北部を流れる黄河、松花江、遼河、海河などは冬季の水量が少ない。南部を流れる長江（揚子江）、淮河、珠江などは年間を通じて降水量が多く変動が少ない[44]。

利水施設としては、歴史的に名高い都江堰や鄭国渠、灌漑用堀り抜き井戸（カレーズ）などがある。現代においては世界的に注目されている、南部の長江流域から水が不足する北部へと導入する南水北調プロジェクトがある。また、中国の国内を南下してインドシナ半島やインドを経て東南・南アジアの大河となる各河川の上流部にはランツァン川、ヌー川、ヤルンツァンポ川がある[45]。

⑵　水質状況

中国は高度経済成長の過程で経済優先を掲げて推進した結果、多くの河川で水質汚染や地下水汚染が各所に見られた。また河川の自然保全・景観の消滅や悪臭などが進んだ。

中国環境保護部の環境状況広報2013年版によれは、中国全土を流れる河川の水質は僅かに汚染されている。しかし、都市部を流れる河川については、部分的な汚染が依然深刻な状況である。全国のモニタリング結果によると主要10大河川の2013年の状態では揚子江、珠江、浙江省と福建省を流れる河川、南西部及び内陸部の河川は、良好或いは普通との評価を受けている。黄河、松花江、准河、遼河については僅かに汚染が進み、海河は中程度に汚染されている[46]。一方地下水においは、2013年の地下水水質モニタリングの結果によれば、調査地点の4,778のモニタリングの内で43.9％の水質は「悪い」、15.7％は「非常に悪い」と評価された。汚染源は不明であるとしながらもアンモニア性窒素、亜硝酸性窒素、硝酸性窒素、鉄、マンガン、硝酸塩、フッ化物、塩化物、溶解性物質、全硬度が主な水質指標とされた。国務院は、地下水汚濁の主な原因として、過剰揚水、下水からの汚染、生活廃棄物及び産業廃棄物、化学肥料、農薬を特定している[47]。

また、政府は2016年12月に全国悪臭水域対策状況について発表した。それによると全国295地域の都市のうち220都市において悪臭水域が2,026カ所を確認した。そして全体の15.8％を占める321カ所では既に対策を終え、そしてまた、31.6％に当たる641カ所では着工したことを言明した。また、水不足解消のために都市の排水を再生して使用し、再生水利用率を2020年までに20％以上にし、特に京津冀地域では30％以上にすることは発表した。降水を最大限に利用するために、雨水の貯水排水をスムーズにし、合理的に利用するスポンジ都市建設を推進し、全国市街地面積の20％以上においてスポンジ都市建設実現を目指すとした[48]。中国の水資源の新たな試みとして2015年に「スポンジ都市」[49]の建設を発表したことに水の深刻さを垣間見ることができる。

(3)　今後の課題

中国の人口は2030年には16億人に達するといわれ、この時期は水不足もピーク時に達することが予想される。現状においては河川の水質悪化や地下水汚染、都市の絶対的な水不足の現実がある。第13次5カ年計画（2016年～2020年）の主要な目標中にエネルギー、水資源消費、建設用地、炭素排出総量を有効にコントロールし、主要な汚染物質の排出総量を大幅に減少すると掲げている。水資源消費をはじめエネルギー等の消費削減を念頭に置き環境に配慮した目標を示している[50]。

中国はこれまで健全な発展の基礎となる水環境の管理強化を行ってきた。現在、中国の水環境管理は新たな戦略的管理政策を具体化し始めたところであり、これには資源節約のみならず文化的及び生態学的な側面も含まれている。また、飲料水の水源保護は今後においても引き続き優先順位が高く、地下水の汚染を食い止めるために地下水管理は中国の水質管理における新しい優先課題分野を掲げた[51]。

中国は、高度経成長における経済第一主義を掲げながら環境破壊を続けていた。例として、渤海は汚染された魚介類のクルマエビ、ハマグリ、ヘラメ、スズキなどは姿を消したといわれている。黄河から流れ出るのは砂のみならず化学汚染が流れ続けている[52]。

これらの現実を直視して持続可能な社会の建設に対応した環境政策を望む。

4. インドネシア

(1)　水資源の現状

インドネシアは数多くの島々が分散する国土であり、人口は約2億5千万人でそのうちの半数がジャワ島に集中している。国内には5,590の河川流域がある。乾季と雨季の水量の格差が大きい。乾季の水不足の対応のためにダム建設等の水資源開発を進めている。また、地下水に依存しており生活・工業用水に利用されているが、過剰な吸い上げによりジャカルタ等では地盤沈下が発生している[53]。

インドネシアの水資源量は世界のほぼ6％でアジア太平洋地域の約21％を占めている。年間一人当りの利用可能な水量は1万6,800m^{3}で、世界平均を上回っているが、分布は地域や季節にとって相違があり均等ではない。2000年時におけるジャワ島での利用可能な水量は一人当り1,750m^{3}にとどまり、2020年には一人当り1,200m^{3}に減少する予想されている。近年、経済的な発展に伴って水消費量は大幅な増加傾向にある。2000年の総水需要量は年間約1,560億m^{3}であったが、2015年以降には、この2倍となる年間3,566億m^{3}に増加すると予測された。地下水は重要な水資源であり潜在量は30.61％である。また、地下水域は72万3,629km^{2}の面積に広がり、30万8,288m^{3}の集水能力を有することから、その潜在性は複数の島で有望視されている[54]。

(2)　水質状況

インドネシアは近年堅調な経済発展に伴い水の需要が増加している。水の需要に対して水の供給が追い付かず水不足や水質汚濁などが顕在化している。2010年までにトイレを衛生的な設備に改善した世帯は55％に過ぎず(Statistics Indonesia 2011)、下水処理政策は道半ばの状況である[55]。

国内には5,590の主要河川があり、これらの河川は様々な汚染源が影響し、大河川のほとんどが水質汚濁を経験している。2008年から2012年にかけて実施された政府モニタリングでは、ジャワ島やスマトラ島において、河川の水質が着実に悪化状態であると示した。主要な汚染源の一つは、未処理の生活排水と河川水域に直接廃棄される家庭廃棄物である。検査された水質項目中、有機物負荷及び大腸菌群は水質基準を満たしていなかった[56]。

水質保全や環境モラルの欠如により森林伐採や河川へのゴミ投棄が後を絶たない[57]。この状況が現状であり、有機物負荷や大腸菌群は家庭の汚染源に関係がある。現在、総生活廃棄物の管理が可能なのは一日にわずか5.4％にあたる1億3,969万kgのみである。水質汚濁の軽減は生活廃棄の課題である。また、河川と合わせて湖の水質も悪化している。生活の汚染源を始め、各産業界からの様々な汚染源が水質汚濁の起因である。

地下水の水質はジャカルタ地域の住宅密集地にある井戸の調査によれば、この内約39％で基準値を超える大腸菌が検出されたとジャカルタ環境白書2006年が報告している[58]。

(3)　今後の課題

インドネシアの水環境を向上、促進するため、次のような取り組みが必要とされる。先ず、国民の環境モラルの教育や産業界が規制を遵守。また、河川における排水管理の実施の保証。水質回復のための政策手段の改善と履行。データベース及び情報システムの強化及び試験所の能力構築活動の改善。空間規制の導入と空間計画策プロセスにおけるすべてのステークホルダーの参加促進[59]。

5. 日本

⑴　水資源の現状

日本は、極東アジアに位置し多雨地帯であるアジアモン・スーン地域で年平均降水量は1,690mm で、世界（陸域）の年平均降水量約810mm の約２倍である[60]。一方、これに国土面積を乗じ全人口で除した一人当たり年降水総量でみると、我が国は約5,000m^3／人・年となり、世界の一人当たり年降水総量約16,800m^3／人・年の３分の１程度となっている[61]。一人当たり水資源賦存量を海外と比較すると、世界平均である約8,000m^3／人・年に対して、我が国は約3,400m^3／人・年と２分の１以下である。さらに、我が国は地形が急峻で河川の流路延長が短く、降雨は梅雨期や台風期に集中するため、水資源賦存量のうちかなりの部分が水資源として利用されないまま海に流出する。これは世界の年平均降水量約970mm の約２倍となっている[62]。

⑵　水質状況

環境基本法に基づき公共用水域等で維持されることが望ましい基準として、水質汚濁防止法（昭和45年法律第138号）が定められている。本法に基づいて、国および地方公共団体は公共用水域及び地下水の水質について常時監視を行う[63]。

河川、湖沼、貯水池及び沿岸海域における環境基準は、ほとんどの場所で達成されている。2013年度においては、その達成率は99.2％である。生活環境の保全に関する環境基準に関しては、代表的な有機汚染の水質指標であるBOD（生物化学的酸素要求量）または COD（化学的酸素要求量）の環境基準達成率は87.3％に及ぶ。水域の種類別の達成率は、河川が92.0％、湖沼・貯水池が55.1％、沿岸海域が77.3％に達している。

地下水の水質調査は水質汚濁防止法に基づき常時監視、有害物質の地下浸透制限、事故時の措置、汚染された地下水の浄化の措置が取られている[64]。地下水は2012年度の実施調査においては3,655本の井戸のうち、224本の井戸においていずれかの項目で環境基準超過があった。全体としては環境基準超過率6.1％である。なかでも、硝酸性窒素と亜硝酸性窒素の測定値が基準値を上回った。この主たる原因は、過剰施肥や家畜の排せつ物の不適切な処理、生活排水からの窒素負荷であると推測される[65]。

(3)　今後の課題

産業界の高度な科学の技術革新などにより、事業場・工場などからの排水には低濃度の科学物質が含まれる可能性は否定できない。排水時に事業場内で意図的・非意図的に作られた物質等が流された場合、河川水への影響は計り知れないほどの可能性がある。特に健康被害が懸念される。例として、2012年5月19日に利根川水系の浄水場の水道水から科学物質ホルムアルデヒドが検出された。国が定める水質基準（1ℓ当たり0.08mmg）を越え、千葉県内の5市の35万世帯で断水し、84万人に影響がでた。水道水を管轄する北千葉広域水道企業団北千葉浄水場（流山市）が利根川水系江戸川からの取水停止によって、流山市、柏市、八千代市、我孫子市の一部が断水した。原因は、利根川水系の上流である群馬県内において、ヘキサメチレンテラミンを含んだ廃液が流されたために、この水を使用していた北千葉浄水場で浄化処理した際に、ホルムアルデヒドの有害な化学物質が生成された。これによって、北千葉地域が長期断水の事態となった[66]。

このような事態は今後においても発生する可能性があり、消毒副生成前駆物質について事業場・工場などからの排水に対して存在状況を把握すべきである。国・自治体の関連部署と水道や産業廃棄物処理の事業者と連携しながらリスク管理への強化が急務である[67]。

6.　モンゴル国

(1)　自然環境概要

モンゴル国は、東アジア北部に位置し、北緯41.4°から52.1°、東経87.5°から119.6°でロシアと中国の国境に接した内陸国である。国土は156万4,100 km^2の面積を有し、日本の国土の約4倍に相当する広さである[68]。南部はゴビ砂漠地帯が広がり、中央部は大草原地帯を有し、北部おいては針葉樹林の森林地帯がロシアの国境に接している。国土全体は海抜1,000 m以上に位置し、平均海抜は1,500mを超える。アルタイ山脈のタワンボグド山は最も高い地点で4,374m、最も低い地点では553mである。西部国境にはアルタイ山脈、そしてシヤン、ハンガイ、ヘンティー等の山脈を擁し、また、モンゴル国の砂漠は33の小さな砂漠が集まり世界第2位の広大な面積の広さを有する[69]。草原（ステップ）は、国土の約80％を占め見渡す限りの大草原地帯で正しく「草原の国」と呼ばれるのにふさわしい。日本の外務省データーによれば、モンゴル国の総人口は2016年時において311万9,935人で、その内、首都ウランバートル市は人口139万6,288人を擁するモンゴル国一の大都会である。

⑵　水資源の概要

モンゴル国には5,300の河川があり、泉が7,800、湖沼は3,600、鉱泉は362を有する[70]。水源は北西部のシベリアタイガ林の大森林地帯の山岳地からの河川が多く、南部や東部は砂漠地域が多く存在し、乾燥地帯であり河川はまばらに分布している。

モンゴル国には雄大な河川が幾つかあるが、その中でもセレンゲ川は国を代表する河川の一つである。ウランバートル市内を流れる唯一の大河川であるトーラ川は西北へと流れ、その後オルホン川に合流し、さらにセレンゲ川と合流してバイカル湖に流れ、その後ロシア国内を流れて北極海へと注ぐ。

モンゴル国内には幾つかの大河あり、国内を源流とした河川の流出の約60％はロシアと中国へと流れ、残りの約40％は南部のゴビ地方の湖沼へ流れ、また、これらの水は地下へ流入して帯水層を涵養している。国内の水資源は、河川、湖沼、地下水であるが、約84％は湖沼に存在している[71]。これらの湖沼は北西部の山間部に多く集中しているが、乾燥地域にも広く分布している。湖面の面積が5km^2以上の湖沼は全体の5％弱で、面積0.1km^2以上の湖沼は3,500以上あり小さな湖が多い[72]。国内の水は主に湖沼に集中しており、湖沼水資源国とも称されている。モンゴル国における1カ年間の水資源量は湖水が約500 km^3、氷河が約62.9km^3、地表水が約34.6km^3で[73]、地下水は10.8km^3と推定されている。この中で実際に利用可能な水は地表水の34.6km^3で、その中で63.5％が地表水で残りが地下に36.5％が存在している[74]。

(3) ウランバートル市の水事情

ウランバートル市の水事情調査のために、筆者は、2014年に地下水源地の一部とゲル地区における水道事情の状況を8月22日から約2週間滞在して行った。

首都ウランバートル市は約140万人を有する大都会である。首都の水道水源は100％地下水で賄われており、地下水確保のために広大な敷地を有する。近年の経済成長に伴い水の需要も増加傾向にある。将来の水需要と供給のバランスの為にウランバートル市の水道水源地は現在7つを有している。従来からの主力水源地である「中央水源地」、「工場水源地」、「精肉工場水源地」、「上流水源地」があり、そして2014年6月に「ヤールマグ水源地」、7月に「ブーヤント・ウハー水源地」、12月には「ガッチョルト水源地」を開設した。これによって、ウランバートル市は7つの水道水源地を保有し、日量の取水可能量が合計28万6,800m^3の水源を確保した。今後、ウランバートル市が更なる人口増加や経済発展に伴う水需要の増加を見込んだ対応である。現在の水の使用量は需要と供給の点から見れば、水使用量は日量約15万～16万m^3であり、水需要に対して供給は十分である。

水事情は世界の国々によって異なるが、ウランバートル市内の水道水源は地下水100％で賄われている。

写真 1-1　UB市内のトーラ川

写真 1-2　上流水源地

出所：筆者 2014. 8. 28（左右）。

(4) ゲル地区の水事情

調査したウランバートル市は、近年の経済成長により市内はインフラ整備や近代的なビル、外資系ホテル、アパート建設などが進められている。

近年の経済発展によって、モンゴルの伝統的な職業である遊牧民や地方から出てきた人々がウランバートルで新たな仕事を求めて集まって来ている。ウランバートル市は一極集中型の都市となっている。地方からの移り住む人々が増加し、市内のインフラ整備が追い付かないのが現状であり、水のインフラ整備も進んでいない。

ウランバートル市の中心街の周囲の山のすそ野には、簡易な一戸建て住宅や遊牧民が使用する家のゲルが夥しく建ち並んでいる。こうした地区に住む人々は、中心街の近代的なアパートに住むには家賃が高いことと、アパート数が不足のため居住が叶わない人々である。市の人口の約60%が住み、約20万戸の世帯があり、その中の5万戸を超える数は不法滞在者の住宅である[75]。このゲル地区は戸建て毎に柵で仕切っている。これらのゲル地域の住宅には水道やセ

写真 1-3　水を運ぶ少年

出所：筆者 2014. 8. 24。

写真 1-4　NO.325 給水所

出所：筆者 2015. 9. 6。

写真 1-5　給水所に運ぶトラック

写真 1-6　山すその広がる住宅

出所：筆者 2014. 8. 24（左右）。

ントラル給水網は整備されていない。トイレも当然ながら無く、公共トイレがあり、そこは穴を掘っただけのものである[76]。

ゲル地区に住む人々の生活用水は市内からトラックで運ばれた水を給水所（Us tugeekh gazar）で購入する。ゲル地区の人々は水道も下水道の整備もない生活を強いられている状態にある。一方、市内のアパート在住者は、水の利用は市内の居住形態の各戸給水のアパート地区には水道、下水道や暖房用温水パイプが整備されている。水の消費量は市内の居住形態の各戸給水のアパート地区では約230ℓ/日/人、ゲル地区では約7ℓ/日/人である。ゲル地区の水を買いに来た少年に話を伺ったところ3人家族で一回65ℓの水を買うと3日で消費する。1人1日約7.2ℓの水で生活しているが、この水の消費量はゲル地区の一般的な量であるとのことである。少年は週2回～3回水を買いにくるという。ウランバートル市の水の消費量は市内に住む住民と郊外に住むゲル地区の人々の所得格差でもある。

このような状況下においてウランバートル市当局はゲル地区の人々を近代的なアパート地区に移転したり、ゲル地区に水道管を敷設したりするなどに努めていることも事実である。

⑸　今後の課題

2014年6月には「ヤールマグ水源地」、7月「ブーヤント・ウハー水源地」が、12月には「ガッチョルト水源地」がそれぞれ開設されて、市内には7つの水源地を有し、将来の水需要に盤石な体制が整えられた形となった。

しかし、今後の課題がいくつかある。その一つは、従来の4つの水源地からの給水システムと水質については、水質システム管理施設の設備が老朽化していることである。一部においては最新コンピューター管理システムを導入し、その体制を維持しつつも全体的に老朽化が目立った。今後、近代的水道施設の建設が急がれる。

二つ目は、配水管の老朽化問題である。各水源地の水は良質であるが、送水する配水管の老朽化が目立ち赤錆等が発生し、供給している水道水の水質の劣化を招いている。このような状態により一部の市民からは水道の蛇口からの水の信頼性を失っている。また、放水管からの漏水が生じ、無収水率も高い。半世紀以上を経過した配給管を使用しているので、水道の蛇口から出る水は透明性を失っている。

三つ目は、各水源地は広大な面積を有しており、国境警備隊や警察官によって厳重な警備管理体制が整えられている。

各水源地の殆どが金網等の柵で囲われ、野生の動物や家畜などが侵入できない水源地もある。警備体制も厳しく「中央水源地」は国境警備隊が警備し、「工業水源地」と「精肉工場水源地」の供給管理所は厳重な囲いの出入門に少人数の警察官、そして広大な「上流水源地」には多数の警察官が警備していた。街中の小さな水源地を調査したが、やはり警備は厳しく１名の警察官によって警備されていた。また、新しくオープンした「ブーヤント・ウハー水源地」には担当の係りの方がいたが、警察の姿は見かけなかった。が、「ヤールマグ水源地」と「ガッチョルト水源地」には警察官が警備していた。

これらの警備体制システムの再構築も検討すべきである。警備体制は過剰のように目に映る。国によって水に対する考えた方や思想の相違もあり安易な判断はできないものの、何らかの形で近代的な警備体制への道を探る時期でもある。水源地増設でハードな側面は解決したものの運用部分への改革も取り入れる時期と考える。全てが金網等で侵入物・者を防止して定期循環警備を行っているが、近代的な電子セキュリティシステムの導入などを検討すべき課題であると考えられる。水は日常生活に不可欠なものであるだけに市民にとっては、最も安全で安心な水供給を期待している。これらの期待に応え、市水道当局は市民から信頼される水造りが第一の使命であると考える。

最後に河川の状況であるが、ウランバートル市内を流れるトーラ川は市内のソンギノキャンプ（Couwor aupaum）場付近は生活排水や産業排水が酷く悪臭が漂う。以前ウランバートルの中央下水処理場を調査したが、浄水場が老朽化によりすべての汚水を処理できず一部垂れ流しの状態であった。また、近年は鉱山開発により自然環境破壊が進んでいる。人為的な行為により鉱山の汚泥の垂れ流しや鉱山開発後の山の整地をしない業者が後を絶たず社会問題化しているのが現状である。

政府及び市当局は下水処理場改修などに力を注いで財政的な側面などから海外からの援助によって改善が進められている。また鉱山開発は政府の法規制や保証金などの対応を行っているが改善の兆しが見えない。これらは全て当事者の環境モラルの欠如によるものである。環境教育を教育機関で幼少期から徹底的に行う必要がある。

Ⅳ. おわりに

世界の人口が20世紀中に3倍に増加し、それに伴って水需要は6倍になった。その要因は爆発的な人口増加である。20世紀初めのころは世界の人口が20億人ほどであったものが、2000年に60億人を突破した。人口増加に伴って急速な都市化の進展が水需要を押し上げた。近代的な都市建設によって上下水道の普及等により都市用水や生活用水が増加した。また、経済発展によって工業化が進展し水需要が増大した。そして、食糧等の生産のための灌漑農地の拡大によって灌漑用水の需要が拡大した[77]。水需要が増加するなかで、約20億人の人々が水不足状態であり、今後においてもこのペースで水需要が拡大すると2025年には世界人口の約40億人、そして2050年には約70億人の人々が、水不足になると予想されている。

全世界の水の使用は約70%が農業用水で占め、約20%が工業用水、約10%が生活用水である[78]。ここで、国連の人口動向を瞥見して見れば、世界の人口が1804年に10億人、123年後の1927年には20億人を越え、その後人口増加が急カーブで大きくなり、1960年には30億人、1974年には40億人、1987年には50億人、そして1990年には60億人、2008年には67.5憶人、2011年には70億人、2015年には73億人、現在は74億人を突破している。そして7年後の2025年には79億3,674万人、そして2050年には91.9億人になるとみられる。2100年には94.6億人、2150年97.5億人、2200年ころは100億人規模になると推定されている[79]。

今後において開発途上国を中心に人口の増加と経済発展が見込まれる。1995年には約3,800km^3／年の世界の水資源取水量が、2025年には4,300～5,200km^3／年にまで増大する可能性があると推計されている。これらの水需要の約6割がアジア地域で利用され、ライフスタイルの変化によって水の消費量が増加すれば生態系への影響などが懸念される。そして、温暖化現象や森林破壊、砂漠化などにより自然環境破壊により干ばつや洪水が増加するものと推測される[80]。

世界の人口の増加に伴って都市への定住者が増加傾向にある。1950年には都市で生活者が世界人口の3分の1であったが、2000年には世界の人口の約半数が都市住民となり、2050年を迎えるころには都市住民が3分の2超えると予測されている。

この急激な増加傾向は開発途上国を中心として都市人口の増加率が最も高くなる。現時点で先進国の都市化率は高いものの今後においては都市化が進んでいないアフリカとアジアは急速な都市の人口が増加すると推測される。現時点でのアフリカの都市人口比率は40%であるが、2050年まで56%、アジアにおいては48%から64%へと増加すると推測される[81]。

20世紀は経済発展に伴って世界の人口が増加した100年間であり、人口は3.7倍増加し、水の需要は6.7倍増加した。また、経済発展によって一人当たり所得も増加したことによって生活水準の向上により水使用量も増加した。この水使用での増加率では2025年には2000年比で30%増加すると予測されている。特にアジアは人口増加が激しい地域により、世界全体の取水量の約60%を占める可能性がある[82]。また、人口においてもアジアは世界の人口の6割を占める。

今後、アジアは中国やインドを基本に世界経済が展開されてゆくことと思われる。これらの継続的な発展は、人口の要因が礎である。人口14億人を迎えるようとしている中国と13億人を突破したインドと人口減少を迎えようとしている国では自ずと社会政策や経済政策には相違がある。今後両国が世界の経済を牽引する時代が到来する。

人口増加はプラス志向とマイナス志向がある。特に、環境問題においては、マイナス志向の部分においては限られた資源の枯渇が指摘される。資源の配分や水資源の争奪もあり得る。アジアにはアジア・モンスーン気候により降雨が多い地域がある、一方で乾燥地域が存在し降水の格差が著しい。アジアのみならず水問題は水資源賦存量はもとより安全で安心な水の供給のための社会基盤やシステムの構築が必要である。そのためには、世界水フォーラムやアジア水環境パートナーシップのような組織機関において、水問題について共通の認識や課題などをベースに未来の水環境を討議すべき機会が最も必要と痛感する次第である。水問題は地球環境問題の中で最大の課題の一つである。水は「多すぎても少なすぎても」大きな問題である。

注

1　西本昌司『地球のしくみと生命進化の46億年』合同出版、2011年4月、15頁参照。
2　及川紀久雄編著『新環境と生命　改訂版』三共出場版、2017年3月、6頁参照。
3　志村史夫『「水」をかじる』筑摩書房、2004年7月、45頁。
4　土器屋由紀子　NHKカルチャーラジオ『水と大気の科学』49頁参照、2014年4月。
5　志村史夫『「水」をかじる』筑摩書房、2004年7月、46-47頁。
6　及川紀久雄編著『新環境と生命　改訂版』三共出場版、2017年3月、6頁。
7　渡邊紹裕・堀野治彦・中村公人編著『地域環境水利学』朝倉書店、2017年2月、15頁。
8　及川紀久雄編著『新環境と生命　改訂版』三共出場版、2017年3月、8頁。
9　内閣官房水循環政策本部事務局編集『29年度版水循環白書』11頁参照、2017年7月。
10　Japan Geoscience Letters, Vol.13, No.4, 2017, 11頁参照。
11　内閣官房水循環政策本部事務局編集『29年度版水循環白書』11頁、2017年7月。
12　沖大幹『水の未来―グローバルリスクと日本』岩波新書、2016年3月、26頁参照。
13　沖大幹「世界の水問題と気候変動」『季刊環境研究』No.159、(財)日立環境財団、2010年10月、57頁参照。
14　横田洋三・秋月弘子・二宮正人監修『人間開発報告書2015』(株)CCCメディアハウス、2016年8月、155頁参照。
15　環境省編『平成29年度版　環境白書』平成29年6月、31頁参照。
16　横田洋三・秋月弘子・二宮正人監修『人間開発報告書2015』(株)CCCメディアハウス、『人間開発報告書2015』2016年8月、81-82頁。
17　竹村公太郎「21世紀の世界の水と日本」『季刊環境研究』No.159、(財)日立環境財団、2010年10月、31頁参照。
18　竹村公太郎『前掲書』30頁参照。
19　竹村公太郎『前掲書』31頁参照。
20　沖大幹「世界の水問題と気候変動」『季刊環境研究』No.159、(財)日立環境財団、2010年10月、58頁参照。
21　横田洋三・秋月弘子・二宮正人監修『人間開発報告書2015』(株)CCCメディアハウス、2016年8月、155頁参照。
22　横田洋三、秋月弘子、二宮正人監修者『前掲書』82頁参照。
23　ナショナル・ジオグラフィック日本版、2015年11月号。日経ナショナル・ジオグラフィック社、82頁参照。
24　環境省編『平成29年度版　環境白書』平成29年6月、31頁参照。
25　ナショナル・ジオグラフィック日本版、2015年11月号。日経ナショナル・ジオグラフィック社、33頁参照。
26　ナショナル・ジオグラフィック日本版『前掲書』84頁参照。
27　沖大幹「世界の水問題と気候変動」『季刊環境研究』No.159、(財)日立環境財団、2010年10月、58頁参照。
28　古越昭和久・金子慎治編著『アジアの都市の水環境』古今書院、2011年3月、2頁参照。
29　谷口真人・古越昭和久・金子慎治編、前掲書、1頁参照。

30　谷口真人・古越昭和久・金子慎治編、前掲書、2頁参照。

31　環境省、公益財団法人 地球環境戦略研究機関（WEPA事務局）編『アジア水環境パートナーシップ［WEPA］アジア水環境管理アウトルック WEPA Outlook on Water Environmental Management in Asia 2012』2012年3月、6頁参照。

32　杉本留三「アジア開発銀行における気候変動関連の基金とその展望」『季刊環境研究』No.171、2013年、18頁。

33　『アジア水開発展望2007年版』Asia-Pacific Water Forum、1頁。

34　環境省、公益財団法人 地球環境戦略研究機関（WEPA事務局）編『アジア水環境パートナーシップ［WEPA］アジア水環境管理アウトルック WEPA Outlook on Water Environmental Management in Asia 2015』2015年3月、6頁参照。

35　www.mlit.go.jp/common/001131529.pdf　アクセス2017年11月30日。

36　砂田憲吾編著『アジアの流域水問題』技法堂出版、2008年、33頁参照。

37　前掲注34と同じ、30頁参照。

38　『前掲書』30頁参照。

39　『前掲書』30頁参照。

40　『前掲書』30頁参照。

41　前掲注34と同じ、36頁参照。

42　沖大幹『水危機ほんとうの話』新潮社、2012年6月、252頁参照。

43　21世紀中国総研編者『中国情報ハンドブック2017年版』2017年7月、110頁参照。

44　一般社団法人中国研究所編者『中国年鑑2017』一般社団法人中国研究所、2017年5月、250頁参照。

45　一般社団法人中国研究所編者『前掲書』一般社団法人中国研究所、2017年5月、250頁参照。

46　前掲注34と同じ、36頁参照。

47　『前掲書』38頁参照。

48　一般社団法人中国研究所編者『前掲書』一般社団法人中国研究所、2017年5月、250頁参照。

49　「スポンジ都市」とは、「国務院新聞弁公室が9日に開いた国務院政策定例記者会見において、中国住宅・都市農村建設部（省）の陸克華副部長は、『中国は雨水の貯水・排水をスムーズにし、合理的に利用する『スポンジ都市』の建設を加速し、雨水の70％を現地で消化・利用する』と表明した。光明日報が伝えた。

　このほど開かれた国務院常務会議は、スポンジ都市の建設により、都市の開発・建設の生態環境への影響を最小限にとどめるよう求めた。いわゆるスポンジ都市とは、流れる雨水をスポンジのように『吸収・貯水・浸透・浄化』し、地下水を補給し、水の循環を調節する都市を意味する。水不足の時期には貯水していた水を使用し、都市における水の移動をより『自然』に近づける。（編集YF）「人民網日本語版」2015年10月12日。出典：http://j.people.com.cn/n/2015/1012/c95952-8960680.html　アクセス2017年11月30日。

50　21世紀中国総研編者『中国情報ハンドブック2017年版』2017年7月、110頁参照。

51　*WEPA Outlook on Water Environmental Management in Asia 2015*、40-41頁参照。

52　竹村公太郎「21世紀の世界と水問題と日本」『季刊環境研究』2010年10月、32頁参照。

53　www.mlit.go.jp/common/001131525.pdf参照、アクセス2017年11月30日。

54　*WEPA Outlook on Water Environmental Management in Asia 2015*、42頁参照。

55　前掲注31と同じ、65頁参照。

56　前掲注34と同じ、42頁参照。

57　白川信之『海外派遣帰国報告インドネシアの水資源と現状と課題』24頁参照。

58　前掲注34と同じ、42-43頁参照。

59 『前掲書』47 頁参照。
60 内閣官房水循環政策本部事務局編集『29 年度版水循環白書』16 頁参照、2017 年 7 月。
61 www.mlit.go.jp/tochimizushigen/mizsei/hakusyo/H20/3-1.pdf　参照、アクセス 2017 年 11 月 30 日。
62 前掲注 34 と同じ、48 頁参照。
63 環境省編集『平成 29 年度版　環境白書』平成 29 年 6 月、357 頁参照。
64 環境省編集『前掲書』243 頁参照。
65 前掲注 34 と同じ、49 頁参照。
66 「NEWS LETTER 第 6 号」中央学院大学社会システム研究所、1 頁参照、2012 年 7 月 2 日。
67 前掲注 34 と同じ、54 頁参照。
68 http://www.mofa.go.jp/mofaj/area/mongolia/data.html 参照、アクセス 2017 年 11 月 30 日。
69 『モンゴルの歴史』BAABAR、発行日不明、32 頁参照。
70 『World WALKER モンゴル』2011 年春号、2011Vol.1、Adline linc、21 頁参照。
71 aise.suiri.tsukuba.ac.jp/new/press/youshi_sugita7.pdf、アクセス 2017 年 11 月 30 日。
72 青木信治・橋本勝編著『入門・モンゴル国』平原社、1992 年、263-264 頁参照。
73 aise.suiri.tsukuba.ac.jp/new/press/youshi_sugita7.pdf 参照、アクセス 2017 年 11 月 30 日。
74 独立行政法人国際機構地球環境部『モンゴル国湿原生態系保全と持続的利用のための集水域管理モデルプロジェクト事前評価調査報告書』2006 年、21 頁参照。
75 佐々木健悦『検証民主化モンゴルの現実』社会評論社、2013 年 4 月、166 頁参照。
76 佐々木、前掲書、166 頁参照。
77 『世界水ビジョン』川と水委員会編、2001 年 7 月、山海堂、73 頁参照。
78 『前掲書』74 頁参照。
79 及川紀久雄編著『新環境と生命　改訂版』三共出版、2017 年 3 月、23 頁参照。
80 沖大幹「世界の水問題と気候変動」『季刊環境研究』No.159、(財) 日立環境財団　2010 年 10 月、60 頁参照。
81 横田洋三・秋月弘子・二宮正人監修『人間開発報告書 2015』(株)ccc メディアハウス、2016 年 8 月、77-78 頁参照。
82 吉村和就「世界の水資源と水ビジネス」『季刊環境研究』No.159、(財) 日立環境財団、2010 年 10 月発行、67 参照。

第2章

チベット高原の経済開発と水問題

—国際河川との関連より—

秋山憲治

Ⅰ．はじめに

チベット高原（以下、チベットと略）[1]は特異な地域である。インドプレートがユーラシアプレートを押し込んでその衝突によって、ヒマラヤ山脈やチベット高原を隆起させて形成された。標高7,000メートル級の山脈に囲まれ4,000メートル級の高原・山岳地域で、空気も薄く永久凍土など開発が非常に困難な地域である。

しかし、チベットは地政学的な重要性を持っている。インドやパキスタン、

図表2-1　チベット高原

出所：http://www.geocities.jp/suzu_hp05/image/himarayamap_aol800.jpg（2017/10/06）

ネパールなどの南アジア、ミャンマーやラオスなど東南アジア諸国と国境を接する地勢である。また、エネルギー・鉱物資源に恵まれている。そして、チベットは水の宝庫でもある。隆起したヒマラヤ山脈や高原がモンスーンという大気の流れを引き込み、チベットに多くの降水をもたらし、降雪や氷河として水を貯蔵し、さらに降雨や融氷雪により、アジアの主要な巨大河川に流れ出ており、アジアの給水塔ともいわれる水源となっている。現在、チベットの経済開発は中国政府の重要課題となり、開発が急速に進みチベットが大きく変貌しつつある。

本章は、チベットの経済開発が進展する中で、経済開発がチベットに与える影響、特に、アジアの巨大河川に水を供給する水問題を中心に検討するものである。まず、中国におけるチベットの位置づけを見たうえで、チベットの地理的特徴と優位性を概説する。次に、中国の西部大開発とチベットの関係を検討する。いかに中国の経済開発がチベットに影響を与えているか、特に、水と環境への関係をみる。最後に、チベットの水は、単なる中国国内の水問題ではなく、チベットからアジアの各国に流れ出る国際河川でもある。東南アジアや南アジア、西アジアの主要デルタの巨大人口に影響を及ぼす。チベットの水が近隣諸国に及ぼす影響を検討する[2]。

Ⅱ．チベットの位置づけ：地政学と諸特徴

チベットは、戦略的に重要な地域である。チベットが海外メディアで注目されているのは、中国政府のチベット民族への政治的、人権的弾圧やチベット仏教への介入である。中国政府が、武力をもって他民族のチベットを自国に組み入れようとしているのには、相当の理由がある。かつて、チベットは、漢民族の王朝に組み入れられた歴史はなく、元（モンゴル族）や清（満族）の王朝時代には、従属的立場にいた時があったとしても、漢族の明の時代には、独立していたという[3]。そうすると、歴史的にチベットが漢族の支配下にあったということはなく、もし、漢族の中国がチベットを組み入れることは、侵略であり、チベットを漢族の中国の植民地にしようとしているとも考えられる。

では、中国は、なぜ、チベットを必要としたのか？

1. 地政学的重要性

チベットは中国領土の約23％の広大な面積を占めている。およそ東西に2,400km、南北に1,500kmほど延び、四方を世界最大級の山脈に囲まれた高原で永久凍土地帯でもあるため、なかなか人が踏み込めない、生活するのが難しい。ましてや、産業を興し、経済成長を図ることは非常に困難である。そのためチベットは、外界の世界から隔絶された宗教的、神秘的な世界と考えられていた。

しかし、なぜチベットが中国に併合されたのかは、1つにはチベットの地理的状況がある。チベットがヒマラヤ山脈の東、中国側にあったからである。ヒマラヤ山脈は、中国にとって安全保障上自然の巨大な防御壁となるため、チベットを併合する必要があった。中国の国境策定に、ヒマラヤ山脈という自然の擁壁を必要とした。もし、チベットが独立国であると、中国の国境は脆弱なものとなる。宗教的生活に安寧を見出し、国際政治に疎いチベットが、欧州やインドの政治的影響下にあると、中国の独立や安全が脅かされる可能性がある。これが、中国が1950年の朝鮮戦争時に、帝国主義勢力からの解放を名目にチベットに介入した主な理由と思われる

第2次大戦後の国内外の政治情勢も中国に有利に作用した。中国国内では共産党が国民党との内戦に1949年勝利した。一方、隣国のインドは1947年にイギリスから独立したが、独立直後でもあり隣国チベットの対外問題に関与する余裕はなかった。インドの宗主国であり、チベットに興味を持っていたイギリスも、第2次大戦で疲弊していた。問題は、中国とインドの間にあったチベット自身の対応が、政治的でなく、むしろ宗教的、内省的であり、独立国として国際政治的な備えや自覚が十分なかったことも中国に組み入れられた要因の1つである。

こうした国際情勢のなかで中国共産党は、1950年、朝鮮戦争に参戦しながら同時に、帝国主義勢力からの解放を名目に、チベットに侵攻し、1951年5月には、チベットを軍事的に制圧した。しかし、中国共産党による弾圧は厳しく、チベット人の不満は高まり、1956年には民族の独立を求めるいわゆる「チ

ベット動乱」が始まったが、多くの犠牲者を出し鎮圧された。1959年、ダライ・ラマはインドに亡命しチベット亡命政府を樹立したが、現在に至っている。一方、中国政府は1965年にチベットの一部を分断しチベット自治区を創設し、着々と中国に組み入れた。その後も、チベットでは暴動や紛争がしばしば起こっているが、鎮圧され中国政府の支配は強まっている。

チベットの確保は中国の安全保障上重要である。中国とインド、パキスタンとの間で軍事的な国境紛争[4]がしばしば起こっている。チベットは、インドやパキスタン、ネパールなど南アジアと国境を接しており、中国の影響力を及ぼす重要な位置を占めている。チベットの地政学的位置は、直接国境を接する南アジアのみならず、パキスタンを通じて、アフガニスタン、イランなど西アジアにも影響力を及ぼす。また、四川省や雲南省を通じて東南アジア諸国にも重要な影響力を持つ。中国政府は、チベットを自国の領土として確保する地政学的重要性を自覚しており、チベットに軍事基地など国境防衛の軍事的なインフラ整備もおこなっている。

2. 豊富な天然資源の存在

チベットを侵略して政治的、暴力的に手中に収めた現在、中国にとって、チベットは経済開発に不可欠な地域となった。かつて、西蔵と表記されていたことからわかるように、チベットは、天然資源の宝庫である。中国の経済発展には、チベットの天然資源の確保が不可欠である。チベットは開発の困難な山岳・高原地帯であったが、エネルギー・鉱物資源に恵まれている。石油・天然ガスのエネルギーのみならず、水、地熱、太陽、風力など再生可能なリニューアル・エネルギーにも恵まれている。また、百数十種もの鉱物資源が確認されている。クロム鉄鉱、リチウム、銅、ホウ素、マグネシウムなど国内でも上位の埋蔵量である。ハイテク製品に不可欠なレア・メタルやレア・アース、近年注目を浴びている電気自動車やスマホなどに用いられるリチウムイオン電池の重要な原料も豊富に存在する。エネルギー・鉱物資源の確保は、国際政治・安全保障上必要とされるばかりでなく、経済開発・成長にも必須である。

チベットの経済開発のために、物流ルート・インフラ整備が必要とされた。従来求められた軍事関連の人員や物資、食料などの戦略的輸送ルートの建設という意味だけでなく、天然資源の開発にも必要とされた。鉄道や道路、空路の開設、石油パイプライン、光ケーブルの埋設など中国本土とチベット間のアクセスの充実が求められた。2001年にはゴルムドとラサの間に高原鉄道の建設が開始され、海抜4,000メートルを超える山岳地帯や永久凍土などで困難な工事ではあったが2006年7月に青蔵鉄道を完成させた。これで北京とラサの間が鉄道で直接結ばれることになった。鉄道の開設は、軍事的な意味のみならず、開発に必要な産業機械や原材料、食料などの大量輸送を可能にしたばかりでなく、開発の恩恵を受けようとする漢族の大量流入を可能にし、チベットの漢族化を進め、中国支配が強化されていった。

また、天然資源には、エネルギー・鉱物資源という狭い意味だけでなく、木材や建設資材、カシミアや羊毛など、また、水、土地、森林、希少な動植物をも含む。さらに登山や山岳などの自然景観、チベット仏教や文化などのエキゾチックな観光資源も含むので、開発に必要な豊富な資源が存在した。中国政府は、開発によって経済成長し、豊かさを実現すれば、チベット人の不満を緩和・解消できるとも考えていた。しかし、経済開発は漢族にとっては有益であってもチベット民族やチベットの自然環境に対してプラスの効果を生み出すとは限らない。むしろ懸念される多くの影響をチベットに及ぼした。

3. アジアの給水塔

かつて国際紛争や戦争は領土をめぐって起こり、現在はエネルギー資源をめぐって、今後は水をめぐって深刻な国際間の争いが起こるだろうといわれている[5]。水は生命のもとであり人間の生存に不可欠である。特に、中国は、水不足や汚染など水問題に悩まされている。こうした中で、チベットはアジアの水がめといわれるほど水に恵まれ、アジアのモンスーンを呼びこみ降雨をもたらし、水の貯蔵庫や給水塔として、アジアの大河の源流域となっている。

水は、安全保障上あるいは経済開発の観点からも重要である。すでに述べたが、中国政府がチベットを国際政治・安全保障上の重要性から自国領に組み入れていったが、現在では、水資源の確保の観点からも重要性は一層増している。中国のみならず、インドをはじめアジア諸国は深刻な水問題を抱えている。地球温暖化・気候変動による水不足、経済成長や人口増加に伴う水や食料需要の増大などから水の確保が重要課題となる。国際河川の場合、河川の上流域国が下流域国の生命線を握っており、水を巡る戦争も引起される可能性もある。地球の水不足が懸念される現在、チベットはアジアの国際河川の源流となっている。

チベットは、地形と気候の相互関係から水に恵まれている。ヒマラヤ山脈は、東西ではなく西北西から東南東に傾いて走っている。このため、南東部の高原ではベンガル湾からのモンスーンの影響を受け大量の雨が降り注ぎ、川に流れ地下水にもなる。一方、高度な山岳地帯では積雪や氷河となり、夏季には融けて水を供給するという[6]。チベットは、北極、南極に次ぐ第3の極として、ヒマラヤ山脈からの万年雪や氷河として水の貯蔵庫であり、解凍して、川へ、地下へそして湧水、湖へ、流れ出る。

チベットは、ヒマラヤ山脈、カラコルム山脈、崑崙山脈など巨大な山脈にかこまれた高原で、貯水槽として多数の氷河や高原湖、地下水が存在し、そこから流れ出る水は、巨大河川の源流となっている。川の流れは高いところから低い所に流れる。チベットの地形的優位性は、高い標高にあることである[7]。中国の黄河や長江はもちろんのこと、インドとパキスタンのインダス川、ベンガ

図表 2-2　チベット高原から流れ出る大河

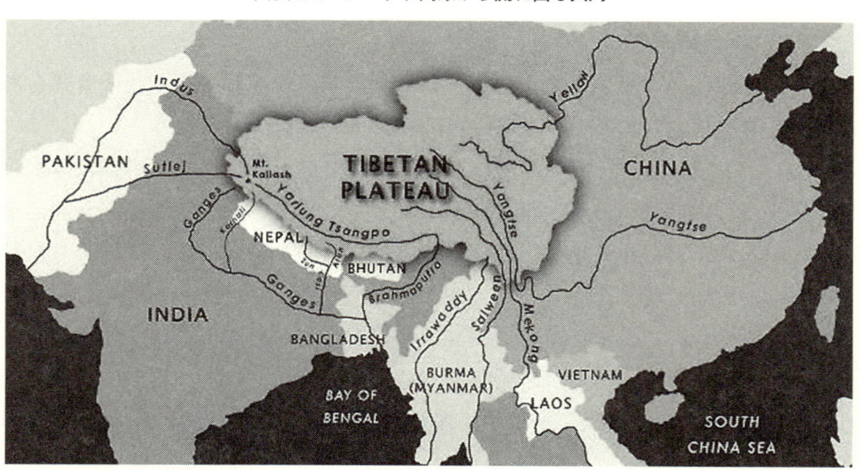

出所：https://blogs-images.forbes.com/jplehmann/files/2015/05/Tibetan-plateau-v.jpg (2017/09/29)

ル湾に注ぐインドのガンジス川やブラマプトラ川、ミャンマーのサルウィン川、東南アジア5か国を流れるメコン川など、チベット高原の氷河や地下水が水源となって自然流下し、流れ出る川は約10本あり11か国に流れ込んでいる。パキスタンのペシャワールから中国の北京までの30億人の人口を養っており、チベットがアジアの給水塔といわれるゆえんである。

現在、中国の水問題は深刻な状態となっており、「南水北調」プロジェクトは長江の水を不足する北部地域に人工運河を作り配水しようとするものである。現在のところ、国内河川の水を流用する問題である。自然界を人工的に作り変えることのリスクは大きいが、国際問題になることはない。しかし、チベットからはアジアのほとんどの大河の源流として、国際河川として流れ出ている。国際河川の源流に手を加え、水の流れを中国国内に転用するプロジェクトが進行すると大きな国際問題になる。一方、国際政治・安全保障的観点からみると、中国は国際河川を通じて水を政治的手段として使い、外国をコントロールできる立場にいるともいえる。

Ⅲ．西部大開発とチベット

1. 西部大開発

中国は、1979年「改革・開放」政策を開始して以降、高い経済成長を遂げてきた。1992年には、経済の基本原理を市場経済におく社会主義市場経済を制定した。2001年にWTOに加盟し国際経済の正式メンバーとなり、2010年には日本を追い越しGDP世界第2位の経済大国になった。しかし、沿海部の経済開発・経済成長に成功を収めたが、内陸部は開発から取り残され経済格差が拡大していった。その解消を目的に、2000年西部大開発が開始された。西部地区は中国全土の3分の2を占めるが、水の不足する砂漠や、酸素の薄い高原など瘠せた土地が多いが、西部大開発以降、チベットの開発も急速に進展している。

西武大開発の重点政策として、インフラ建設、生態環境保護、農業基盤の強化、産業構造調整、観光業の発展、科学技術・教育の発展などがあるが、開発の目玉となったのが、エネルギーインフラの「西電東送」（西部地区で発電した電力を東部沿海部へ送電）と「西気東輸」（新疆ウイグルのタリム盆地の天然ガスを上海に輸送するパイプライン建設)、交通インフラの「青蔵鉄道」（青海省西寧とチベットのラサを結ぶ鉄道建設)、「南水北調」（水不足に悩む北部に豊富な南部の水を送る送水プロジェクト）の4つの主要プロジェクトであった。

西部地区の山岳地域や砂漠には、石油や天然ガス、石炭などエネルギー資源、天然ウラン、金、銀、鉄、銅、リチウム、クロムなど豊富な鉱物資源の埋蔵も確認されている。特に、チベットは、これまで高地にありまた永久凍土などで土壌・天然資源調査が進まなかった。しかし、現在では技術も進み豊富な天然資源が確認されており、掘削・採掘も可能となっている。また、西部地帯は、広大な砂漠もあるが、チベットには豊かな水源がある。特に、チベット高原はアジアの水がめといわれ、中国の長江や黄河はもちろんのこと、インドや東南アジアの主要大河の源流となり、給水の役割を担っている。

鉄道や道路など交通インフラ整備は重要な政策である。現在、中国は高速道路や鉄道の施設を積極的に進め、交通網・物流網の充実をはかっている。交通量はあまり多いとはいえないまでも、山岳地域、砂漠の中にも舗装された道路や鉄道が走っている。2006年完成の西寧・ラサ間の青蔵鉄道の開通は、北京とチベット自治区の首都ラサを鉄道で直接結びつけ、さらに、西寧・ウルムチ間の高速鉄道は北京から新疆ウイグル自治区の首都ウルムチを結びつけるものである。道路整備や高速鉄道は、物流や人の流れをスムーズにしている。つまり、漢族の植民者の大規模な流入や遊牧民の強制的な移住を引き起こし、チベットの鉱物資源、石材、木材などを中国本土に運び、一方では、チベットでの多くのダム建設や鉱山開発のために大量の技術者や労働者を引き入れることになる。

西部大開発は、西部地域に豊富な石油や天然ガス、水力や風力、火力によって作られた電力を東部地区へ送電するエネルギーインフラの整備が重要課題である。砂漠のなかや高原地帯には、送電線網が張り巡らされている。また、水不足が深刻な北部地区に、南の豊富に存在する水を人工運河で引き入れる「南水北調」プロジェクトがある。そして、広大な西部の農業地域では小麦など穀類、綿花、食油、野菜、果物などの農業生産も可能であり食糧の供給地域でもある。西武地域はエネルギー・鉱物資源や水資源、食糧の供給地域として垂直的分業の役割を担い、北京や上海など沿海部と結び付けられ中央集権化が進行する。沿海部の経済に影響され、もし、沿海部の経済が停滞すると大きな負の影響を被る可能性も大きい。ある意味では、東部地域の従属状態になってしまう懸念もある。

しかし一方では、外資の誘致による産業振興、住宅開発や都市整備、観光開発などにも巨額の資金をつぎ込んでいる。東部、沿海地域の経済発展に伴い、賃金の上昇は、労働集約産業の国際競争力の比較優位の喪失となる。こうした比較優位を失った産業を、賃金の安い西武地域に移す。あるいは、特別開発区を設け、数々の優遇措置をもうけて高技術の外資を誘致しようとしている。産業構造の調整と交通インフラの整備は、東部沿海部と西部地区を結びつける一方、カザフスタンやウズベキスタンなど国境を接する中央アジア諸国との辺境貿易の促進、そして、「一帯一路（新シルクロード構想）」に見られるように、ロシアひいては欧州にも輸送する構想がなされている。

シルクロードやチベット仏教、歴史や遺跡、砂漠や山岳地帯の自然環境など観光資源を活用する観光開発も行われている。西部地域は、少数民族が多数存在し、異質の宗教、文化や生活様式を持っている。こうした異質性は、ある意味ではエキゾチックな観光資源でもある。また、山岳地帯や砂漠など自然環境、ブドウやイチジクなど豊富な果物なども観光客をひきつける。観光はホテル、レストラン、お土産物など波及効果の大きい経済開発である。

開発政策は、内需主導型の経済成長への移行も意図している。中国政府は、輸出による経済成長の限界を感じている。地方都市の郊外に、巨大な住宅開発を行っている。中国の沿海部の数多くの高層住宅群にも驚かされるが、その小型版が西武地域でも行われている。住宅投資は、中国の投資主導の経済成長の基でもあるが、農村の住民を都市住宅に移し、また、東部・沿海部で職を求める人の受け入れ先でもある。もちろん、値上がりを待つ投資用でもある。中国の都市化率は、現在、50％を超えている。輸出・投資主導型の経済成長が行き詰まりつつあり経済の成長パターンを内需主導にするには、産業を興し都市化を進める必要がある。

次に、西部大開発でチベットと特に関係し重要なテーマを検討する。青蔵鉄道は物流・交通インフラの建設であり、南水北調は水資源開発であるとともに水力を利用した電源開発とも関係する。

2. 青蔵鉄道

ラサまでの道路は、チベット併合以降1954年までに完成していたが、あまりに貧弱であったので本格的な物流ルートが必要とされた。チベットの開発を促進するためには、チベットへの交通インフラを確保することである。特に、鉄道は、大量の物資や人を運ぶことができるので、地政学的重要拠点のチベットを押さえるためにも必須の交通インフラであった。チベット高原の物流インフラの建設には、観光開発やチベットの漢族化を目的に漢族の西部移住促進政策なども目的とされた。

すでに述べたように、チベットは、軍事的に重要地域だけでなく、豊富な地下資源に恵まれている。これまで、4,000メートル級の高原と7,000メートル級の山脈に囲まれた自然の要塞であったため、地質調査も困難であったが、技術の発展により、原油や天然ガス以外にも、石炭、鉄、ウラン、亜鉛など多くの鉱物資源が確認されている。青蔵鉄道の建設は、中国の経済成長に必要なエネルギー・鉱物資源の開発にぜひとも必要なものであった。また、チベットは、山や動植物など豊かな自然環境にも恵まれ、これまで神秘のベールに包まれたチベット仏教や文化、社会など観光資源にも恵まれている。チベットの観光開発にも鉄道の建設は必要であった。

2001年2月からゴルムドとラサ間の建設が本格化した。工事は困難を極めた。最高地点は海抜5,000メートルを超える峠もあり、平均すると約4,500メートルの高地の建設工事であり、永久凍土区間で安定的に通行させる技術的問題、生態系の保護など多くの困難な課題があったが、2006年に高原鉄道が開通した。それ以降、ビジネス関係、移住労働者、観光客などが絶え間なく流入し、車も多くなり、大気汚染などチベットは大きく変貌することになる。鉱物資源の採掘や鉱工業の発展、チベット国内への道路や鉄道の建設延長、観光客の流入、サービス産業の興隆などこうした経済成長が、主に漢族の中国人によって行われている。チベットの中国化・漢族化が急速に進み、チベット文化

図表 2-3　青蔵鉄道

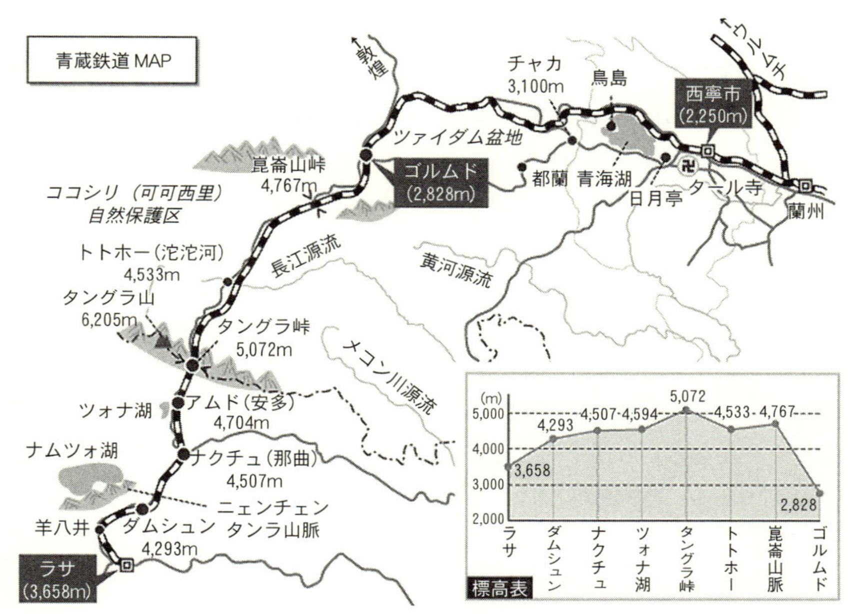

出所：http://www.kaze-travel.co.jp/img/wp/2010/06/tibet_kiji036_map.gif（2017/10/06）

が衰退し、チベット社会が大きく漢族化へと変貌している。

現在、ラサへの貨物の７割が青蔵鉄道で輸送されており、中国政府は、ラサのターミナルの西の郊外に、チベット最大の物資集積センターを建設した。そして今後、ラサよりネパールの国境近くまで鉄道を延伸することを考えている。また、インドの実効支配しているアルナーチャル・プランデーシュ州の近くの水の豊富な地域にも延長し、いわば、ラサからヒマラヤ辺境に向けてＹ字型に２方面に鉄道を拡大している。銅や石炭、鉄など鉱物資源の開発、採掘、運搬など資源確保である。また、自然の豊かなネパールに観光客を誘致することである。そして、一番重要な目的は、軍事・安全保障であろう。チベット国内の治安維持のためにスムーズに軍隊を移動させることである。また、インドとの国境紛争に際し、即座に軍事的な対応ができるようにするためにも大量輸送の可能な鉄道が必要とされている。

3. 南水北調

西部大開発の目的の１つは、南に豊富に存在する長江の水を、水不足に悩む北・東部地域に引き込むことである。長江や黄河はその源流はチベットにあり、南から北への送水プロジェクトは、チベットの水と密接に関係する。

中国は、水不足や水汚染に直面しており、その深刻さは時と共に増している。中国が経済成長し所得水準が上昇するにつれ水需要は増大する。工業や農業生産には産業・農業用水が、生活水準の上昇や都市化は、生活用水が必要になる。しかし、急激な経済成長が、深刻な水汚染を引き起こし、そして更なる水不足を引き起こす。

水不足の解決方法として「南水北調」プロジェクトがある。長江の豊富な水資源は、チベット高原やその背後にある山脈の雪解け水を水源として、中国各地に流れ出ている。しかし、中国の水は、偏在しており、北・東部地域の水不足は深刻である。南部地域は、長江のように水量は比較的豊富であるが、発展する北・東部地域は砂漠化が進み、黄河は渤海湾に流れ込む前に、途中でいくつもの断水が起こっている。

中国政府は、南部の豊富な水を水不足に悩む北・東部に人工運河で水を供給する巨大プロジェクトを開始した。南水北調には、３つのルートが計画されている。東ルートは、江蘇省の長江下流から天津に水を送るもので、2002年建設に着工し、13年末に１期工事が完成しているが、送水に際し、地勢的関係から水を汲み上げるポンプアップが必要とされるなど課題も多い。長江の支流、漢江と北京や天津を結ぶ中央ルートは、1,400キロに及ぶが自然流下であるため、2014年12月北京に送水が開始された[8]。しかし、多くの懸念がある。長江の水は、豊富といわれているが、水量の減少や水質の汚染が懸念される。その汚染された水を北方地域に導いたところで、汚染水の全国的なばら撒きとなる。汚染水による農産物の栽培、また各地にある工場からの有害な汚染水の流入、魚類への影響など、環境破壊は一層ひどくなり、生態系が破壊される可能性もある[9]。

また、汚染水は飲料水としては不適当であり、飲料水に浄化するには相当なエネルギーとコストがかかる。高いところから低いところに水を引く自然流下ではなく、その逆のケースもあり費用は巨額になり、三峡ダムをはるかに超えるとも言われている。たとえ、長江の水量が豊富と言っても本当に北方の水不足を十分賄うことができるかどうか疑問である。中国全土の水不足にならないか、そしてダムや運河の建設により自然を人工的に変えることは、環境変化を引き起こさないか。中国の南の水を北に運ぶ巨大プロジェクトが水不足や環境汚染、生態系の破壊など一層深刻化させるのではないかとの懸念は大きい[10]。

図表 2-4　南水北調プロジェクト

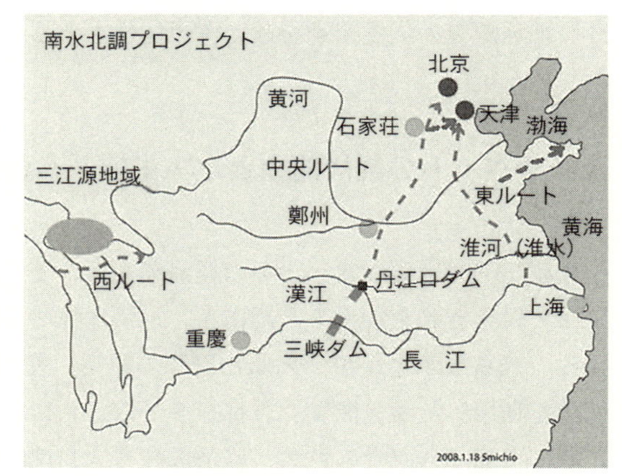

出所：http://livedoor.blogimg.jp/nappi11/imgs/c/2/c27598e8.jpg（2017/10/06）

チベットと直接関係するのが第3の西ルートである。現在調査段階で未確定と言われているが、長江上流のチベットの水を黄河上流と結び、ゴビ砂漠での穀物生産を想定し2050年完成が予定されている。黄河への連結工事は、ダムの建設や多くの河川を跨ぐパイプラインや運河の建設が必要とされ、長江上流での取水は長江の水量に大きな影響を及ぼす可能性がある。さらに、このルートは、ミャンマーに流れるサルウイーン川、東南アジア5か国に関係するメコン川、バングラデシュやインドのブラマプトラ川の国際河川と関係する。これら国際河川の中国内の上流域にダムを造り電力開発を行い、そして水を中国国内に転用することは、近隣の関係諸国の水事情に大きな影響を及ぼす。

チベットの西部大開発における水資源開発は、水を中国国内に引き込むという水路の変更と同時に、貯水した水を利用して水力発電をする電力開発でもある。峡谷を利用したダム建設は大きな課題である。山岳地帯や峡谷、高原地帯の開発は、山を爆破し、山に水を通すトンネルの建設、地下での導水管の設置など困難な建設工事が計画されている。ダムの建設は、水量を調節して導水の役割だけでなく、水力発電によるエネルギー生産と送電、つまり「西電東送」のプロジェクトでもあり、重要な役割を担っている。困難を極める難工事が予想される前代未聞の大規模工事は、チベットの自然を破壊し、地球温暖化のような地球規模の気候変動を起こす可能性もある。

Ⅳ. チベットの経済開発と水・生態系への影響

地政学的に重要なチベットの経済開発は、着々と進行している。チベットの独立・民族運動を抑えるためにも、経済開発・成長が必要と中国政府は考えている。豊富なエネルギー・鉱物資源の開発、豊かな自然資源やチベット仏教・文化を利用した観光開発、首都ラサからさらにヒマラヤ山脈の麓や地方開発のために交通インフラの拡大、経済成長や人口増加に伴っての住宅建設、ビジネスの活性化などによる都市化の進展、また、エネルギー需要の増大に対するエネルギーインフラの開発、特に、ダム建設による水力発電や送電網の建設など、急速な経済開発がチベットの自然環境や水資源に大きな影響を与え、生態系の破壊や社会問題を引き起こしている。

1. 温暖化と氷河・永久凍土の溶解

パリ条約の締結にみられるように地球温暖化は近々の重要課題である。その影響は、極地が強くうける。北極や南極が最もその影響をうけて、世界の平均気温が19世紀末より約1度上昇しているのに対し、北極では2倍以上の上昇である。北極、南極とも、海氷面積はどんどん小さくなっている。氷が融けることにより海岸浸食や洪水が発生する。また、永久凍土層も溶解し始めると、その中に閉じ込められていたメタンガスが放出され、地球温暖化は加速される。こうして、温暖化の負のサイクルが進行し、森林火災などの発生や生態系の破壊、そして漁業や狩猟による現地の生活も失い始める[11]。

第3の極地といわれるチベットは、北極や南極と同じように世界の他の地域より地球温暖化の影響を強く受けると同時に温暖化を増幅しやすい。チベットは高度が高いため、夏には温度が急激に上昇し、太陽の熱や温かい空気を引き込みやすく、地球温暖化を促進すると考えられる。現地の気象観測所によると「雪線の後退や氷河の縮小、草原の乾燥化、砂漠の拡大のような問題が、自然の生態系にますます脅威を及ぼし、干ばつや地滑り、吹雪、火事のような自然災害がより頻繁に起こり、破壊的になっている」と述べている[12]。

温暖化を受けて、山岳の雪解けや氷河の融解が進み、短期的には水が増水するが、水不足を和らげるというより、洪水や海面の上昇、低海抜地への浸水・土地の消失・塩害など引き起こす。しかし、最終的には氷河の縮小・消滅にともなった水不足が深刻な状況になる。チベットの氷河の融解が加速化している現在、例えていうと、何千年にわたって形成された水の預金口座が取り崩され、最終的には空っぽになる懸念が指摘されている。中国政府の航空地球物理学研究所の観測では、2050年までにチベットとヒマラヤの氷河の約3分の1が溶解して消滅し、2090年には、半分に減少するとして、水資源の激減の深刻な状況を警告している[13]。こうした温暖化と氷の融解の懸念については、世界の様々な科学的研究で指摘されている。地球温暖化・気候変動は、将来の水不足を引き起こし、アジアの経済成長に大きな負の影響を及ぼす。

チベットの永久凍土の融解は生態系への人間活動の影響の1つのシンボルを意味する。永久凍土は地中に水分を氷の形で蓄える天然の冷凍庫といわれるが、チベットの永久凍土は退化し、縮小し始めている。永久凍土層の一番上の層が融けると、それは伏流水の供給に影響を与え、次に、沼や湖の水位の低下、湿地の水位の低下や乾燥化、そして草原の減少となるという。

すでに述べた青蔵鉄道の建設は、海抜4,000m、最高5,000mの高原を550kmにわたり、永久凍土を切り開き、自然環境を変形させた。凍土の温度は、現在0.6度Cで、損なわれていない凍土の2倍高いという。チベットの永久凍土は、他の氷結土壌と異なり塩分濃度が高いため、温度の上昇に弱く融けやすくなる[14]との特徴がある。こうして地球温暖化や鉄道建設の経済開発による人工的な変化が、チベットの氷河や永久凍土の溶解を進めており、水資源に大きな影響を及ぼしている。

2. 鉱物資源開発と水質汚染

すでに述べたように、チベットは、エネルギー・鉱物資源の豊富な地域である。銅、鉄、クロム、ホウ素、硬玉、水晶、硫黄、マグネサイト、リチウム、雲母は、中国で最大の埋蔵量があり、ウラン、金、モリブデン、亜鉛、鉛も相当な埋蔵量がある。チベットには、異なった126の鉱物が入手できるという。近年、特に注目されるものとして、リチウムがある。チベットには、西の乾燥地域に無数の塩湖があり、リチウムの源になっている。リチウムイオン電池は、パソコンやスマホ、そして、最近では電気自動車の重要部品となっている。

また、鉱物の開発には、開発資材や労働者の搬入や採取された鉱物資源の搬出が必要とされる。そのための物流インフラ、特に鉄道が必要とされる。さらに鉄道がヒマラヤ方面に向けて延長されると、新たな鉱脈が発見できる。とりわけ、10億トン以上の未開拓の高品質鉄鉱石と最高4千万トンの銅や鉛、亜鉛が発見されたと、中国土地・資源省は発表している。鉄道の導入に伴って、多くの未発見の貴重鉱物の鉱床が発見され、チベット高原をアジアの最も重要な鉱山業の中心地の1つに変えている。チベット北部山脈や甘粛省のチベット県の金鉱床や高原の東縁ではレア・アースが発見され、コンピュータなどハイテク技術やミサイルなどの軍事技術にも必要不可欠とされている。

鉱物資源開発には、電力だけでなく、大量の水を必要とする。そのため、ダムの建設は、農業の灌漑用水の確保という役割だけではなく、鉱物資源の採取に必要とされる電力や水の確保という意味もある。巨大なダム開発は、山を崩し、森林を切り開く。こうした開発が、森林を破壊し、草原を砂漠に変え、生態系の破壊や水不足、土砂の堆積などを招く。希少動物の絶滅にも至る。また、チベット地域は地震の多発地帯でもある。もし、ダムが決壊するようなことがあると、下流域の洪水被害が起こる危険が大きい。

鉱物開発には、有用鉱物と不用鉱物を分離する選鉱で、大量の水や化学薬品を使用する。その過程で、大量の選鉱くずが発生し、危険な化学薬品が川に流され、有害な水質汚染が起こる。金やウラン、銀、銅鉱石などは、ヒ素やシアン化合物、あるいは硫酸でろ過されるため、有毒な選鉱くずが人口池にためられるが、一部は川に流れ、地下水を汚染する。大量の水と危険な化学薬品の使用は、チベットの水問題に警鐘を鳴らし、ひいては生態系の悪化を引き起こす[15]。開発業者は利益確保を目指し、政府も開発・経済成長を優先し、水質汚染・公害対策は放置あるいは無視されがちである。

3. 都市化と森林破壊

西部地域では開発により多くの高層ビルやマンションが建設され、道路・鉄道が整備され、自動車は急増し、交通渋滞を引き起こすまでになっている。チベットの首都ラサ近郊でも同じように都市化は着々と進展しているように見えるが、一方では、自然破壊、環境破壊を引き起こしている。都市化に伴い、多くの公害被害も発生している。自動車の急増・交通渋滞は、大気汚染を、工場からの工業廃水、住民の生活排水は、水質汚染を引き起こし、健康被害が多発している。道路は舗装化され、緑地の減少、ヒートアイランド現象、降雨の減少をもたらす。ひいては、砂漠化を引き起こす可能性もある。

そして、経済開発や都市化の進展は、木材の需要増大、森林伐採、そして森林破壊をもたらす。チベットの森林は、水の豊富な南部と東部地帯の山の傾斜地にある川の流域にある。森林は川の流域の土地を覆い、流出量をコントロールし、川の緩衝地帯として、水の生態系を保護している。また、炭素を蓄え、降雨を起こし、土壌を保全する重要な生態的役割を持っている。そして、川の流れを保全し、多様な生物の巨大な生息域である。そうした森林は、澄んだ水を確保し、川岸の天然植物を保護し、野生動植物の生息環境を提供し、洪水を制御し、汚染物質をろ過する。しかし、残念ながら、チベットの森林資源は伐採され、中国本土に積み出されてきた。チベットは中国本土の木材の主要な供給源である。チベットの森林破壊は、こうした自然の生態系を破壊することであり、河川の上流部の問題だけでなく、下流部にも大きな影響を与えている。

森林伐採により森が消滅することで、木の保水作用や蒸発が減少し、森林の被膜作用がなくなることで、川への水の流出が急増し、ひいては下流での洪水が頻発する。一方、アジアの気候にも影響を及ぼし、チベット高原全体が、夏に熱く湿気が多くなり、冬季には寒くなり、異常気象にとなる。温暖化を促進し、中国の水源であるチベット高原の氷河の消失、水源の減少、ひいては、深刻化する水不足を一層悪化させる。

現在、中国政府は、植林計画を進めているが、森林の再生には、時間がかかり、開発・森林伐採のスピードは速く、植林・森林再生はすぐにはできず、ゆったりしたプロセスとなる。森林破壊は、水問題だけでなく、河川の生態系の悪化、温暖化や異常気候、自然災害の増加など、自然破壊に結びつき我々の生活に大きな影響を及ぼす[16]。

4. 漢族移住と生態系の破壊

チベットの人口構成で、チベット族は、多数派ではなくなっている。中央政府は、チベット開発のために、漢族の入植を進めている。漢族の「ゴー・ウエスト政策」（漢族入植キャンペーン）である。チベット自治区でも正式の人口数にカウントされていない軍隊や季節労働者を含めると確実に、チベット族は文字通り少数のマイノリティと考えられる。

入植した漢族の環境変化は、チベット族とチベット社会に大きな影響を及ぼしている。例えば、次のような事例がある。チベットには、希少な動植物が存在しているが、併合前、狩りは厳しく禁止されていたという。しかし、併合後、利益を目的に希少植物の取得や動物の狩りを行う業者の入植も増加してくる。シャクナゲや大黄、サフラン、ヘレボルスなどの薬草、また、チベットアンテロプや鹿、ガゼル、野羊など野生動物も多く、鹿の枝角やジャコウ鹿などは中国の伝統的な精力剤として、そして美食珍味の対象として狩猟された。狩猟が禁止されても高額取引されるので、密漁や密輸は減らない。ジャイアント・パンダやレッド・パンダはチベットを原産とするが、今では、中国の外交活動の一環となっている。絶滅危惧種として、ユキヒョウは毛皮として狩猟される。チベットは、アジアの生物多様性に恵まれた地域であるが、消滅の危機のある種も多い。現在、漢族の新たな入植者の流入や資源採掘産業の導入、大規模な水力発電事業の開始、森林破壊、土壌侵食、河川流域の貧弱な管理、大量の化学肥料の使用など非持続的な農業などにより、人為的な活動から攻撃をうけ危機に陥っている[17]。

中国政府は、チベットを完全に漢族に併合しようとしている。西部地域には、多くの少数民族が居住しているが、中国政府は、経済開発・成長を進めることで、少数民族の不満を緩和し、中国本土への併合を進めようとしており、開発が少数民族の社会を破壊しつつある。社会主義の名目上少数民族の尊重、民族の融和を唱えているが、現実は、少数民族地域での開発は、少数民族からの土地の収奪、単純・肉体労働への従事を導き、彼らの伝統的な社会や生活様式を破壊し、文化を奪っている。また、宗教など生き方の干渉も引き起こしている。もちろん、開発の波に乗り、豊かになった一部の少数民族もいるが、少数民族間の経済格差の拡大も広がっている。

開発の利益を求めて、漢族がチベットに流入し、漢族化、中国化が急激に進行している。少数民族の宗教や民族文化の破壊を進め、少数民族の不満の増大、多数化する漢族の横暴など社会の不安定化が増している　民族対立なども引き起こしている。政府の暴力的管理・支配は、逆に、暴力的な抵抗を生み出す。民族教育や民族言語の規制や中国語教育の優先・奨励など少数民族の駆逐、民族浄化のような支配が行われている。チベット語を話せないチベット人の若者も増加している。暴力装置で治安を維持すると同時に、中国語教育優先による教育方式で、中国化が進行し、世代を経ることで、少数民族を従属させ、実質的に中国に併合する。

中国政府によるチベットの経済開発や漢族化が、チベットに豊かさや民族共生をもたらすよりも、資源の収奪や自然破壊を進め、不安定地域となる可能性が大きい。自然環境を重視・保護するチベットの伝統的文化が、破壊されつつある。チベットの水資源を含めて諸資源を完全に支配下に置き、自然を人為的に改造して屈服させる中国政府の政策は、アジアの給水塔としてのチベットの存在にリスクをもたらし、国際紛争を招く可能性が大きい。

V. チベット高原を水源とする国際河川と近隣諸国への影響

1. 国際河川

チベットを水源とする大河が、東南アジア諸国、インド、バングラデシュ、パキスタンなどに流れて出ている。これらの国際河川は、メコン川、サルウイーン川、ブラマプトラ川、ガンジス川、インダス川などとなり、流域の国に大きな影響を及ぼす。流域国の住人は、農業や漁業に従事しながら暮らしている。また、これら河川の河口では、巨大デルタ地域が形成され、巨大な都市人口を養っている。世界の人口の約50%近くが生活していると言われている。

こうした国際河川で、上流でダムが建設されると、下流国に大きな影響を及ぼす。大きな河川は、物流や漁業、農業用水など、地域住民の生活に密着している。ダムの建設は水位を減少させ、水深を浅くし船の航行に危険を及ぼす。また漁業では漁獲量や漁業資源の減少を引き起こす。河口デルタでは、過剰栄養物や毒物の海への流入は海洋生物に危機的な影響を及ぼす。今後、経済発展や人口増加により、生活・産業用水の需要が増大し、食料生産の増産が求められ、水需要は増大する一方である。もし、国際河川で水をめぐる問題が発生すると、国際紛争が発生し、安全保障の問題にもなる。

国際河川をめぐる問題は、水量と水質をめぐって起こる。水量は、水需要が供給をうわまわると水不足が起こる。また、水位と流速の変化も大きな問題を起こす。特に、河川の上流域で水利用が増加すると、下流域では、水量が減少し、水位が低下する。灌漑用水が不足し、漁業など資源の減少や収穫の減少、生態系の変化などが起こる。水質の問題は、上流域での資源開発では、水質汚染が発生し、それが下流域に流出し、公害を引き起こす。また、上流域での経済開発、都市の発展なども大量の生活廃棄物や産業廃棄物が水質汚染の問題を引き起こす。

アジアの巨大河川の水源は、チベットにある。チベットは中国の支配下にあり、中国の対応が大きな懸念材料である。中国では、深刻な水不足が起こっており、「南水北調」プロジェクトが計画されている。また、一方、急激な経済成長に伴い、水質汚染の悪化も深刻化している。中国が、中・下流国に対してどのような対応をとるのか、自国優先か、国際協調か、水は、我々の生存に必要不可欠なものゆえ、紛争に至るリスクも大きい。

2. ダム建設をめぐる紛争

河川の水を調整し、有効活用するものとして、ダムがある。ダムには、灌漑用の貯水や飲料水の確保などの利水、洪水の防止としての治水、そして水力による発電、さらにリクリエーションなど憩いの場として多目的利用が考えられている。ダムに貯水し、利水や治水、水力発電のために、水位を人為的に管理する。ダムの水位が増して満杯状態になれば放流するし、減少すれば放流を停止し貯水を始める。しかし、下流域では、水位や流速など水の流れが上流のダム管理によって減少したり、増加したりコントロールされ、従来の自然の流れや生態系は変化を余儀なくされる。国内河川で、国内で調整・管理されている限り、水の有効活用となるかもしれないが、国際河川になると、下流域の水位や流速が上流のダム建設国の意向に左右され影響は大きく、水利用をめぐって国家間の争いが起こる可能性も高くなる。

中国のチベット併合以前、チベットの水は、チベット自体ではほとんど消費されず、ほとんどの水が下流の他国に流れ出ていた。しかし、現在では、中国の経済成長により水需要は急増し、発電や灌漑、採鉱、その他の経済活動によりチベットの水が国内に転用されるようになった。すでに述べた「南水北調」プロジェクトのように運河を建設し水不足の北・東地域に水を流用するプロジェクトが展開されている。また、急激な経済成長に伴う電力需要の急増に対応するためにも、チベットに発電を兼ねたダムが建設されるようになった。特に、ダム建設が集中しているのが雲南省のチベット高原である。メコン川やサルウイーン川の上流、ブラマプトラ川中流域の集水地域、特に、特別に水の豊富なチベット高原の南東地域に集中している。新たなダムが建設され、チベットから流れ出る水が、中国に独占的に利用・コントロールされると、下流域諸国に多大な影響や危険を及ぼす。国際河川では水量や水質の問題のみならず水位や流速などの変化により、下流域諸国の住民の生活や自然の生態系への影響も大きく、国家間の紛争を引き起こすリスクも大きくなる[18]。

すでに述べたように、インドシナ半島を流れるメコン川では、電力供給のためのダムが建設されている。メコン川は、チベット高原が水源となり、中国雲南省、ミャンマー、タイ、ラオス、カンボジア、ベトナムの6か国にわたる4,200キロメートルにわたる国際河川である。中国の経済成長と電力需要の増大で、1990年代、中国領のメコン川上流でのダム建設が始まった。チベットや雲南省は、水量が豊富で高低差の大きい地勢であり、ダムの建設に適している。食料増産の灌漑用に利用し、発電に活用する。高低差を利用した水力による発電は、火力発電とは異なり二酸化炭素を排出しないので大気汚染を招かない。発電された電力は沿海部の広東省などに送電され、余った電力はタイなどに輸出されるという。経済成長著しいタイでも電力需給が逼迫している。自国だけでは賄えきれず、山岳地域のラオスからも電力を輸入する。ラオスは、山岳地帯のメコン川の支流にダムを建設していたが、最近ではメコン本流でもサイヤブリ水力発電所の建設が始まっている。建設も融資もタイ企業が受け持

図表 2-5　メコン川本流のダム建設

出所：https://blog-001.west.edge.storage-yahoo.jp/res/blog-d6-7b/yosunokoji/folder/1041453/43/29669243/img_2?1311171910（2017/10/07）

ち、電力の95％がタイに輸出されるという。ラオスはインドシナのバッテリーといわれ、タイやカンボジア、ベトナムに電力を輸出する国家になり、電力は貴重な外貨獲得手段となっている。現在、タイや中国の投資で水力発電所が次々と建設されている[19]。

中国は、中国側上流域のメコン川の水量は、メコン全体の16％に過ぎず、下流国の水量にあまり影響ないと言う。確かに、雨季ではメコン下流域の支流から大量の雨水が流入するが、乾季においては、中国上流域の雪解け水が流入しメコン川の水量に大きく影響するので過少評価すべきでない。中国の上流ダムが下流域の水量に影響を及ぼし、水位の急激な変化により、メコン川の中・下流域のラオス、タイ、カンボジア、ベトナムなどにいろいろな影響や問題を引き起しているのは事実である[20]。水位の低下や干ばつなど、飲料水、農業・工業用水、漁業や水産養殖への影響、そして生態系の悪化などを引き起している。特に、ラオスやカンボジアでは、メコン流域の水産業に生活を依存している貧困住民が多く、貧しい彼らの貴重な収入源を奪っている[21]。一方、ベトナムの河口デルタ地帯でも、河川の河口への水の流れの減少や枯渇により、淡水と海水の混水、豊かな生息域の消滅が起こっている。

一方、中国とインドの間でも水問題が起こっている[22]。もともと、中国とインドの間では、国境をめぐる紛争が継続しているが、ヒマラヤ山脈の南東部、ブータン側の南東部のアルナーチャル・プランデーシュ州はインドが実効支配しているが、そこに、チベットから流れる出る大河がある。チベット側ではヤルツァンポ川といい、西チベットの聖地カイラス山を源流とし東へ流れ、ブータンの南東部から大きく南に屈曲してインドに入りブラマプトラ川と名称が変わり、バングラデシュにも流入しガンジス川とも合流する。かつて、領土をめぐる国境紛争であったのが、今後、水を巡る争いが主要課題となると思われる。

中国は、チベットの母なる大河といわれるヤルツァンポ川の支流に発電用にダムを建設しており、さらにいくつかのダム建設を計画している。ダム建設が河川の水量や生態系に大きな影響を及ぼすことはわかっている。また、中国のダム建設予定地帯は、地震の多発地帯でもあり、地震によるダムの決壊が起これば、鉄砲水や洪水など下流域に死者を含めた多大な被害を及ぼす危険がある。問題は、中印間でのダムの事故など水をめぐる管理情報の共有ができていないことも問題を大きくしている。中国がダムの貯水や放流など水管理情報や現地の雨水・気象状況の情報提供などが必要とされるが、中国の対応は鈍く、水を巡る大きな政治課題となっている。

ヤルツァンポ川がインド側のブラマプトラ川に流れ出る中国側にグレート・ベントといわれる大きな屈曲がある。平均4,000メートルと世界でも最も高い標高にあり流れも速い地点である。そこに水不足に悩む黄河に水を流し、発電もおこなう巨大なダム建設を予定していると言われている。現在の南水北調プロジェクトの次の巨大プロジェクトといわれる。もし建設されれば、インドやバングラデシュに流れ込むブラマプトラ川に大きな影響を与えるのは確実である[23]。

ダム建設は、季節の河川の水量や水質、下流域の生態系、そして食料やエネルギー生産、安全保障など関係諸国との政治的安定性などに大きな影響を及ぼすのである[24]。チベットの水資源は中国の生命線ともいえるだけでなく、インドや東南アジアなどアジアの生命を左右する政治紛争の源でもあり、国際政治や安全保障に重要な影響を及ぼす。現在中国のチベット支配が強化されている現在、戦略地政学的均衡は、中国の優位に傾きつつある。

3. 紛争への対応

国際河川の水紛争への対応は、非常に難しい。国際河川が上・中・下流域と複数国にまたがったとき、越境水域国の発展段階の違いや政治的・軍事的パワーの不均衡などがある場合、国家間の調整は難しい。下流域国が経済発展しているときは、水需要は下流域国に多くあり、下流域国が水を管理する慣例が出来ているので比較的問題は少ないが、上流域国が先に経済発展すると、生活用水や産業用水などの水需要が増し、また食料需要も増加し農業開発も積極化し灌漑用水も必要とされる。その影響は下流域国に大きな変化や影響を及ぼす。その後、下流域国も経済開発が進展すると、水需要は一層増加するので、いかに水を確保するか水をめぐる紛争が激化する可能性が高まる。

ナイル川のように下流域国のエジプトが政治・経済的に力を持ってきた場合、河川利用や管理は下流域国のエジプトが力を発揮できるが、メコン川のように、上流域の中国が経済力や政治力を持ち、水資源を抑えている場合は、利害調整は複雑かつ困難になる。基本的に国際河川は上流域国が絶対的優位を持っている。紛争の激化は、国際河川の利害関係国で、話し合いで解決されるのがベストであるが、上流域国が地理的に絶対的優位性を持ち、政治経済的にも優位性を持っているときは、解決の糸口がなかなかつかめない。下流域国が泣き寝入りか、上流域国が自らの優位性を自覚し、国際協調的な関係を形成するか、あるいは、国連のような国際機関の調停などが必要とされるのかもしれない。最悪の場合は、戦争のリスクも考えられる。

メコン川の場合、タイ、ラオス、カンボジア、ベトナムの4か国に、中国とミャンマーをオブザーバーとしてメコン河委員会[25]が1995年に作られ、メコン川の水資源の利用・開発・保全など統合的水資源管理を目的に協議の場が発足している。しかし、メコン川の中・下流域の4か国はそれなりに経済成長を遂げてきているが、上流域国の中国は、急速な経済発展を遂げ影響力を強めているが、メコン河委員会に加盟することもなくオブザーバーのままである。すでに検討したように、中国がメコン上流域に多くのダム建設をしているため、その影響は下流域4か国に及んでいる。しかし、中国だけでなく、下流域4か国の電力需要も増大し、ダム建設の必要性も強まっている現在、委員会には強制力もなく、利害調整はなかなか難しい。特に、中国は、メコン川の上流域国にあるため絶対的優位性を持っており、さらに下流域の4か国は中国との貿易や投資など経済関係が強まり、また、インフラ整備など資金援助にも大きく依存しており、中国の影響力は強まるばかりである。

ミャンマーやインド、バングラデシュ、パキスタンなどチベット高原から流れ出す国際河川の問題は、メコン川流域をめぐる中国との関係と同じ課題を抱えている。中国の対外政策は、国際協調より自国優先である。中国の優位性は自国の水不足対策や経済成長のための電力開発であり、国際河川をめぐる大きな懸念材料は、今後中国の地理的、経済的な絶対的優位性に対しいかに対応するかである。

Ⅵ. おわりに

中国は自国の経済発展のために、チベット開発を活発化している。特に本章では、経済開発と水問題を中心に論じた。中国は、チベットから流れ出る国際河川の上流域の水を国内の利用に転用しようとしている。ダム建設の目的は、水不足対策だけでなく、資源開発や工業・農業用、観光開発などの水確保だけでなく、経済成長のための電力開発でもある。しかし、ダム建設は、チベット自体の水をめぐる生態系の悪化をもたらすと同時に、国際河川の下流域諸国に深刻な影響をもたらしている。

一方、現在、中国の開発戦略は、国内から国外に進展してユーラシア大陸全体に及んでいる。西部大開発政策は経済格差の解消やエネルギー・水資源の北・東部地域への供給など国内の開発戦略であるが、現在、西部大開発の対外的拡大とも考えられる「一帯一路（新シルクロード構想）」戦略が進行中である。陸地と海路を使って、欧州あるいは東南アジア、中東と結び付けユーラシア大陸を一体化する、中国を中心とする広域経済圏を形成しようとしている。その資金的裏付けとなるのが、「シルクロード基金」や「AIIB」（アジアインフラ投資銀行）であるが、ユーラシア大陸を一体化する「一帯一路」の重要な政策は、インフラ整備である。道路や鉄道、空港、港湾などの交通インフラや発電設備などのエネルギーインフラ事業に資金援助を行い、ユーラシア全体を中国中心とする国際秩序の構築を目指している。今後、中国が「一帯一路」戦略にチベットの水資源をどのように利用するのか懸念される。

チベットは、アジアの給水塔ともいわれ、アジアの巨大国際河川の水源となっている。水源を管理することは、インドやバングラデシュ、東南アジアなど関連諸国の支配の可能性を示唆する。ダムを造り、水量を規制することは、水不足を助長し農業を破壊し、水戦争を引き起こすかもしれない。巨大河川流域の水産業を衰退させ、自然破壊も引き起こす。水をいかに国家間で管理するかが問われる。しかし、自国優先の中国はいかに対応するのであろうか。これまで中国は経済力を利用して、後発途上国に影響を及ぼしてきた。ラオスやミャンマーの流域に、中国がダム建設に資金や技術、労働力などの経済援助を行ってきた。国際公共財としての水資源が支配と従属の関係にならないか懸念される。

最後に、水は、空気と共に人間の生存に重要である。経済開発は、人間の生活を豊かにする一方リスクも抱えている。経済開発が、水資源に大きな影響を及ぼし、水不足、水汚染、生態系の破壊、自然環境の破壊、地球温暖化など我々の地域社会を破壊するのみならず、地球自体を破壊しつつある。いかに、自然と共生するかが問われる。水の国際的な管理は平和とも関係する重要課題である。

注

1　チベット高原は、チベット自治区だけでなく、青海省、四川省、甘粛省、雲南省のチベット人の住む広域チベット地域を意味する。

2　本章の一部は、拙稿 2016 を基に加筆、修正して引用している。

3　Chellaney 2001, pp.108-109.

4　カシミール地域やその東部の中国が実効支配するアクサイチン地域、ブータン東側のインドの実効支配するアルナーチャル・プランデーシュ州などがある。

5　Chellaney 2008.

6　中島 1989、58 頁。

7　Chellaney 2009, p.38.

8　『朝日新聞』2014 年 12 月 28 日付。

9　自然を破壊し環境破壊を引き起こした事例として、1960 年代、旧ソ連による巨大な灌漑設備の導入がある。カザフスタンとウズベキスタンにおける綿花や麦の栽培のために水路、ダム、貯水池など巨大な灌漑事業が行われたが、その結果として、アラル海の消滅を導き、生態系が破壊されて、20 世紀の最大の環境破壊とも言われている。

10　Ⅲ項は、拙稿 2016、108－111 頁による。

11　『朝日新聞』2017 年 6 月 25 日付。

12　Brahama Chellaney, (2001), p.112.

13　*Ibid.*, p.112.

14　*Ibid.*, p.114.

15　*Ibid.*, pp.116-118.

16　*Ibid.*, pp.119-122.

17　*Ibid.*, pp.123-126.
18　*Ibid.*, pp.129-130.
19　朝日新聞「GLOBE」2017年3月、NO.191。
20　http://www.mrcmekong.org/mekong-basin/hydrology（2017/10/07）
21　http://natgeo.nikkeibp.co.jp/atcl/magazine/15/041900003/042000003/（2017/08/26）：「ダム建設に揺れるメコン川」ナショナルジオグラフィック日本版、2015年5月号。
22　拙稿（2016）113-114頁。
23　Chellaney（2009）, p.39.
24　"The Struggle for Asia's Water Begins", *Forbes*, 9/09/2010.
25　メコン川とメコン河の違いは、表記上の違いである。川は一般的に使われているが、大きな川の場合河を使っているようである。メコン河委員会の場合は、河を使用している。本章で、筆者は、日本で一般的に使われるメコン川の表記を使用した。

参考文献

Chellaney, Brahma（2001）*Water: Asia's New Battleground*, Georgetown University Press, Washington, D.C.

Chellaney, Brahma（2007）"China-India Clash over Chinese Claims to Tibetan Water", *The Japan Times*, June 26.

Chellaney, Brahma（2008）"Averting Asian Water Wars", *The Japan Times* October 2.

Chellaney, Brahma（2009）"Coming Water Wars", *International Economy* Fall.

Lee Poh Onn ed（2013）*Water Issues in Southeast Asia*, Institute of Southeast Asian Studies, Singapore.

秋山憲治（2016）「西部大開発とチベット地方の水問題」『神奈川大学アジア・レビュー』（Vol.3）神奈川大学アジア研究センター。

濱崎宏則（2010）「メコン河委員会による水資源管理の課題と展望」『政策科学』（18-1）。

ダナム、マイケル（2006）『中国はいかにチベットを侵略したか』（山際素男訳）講談社。

ラストガーテン、アブラム（2008）『チベット侵略鉄道』（戸田裕之訳）集英社。

中島暢太郎（1989）「チベット高原と水資源」『地学雑誌』98-5。

大井功（2008）『チベット問題を読み解く』祥伝社。

ルヴァンソン、クロード・B（2009）『チベット―危機に瀕する民族の歴史と争点』（井川浩訳）白水社。

（ウエブサイト）

《http://tibet.net/wp-content/uploads/2012/06/Tibet-The-Third-Pole-Importance-of-Environmental-Stewardship.pdf》（2017/08/21）

《http://www.mekongwatch.org/platform/index.html》（2017/08/21）

《http://adachihayao.cocolog-nifty.com/blog/2016/03/post-5af7.html》（2017/08/21）

第3章
乾燥地の地下水開発と水危機
―イランの事例から―

後藤　晃

Ⅰ．はじめに

世界の水消費量はこの50年間に3倍近く増えている。この間に世界の人口は2倍になり農業生産も大きく伸び、人口増と経済発展が水需要増の主な要因であった。水需要の増大に対してはダムの建設や井戸の掘削など水資源の利用率を高めることで供給量を増やしてきたが、需給のバランスは必ずしも良くない。一人当たりの水資源量が年間1,700m^{3}を下回ると水ストレス状態にあるとされるが、1990年に世界の人口の12%ほどであった水ストレス人口は2050年には42%まで増えると予想されている[1]。現代の技術による水利開発は利用可能な水量を増やしてきたが、世界的にみると需要増を十分満たしているとはいえず、将来的には深刻な水不足になると考えられている。

水不足は降水量の少ない乾燥地でとくに懸念されている。国連環境計画の定義で乾燥地とされるのは地球の陸地面積の42%に相当し、ここに世界の人口の35%が居住している[2]。この乾燥地も水が得られるところには農業地帯が発達し、世界の食料の半分近くが地球上の温暖でしかも比較的乾燥した地域で生産されているといわれている。

農業生産には天水または人工的な灌漑による水の供給が必要であり、乾燥地では一般に灌漑が農業の条件になっている。そして灌漑用水として使う水資源のうち地下水の占める割合が高いのも乾燥地の特徴であり[3]、地下水の取水量はディーゼルポンプや電動ポンプの普及でこの50年間に大幅に増大した。このため涵養される水量を超える地下水が汲み上げられ、近年地下水位の低下が大きな問題になっている。

図表 3-1　世界の大帯水層の水収支

大帯水層	国名	年間貯水量に対する利用量（倍数）
ガンジス川上流	インド・パキスタン	54.2
アラビア半島南部	サウジアラビア	38.5
ペルシア湾岸	イラン	19.7
カスピ海の南	イラン	98.3
ハイプレーン	アメリカ	9.0
ナイルデルタ	エジプト	31.7
北中国の平野	中国	7.8
768の調査地平均		3.5

出所："Nature" Vol.488 09 Aug, 2012, p.198.

2012年、ユトレヒト大学の研究グループによる衛星を使った調査で、地下水として涵養される水量の数倍から数十倍の水が汲みだされ、世界各地の地下水盆が急速に縮小していることが明らかにされた[4]。図表3-1はこのうちの一部を示したものだが、768の調査地全体の平均では毎年涵養される3.5倍の水量が汲み出されていた。水収支のバランスはイランやサウジアラビア、インド北部の乾燥地でとくに悪い。現在世界の食料生産の40％は地下水を使った灌漑により、地下水の減少で取水量が半減すると世界の農業生産物の供給量は6％前後減少するといわれている[5]。地下水の減少は地域住民の生活への影響だけでなく世界の農産物市場にも大きな影響を及ぼすことが予測されている。

本章では、深刻な問題を抱えている乾燥地の地下水の現状についてイランを中心に考察する。イランではこの40年にポンプ揚水の井戸が普及したことで地下水の年間取水量は4倍近く増えた。しかし近年、井戸の数が増えているにも関わらず取水量は減少しており、地下水開発でこれまで拡大してきた灌漑農地が逆に縮小しはじめるという新たな局面を迎えている。ここでは地下水の過剰取水が乾燥地で引き起こしている水危機の現状を統計の分析と具体的な農村の事例をもとに検証し、加えて地下水問題に対する政策的対応を考察する。

Ⅱ．イランの地理的環境と水系

1. イランの地形とオアシスの分布

本論に入る前にイランの地形および気候の特徴を概観する。

イランは国土面積が日本の4倍あり、国全体が巨大な盆地構造をなしている。図表3-2に示すように、国土の中央には大盆地に当たる標高が500mないし1,000mの広大なイラン高原がある。ここは海の影響を受けない大陸性の乾燥気候であり、年間降水量が200mmを切る。乾燥度は大盆地の中央に向かうにしたがって高くなりキャビールとルートの2つの砂漠に至る。

この高原を囲む形で褶曲山脈が連なっている。大盆地の西部にはトルコおよびイラクとの国境線に沿って海抜2,000mを超える山と山脈が連なるザーグロス山地が北西から南東に向かって伸び、ペルシア湾岸まで総延長2,000km以上に及んでいる。また北部にはアルボルス山脈がカスピ海の南を東西に走っている。さらにアフガニスタンとパキスタンの国境に沿って東部山系が伸びている。

ザーグロスとアルボルスの山地は地中海に発生する低気圧の影響を受けて年

図表3-2　イランの地形

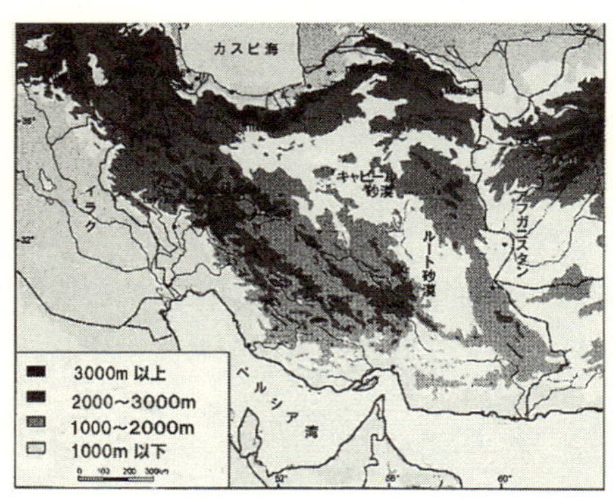

出所："The hydrology and water resources of the Iranian plateau" *Encyclopaedia Persica*, Colombia University, 1980.

図表3-3　イランの降水量分布

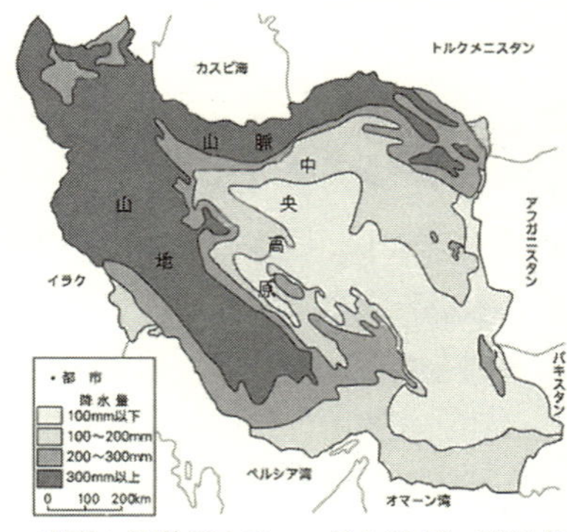

出所：月刊OMフォーラムVol.3，2002年1月。

図表 3-4　イランの気候帯と農業地帯の分布

注：気候帯の境界線の乾燥気候帯側に大オアシスが分布。数字は各オアシス都市の年間降水量。

出所：Beamount, P., *The Middle East: Geographical Study*, London, 1988、をもとに筆者作成。

間 400mm ないし 1,000mm 以上の降水量がある。晩秋から初春にかけて雨季があり、降水は山地に雪として蓄えられ雪解け水が地表水や地下水として周辺に流下する。この山地と盆地に当るイラン高原の地理的配置が高原の周辺部をイランの主要な農業地帯として発展させてきた。

高原の周辺部は年間降水量が 200mm ないしそれ以下の半砂漠の気候帯である。しかしここにいくつもの大オアシスが分布し、イラン有数の灌漑農業地帯が発達している。図表 3-4 でみると、気候帯を区切った境界線の南東側の乾燥気候帯に分布する農業地帯がオアシス、つまり豊かな水源をもつ半砂漠の農業地帯である。ここは主要な農業地帯であるとともに古くから都市が発達してきた。首都テヘラン、イスファハンなどの都市はイラン高原の周辺部、山地の縁に位置するオアシスにあり、イランの人口のほぼ半分がこれらのオアシスに居住している。

2. イランの水盆

この半砂漠に大オアシスが分布するのは周辺の山地の雪解け水を集めた河川や地下水が流下しているためである。これを図表 3-5 と図表 3-6 を使って説明しよう。

図表 3-5 はイランの地形図にザーグロス山地とアルボルス山脈の分水嶺を書き入れたものである。この山地と山脈はイランの重要な水源である。分水嶺は降雨や雪解け水が地表水や地下水として流下する方向を分けるおおよその境界

図表 3-5　山地の分水嶺と中央平原の主要都市

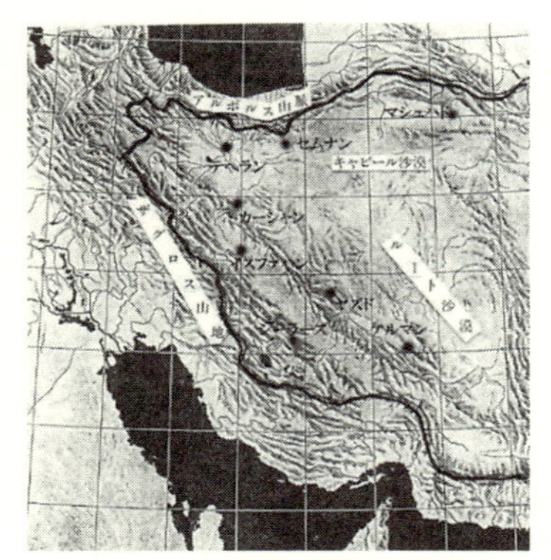

出所：Tubingen Atlas des Vordern Orients から筆者作成。

図表 3-6　水系による 6 つの水盆分布地域

出所：FAO aquastat “Iran” 2008, p.5.

となっている。ザーグロス山地の南西側では、地表水や地下水が隣国イラクやペルシア湾岸の沖積平野に向かって流れ、東側ではイラン高原に向かって流れる。また図表3-6は分水嶺を境にした水系と地下水盆で区分したものである[6]。〈中央地域〉は山地の分水嶺の高原側に当たる。

区分された 6 地域のなかで、一年間に涵養される水資源がもっとも多いのが〈ペルシア湾・オマーン湾地域〉であり、国全体の水資源量の 46%を占める。ザーグロス山地には比較的浅い帯水層が 1,000km にわたって沢山あり、ここから湧き出る水や地下水を集めてカールン川、デズ川、カルフェ川などの規模の大きな河川がペルシア湾の沖積地やイラクに向かって流下している。これらの川は年間を通して枯れ川になることがない。

一方、〈中央地域〉は面積で国土のほぼ半分を占めるが、水資源量は 3 分の 1 以下である。ザーグロス山地とアルボルス山脈に降った雪解け水が流下しオアシスの水源になっているが、このオアシス農業地帯で現在地下水位の低下が深刻になっている。

Ⅲ. 井戸の普及と地下水の過剰な取水

1. カナート

〈中央地域〉に分布するオアシスはそれぞれに規模が大きく、優れた農業地帯として発展してきた。しかし〈ペルシア湾・オマーン湾地域〉と異なり河川は季節によって枯れ川になるものが多く、水資源は河川以上に地下水として存在した。そして地下水を地表に導く水利施設として古くからカナートが使われてきた。

カナートは、図表3-7の複数の図からわかるように、帯水層から地下水を集め地下水路によって水を地上に導く特徴ある構造をしている。カナートの建設はまず山裾を探査し地下水のありそうなところに母井戸を掘る。帯水層に十分な地下水が確認されると、この帯水層の水を地表に導くための地下水路を掘る。水流が速いと壊れやすくなるため地下水路の斜度は1,000分の1ないし2,000分の1と緩やかである。地下水路の長さは地下水位の高さや地形によって異なり数kmないし10数kmのものが多いが、長いものでは30kmを超えるものもある。測量や掘削には高い技術を要し、モカンニーと呼ばれる専門の技術者が当った。

水路を掘って出る土砂は数10メートルごとに掘った竪坑を通して地上に運び出される。土砂は革袋に詰められて踏み車で地表に引き上げられ、竪坑の穴の周りにドーナツ状に積み上げられる。このドーナッツが外から土砂や水が流れ込むのを防いでいる。竪坑はまた地下で作業する人のための換気口でもあり、地下水路の掃除や修理目的でも使われた。

イランでは、カナートは20世紀半ばまで地下水獲得のもっとも重要な施設であり、3万とも4万ともいわれる数のカナートでイランの灌漑農地全体のおよそ6割がカバーされていた[7]。とくにイラン高原のオアシス農業地帯では最も一般的な施設であった。図表3-8はこうしたカナート灌漑の大オアシスの一つであるイラン北東部のマシュハド地方を俯瞰したものである。地図ではカナートの地下水路が細線で示されており、数多くのカナートが山地の裾から平

図表 3-7　カナート

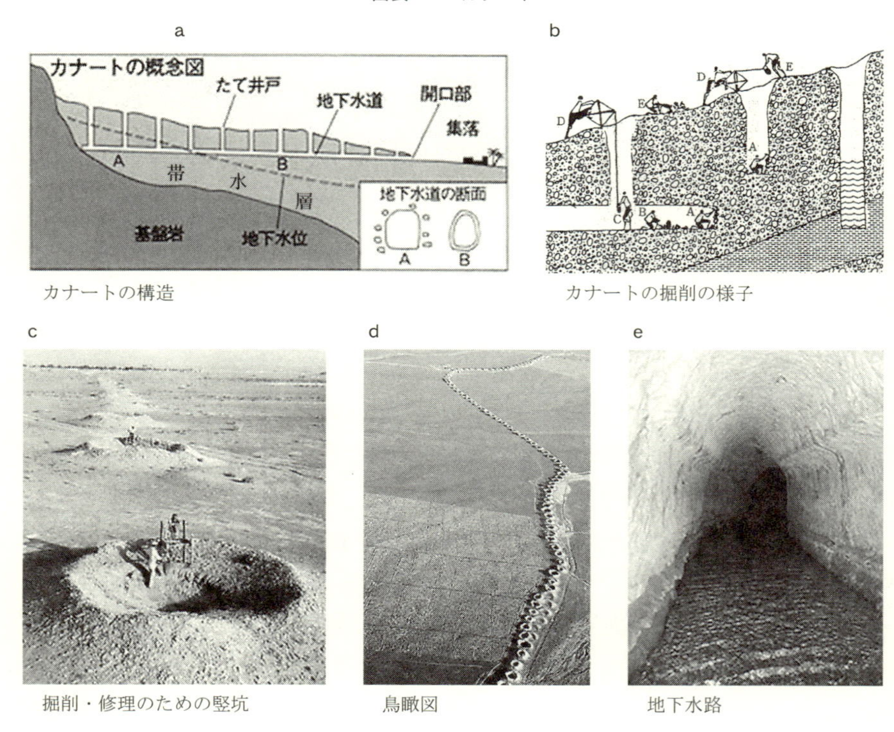

カナートの構造

カナートの掘削の様子

掘削・修理のための竪坑

鳥瞰図

地下水路

図表 3-8　マシハッド地方におけるカナート分布

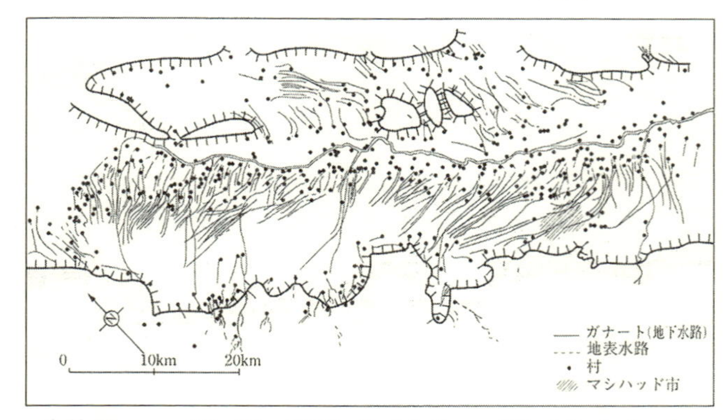

出所：Beamount,P., *The Middle East:A Geographical Study*, London, 1988, p.101 より作成。

野に向かって掘られているのがわかる。地下水路が地上に現れる付近に集落があり（黒丸）、ここから灌漑農地が開けていた。20世紀半ばの時点で地図に示されたカナートのうちどれほどが稼働していたかは不明だが、オアシス農業地帯は人の営為で作られるものであり、少なくとも半世紀前までイラン高原のオアシスではカナートが主たる灌漑施設であった。

2. カナート灌漑から井戸灌漑への移行

地下水灌漑の主役であったカナートは、20世紀半ば以降の揚水ポンプの普及とともに次第に井戸に代替されていった。図表3-9は2000年における地下水の灌漑施設別の取水量を示している。これをみると〈中央地域〉がもっとも地下水利用が多く、取水量で6割を占めている。年間に涵養される地下水の量はイラン全体の3分の1に満たないにもかかわらず取水量では他の地域を圧倒している。また施設別の取水量では2000年の時点でカナートの比重は15%に過ぎず85%までが井戸からの取水であった。オアシス灌漑農業の主役がカナートから井戸へ移っていったことがわかる。

井戸の普及は近代化、つまり灌漑の機械化を契機としているが、建設や維持管理のコストの面でカナートよりも優れていたこと、また獲得できる水量も多かったことが普及に拍車をかけた。一方、井戸の増加はカナートの流水量に影響を及ぼした。図表3-7aからわかるようにカナートの上流部は帯水層にあり、帯水層との接面から地下水が地下水路に流れ込む構造になっている。このため地下水位の低下はカナートに致命的なダメージを与える。地下水路と帯水層との接面が狭まると流水量は減少し、接面が失われるとカナートは枯渇する。地下水位は気候変動の影響も受け干ばつが続くと下がる。しかし〈中央地域〉のオアシス農業地帯では、1970年代からあきらかに井戸の普及の影響と考えら

図表3-9　地下水の施設別年間取水量（MCM、2000年）

	井戸	カナート	計
〈中央地域〉	25,930	5,790	31,720
全国	44,890	8,230	53,120

注：湧水は地表水として扱われている。
出所：Groundwater Management in Iran FAO　2008, Table 2より作成。(1MCM＝100万m^3)

れる地下水位の低下でカナートはその水量を減らしてきた。カナートの水が減るとこれを補うためにさらに井戸が掘られた。このプロセスでカナートから井戸へと移行が進み、1980年以降の井戸建設のラッシュはこの交代を加速し多くのカナートが枯渇した。その後、地下水位の低下のスピードは速まり、2000年には年間平均0.5mないし1mの速さで下がっている。

カナートが数千年もの間イランで使われ続けたのは、地下水の水収支にバランスがとれていたからであった。かつてカナートの母井戸間は一定の距離が保たれるようにイスラム法で決められ乱開発が抑制されていた[8]。もちろん地下水位は年ごとに変動し水を送らなくなったカナートは放棄された。しかしこのシステムでは涵養される水量以上に地下水が使われることはなく、水収支は長期に均衡し持続可能な農業を営むことができた。近年における過剰な井戸の掘削と地下水の過剰な汲み上げはこのバランスを大きく崩すことになった。

3. 過剰な水資源の収奪

FAOのAquastat 2000によれば、イランにおける水資源の賦存量（年間の総降水量から蒸発散で失われる水量を差し引いた水量）は13万7,515MCM（1MCM＝100万m^3）であった。これは年間の総降水量の34％に相当する。高温・乾燥の土地が多いため66％は蒸発によって失われている。一方、水の消費量は農業と工業それに都市用水を合わせて9万3,300MCMであった。水資源の賦存量の68％が使われていることになる。

図表3-10はこれを地表水と地下水に分けて示してある。水資源の賦存量は

図表3-10　イランにおける水資源の賦存量と取水量（2000年、MCM）

	水資源の賦存量	取水量	過不足
地表水	106,315	40,000	66,315
地下水	49,300	53,100	−3,800
（ダブリ）	18,100		
計	137,515	93,300	44,215

注：ここでは湧水は地表水として扱われている。水資源の賦存量とは、年間降水量のうち最大限利用可能な量を指す。
出所：FAO AQUASTAT 2000　Table 1 Annual water resources and water use in Iranより作成。

地表水と地下水がおおよそ2対1である。ここで注目すべきは、地下水の水収支が2000年の時点で3,800MCMのマイナスであり、涵養される水量以上に過剰に取水されている点である。

この半世紀でみると、地下水の取水量は1970年から2000年までの間に大幅に増えている。1970年に湧水を含む地下水の取水量は2万MCM以下であったが、2000年には7万4,000MCMを超え4倍に増えている[9]。この取水量の増加は井戸の普及によるところが大きい。1950年代まで井戸灌漑は馬やラバで地下水を汲み上げる畜力井戸が中心で、揚水力が小さかったことで灌漑の補助的施設として利用される場合が多かった。ディーゼルポンプの井戸が普及をはじめるのは1960年代であり1980年代以降に急激にその数を増やした。1970年におよそ9万であった井戸は、認可されているものだけで1990年には20万を超え、2014年には80万近くまで増えている。無認可のものを含めるとさらに多くの井戸が設置されていた。この結果、地下水の取水量も70年代半ばから2000年までの20年余りの間におよそ5倍に増え、涵養される地下水量を超える量の水が汲み揚げられるようになった。

汲み上げた地下水の9割以上は農業の灌漑用であり、地下水を農業用水として利用する地域では灌漑水量が増えたことで農業生産も大きく伸びた。イランでは耕地に畝や畦を立てて水を流す灌漑方式が一般的であり、ドリップ灌漑やスプリンクラーなどの節水型の灌漑方法はあまり採られていない。またこの普及のスピードも年0.6%前後とと非常に遅い[10]。このため、灌漑用水量を増やすことが灌漑農地面積を拡大し農業の集約化を進めるための条件になっており、地下水が過剰に取水されたことで地下水の収支のバランスは悪化し、地下水量が減少してきた。

地下水の収支状況は地域によって違いがある。先に区分した6つの水系のうち規模の大きな2つの地域、〈中央地域〉と〈ペルシア湾・オマーン湾地域〉を比べると、図表3-11に示すように地下水の涵養量と取水量に違いがあり、〈中央地域〉で過剰に取水されてきたことがわかる。年間の涵養量1万4,297MCMに対して2倍以上の3万1,710MCMが取水されている。地下水の過剰な取水については、先に紹介したユトレヒト大学の調査からも裏付けられており、調査が行われたイランのカスピ海南部の地方では涵養される地下水の

図表 3-11　2つの大水盆における年間の地下水の涵養量と取水量（MCM）

	涵養量	取水量	地下水位の変動（2007、08 年の平均）
ペルシア湾・オマーン湾	22,678	11,140	-1.64/-0.44
中央地域	14,297	31,710	-0.96/-0.57
イラン全土	49,300	53,100	

注：地下水の使用は、井戸、カナートによる。湧水は地表水として計算。
出所：Irrigation in the Middle East region in figures Aquastat Survey, FAO, 2008, Table 2 より作成。

100 倍近い地下水が汲み上げられていると報告されている。調査の正確度については不明だが、過剰な地下水の汲み上げが危機的な状況にあることに変わりはない。

4. マルヴダシュト地方の事例

以上統計資料等をもとに地下水の利用と問題点を述べてきたが、ここでは個別の村の事例から検証していく。対象とするのはマルヴダシュト地方のH村である。マルヴダシュト地方はイラン高原の典型的なオアシス農業地帯であり、H村は古くはカナート灌漑の村であり、1960 年代にカナートからポンプ揚水の井戸に変わっている。

この村はかつて一人の地主によって所有され、カナートも地主によって所有されていた。このためカナートの維持は地主に責任があったが、維持のための労働は無償の農民労働によっていた。しかし、1960 年代に入りカナートの水量が減りはじめたため、地主は灌漑水量を増やすために井戸を掘った。井戸の深さはカナートの母井戸の深さよりも深かったため、井戸からの取水がはじまると地下水位が下がりカナートは流水量が減ってほどなく使われなくなった。

村の耕地は3つの耕作区に分かれ、それぞれの耕作区に 18 人、26 人、28 人の農民が帰属していた。カナートは3つの耕作区にそれぞれ1つ、計3つあり、ポンプ揚水の井戸に代替されてからは井戸が各耕作区に1つ、計3つ設置された。井戸への転換後程なくして農地改革が施行され、H村では村の土地は地主から農民に譲渡された。井戸もまた農民に譲渡されて耕作区ごとに農民の共同所有となり、3つの井戸が耕作区に帰属する農民によって共同で管理・利用された。灌漑用水の利用にはそれぞれの耕作区の農民の間で時間で分ける番水制がとられた。18人からなる耕作区の事例では、2人ずつが組をつくり9つの組がそれぞれ12時間ずつ時間を分けて灌漑を行った[11]。

しかし1980年代に入って程なく、共同で所有されていた村の農地は帰属する農民の間で分割されることになった。村の土地は測量によって線引きされ分割されたことで共同耕作の制度も廃止された。こうした農民による農地の分割と個別化の動きはすでに1970年代から徐々に醸成されていたが、制度変革に至る直接的な契機は政府による農業・農民の保護政策にあった。農産物の価格補償、短期資金の供給などさまざまな支援が農業部門に向けられ、この保護政策が農民に農業投資を行い生産性を高めるインセンティブとなった。分割地をもち自営農になった農民は生産性を高めるために灌漑用水の確保に乗り出し、個人の所有地に次々に井戸を掘ったことで井戸は雨後の筍のように増えていっ

図表 3-12　マルヴダシュト地方のH村の井戸と井戸灌漑農地

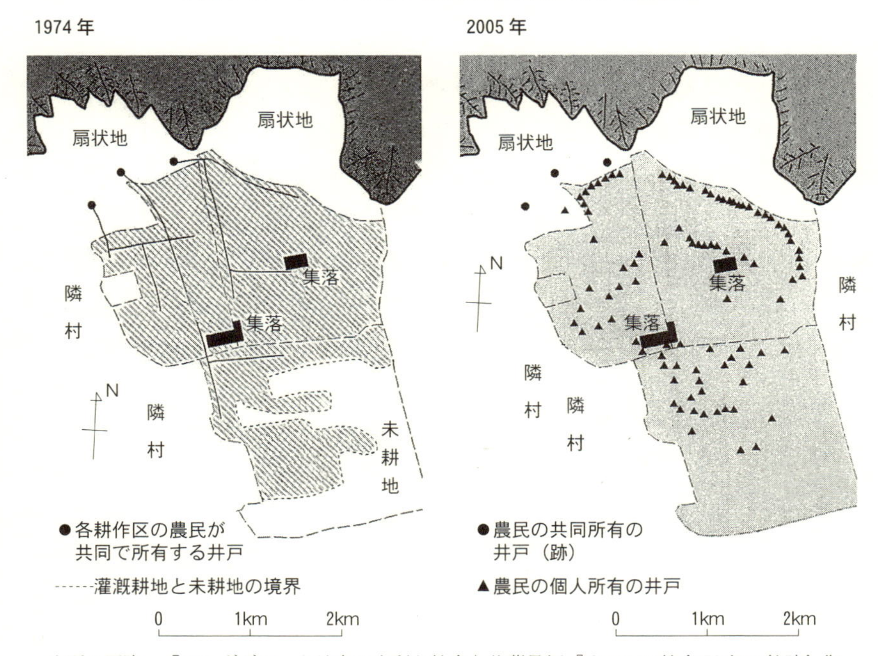

出所：原隆一「マルヴダシュト地方の水利と社会」後藤晃編『オアシス社会50年の軌跡』御茶の水書房、2015年、347、349頁より作成。

た。図表 3-12 は H 村の井戸を地図上にドットしたものだが、1974 年と 2005 年の間に顕著な変化があったことがわかる。

5. 水危機の到来

H 村でみられた営農のための井戸の掘削は、マルヴダシュト地方に限らずイラン全体でみられた現象であった。また村の農民だけでなく、大規模経営を進める企業的経営者も当然のことながら多くの井戸を掘削した。農業の集約化が図られ、また灌漑用水が及ばなかった土地の灌漑農地化が進められたのである。さらに河川灌漑による村でも頻繁化した干ばつによる水量の減少を補完する目的で井戸が掘られた。

乾燥地では灌漑が農業生産の条件であり、水集約度を高めることが農業集約化を進める条件となる。マルヴダシュト地方では 1980 年代以降に井戸が数多く掘られ、またダムから延びる水路の建設が進んだことで農業用水の絶対量が増えた。加えて化学肥料の投入など農業技術の改良で農業生産は大きく伸びた。単位面積当たりの小麦の収量は 1970 年代から 30 年余りの間に 4 倍前後に増え、農地の利用率も高まった。1970 年代には 2 年 1 作、3 年 2 作で農地が利用され休耕地が農地の 4 割近くを占めていたが、1980 年代から 90 年代にかけて休閑地率は大幅に下がった。H 村では、高い収益が保障されたことで農地は価値を高め、地価が上昇して土地の売買が活発化した。農地の流動性が高まり土地を集積する農民も現れた。

図表 3-13　イランの小麦の生産量推移（万トン）

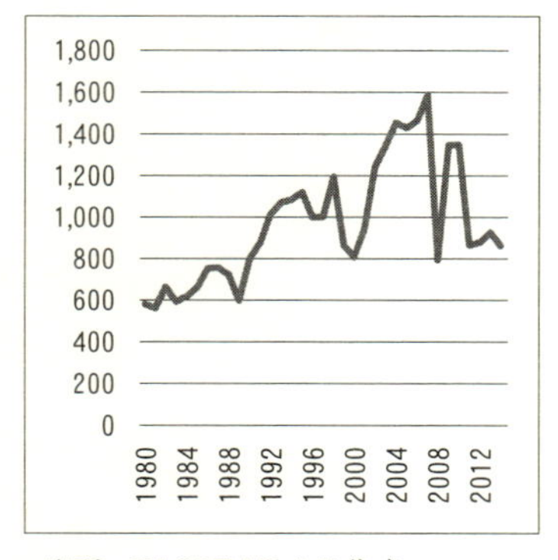

出所：FAOSTAT より作成。

オアシス農業地帯が広く分布する〈中央地域〉では、先にみたように 2000 年の時点で涵養量の 2 倍以上の地下水が取水されていた。井戸の建設は 2000 年以降も増え、2000 年に 43 万であった井戸の数は 2014 年には 79 万へと倍増した。水収支を無視した略奪的な水のくみ上げは将来の水危機を予感させるものであった[12]。

井戸の増加には干ばつも影響している。

干ばつは抗しがたい自然現象だが気候変動の影響で20世紀末頃からは頻繁化している。気候変動は降水量にも現れイラン西部ではこの50年ほどの間に年間降水量が平均15％減少している[13]。マルヴダシュト地方でも、雪解け水の水量が減少したことで地表水と地下水の水量が減り灌漑用水が行き渡らない農地も現れ始めていた。干ばつで不足する農業用水を地下水に求めたことで、河川灌漑地域でも井戸が数多く掘削された。

地下水開発によって地下水位は急速に低下し、毎年0.5mないし1.0mずつ地下水位が低下した。このため水が出なくなった井戸が増え、農民は井戸の設置場所を変えながらさらに深く掘り下げた。H村では枯渇する井戸が増え2005年ころには放棄される耕地も出はじめた。この村に近接して農場をもつ大規模経営者は取水量の減少から深さ100m以上の深井戸を掘削し、2012年には200mまで掘り下げた。個別の農業経営者にとっては灌漑用水の確保のために井戸の建設は不可避であったが、地域全体としてみると地下水量は減少し続け水を獲得するために新たに井戸を掘削して対応したことで水危機はしだいに深刻化していった。

井戸の乱開発による地下水の過剰な取水がもたらす影響についてはすでに30年以上も前に危惧されていた。しかしイランではこれが目に見える形で現れたのは近年になってからである。これは2つの統計によって確認することができる。その一つが地下水の取水量の推移を示した図表3-14である。これをみると地下水の取水量は2005年をピークに減少している。井戸の数はその後

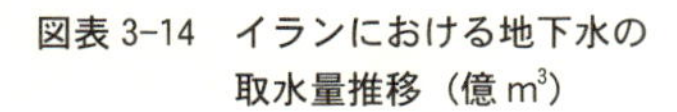
図表3-14　イランにおける地下水の取水量推移（億m^3）

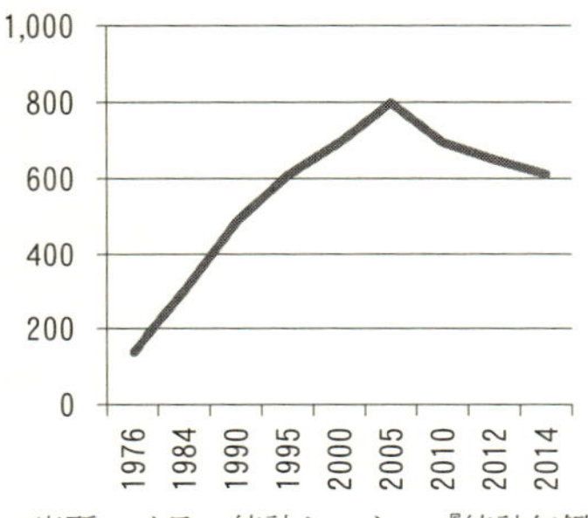

出所：イラン統計センター『統計年鑑』（各年）。

図表3-15　灌漑耕地面積の推移（1,000ha）

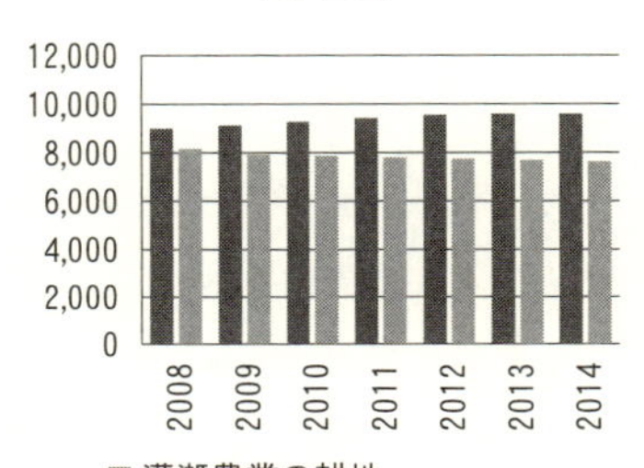

出所：左に同じ。

も継続して増加しているにもかかわらず2014年には2005年の4分の3まで取水量が減少した。もう一つの統計は灌漑耕地面積の推移を示した図表3-15である。これによると灌漑耕地として予定された面積に対して実際に灌漑された耕地の面積が近年減少傾向をみせている。いずれも10年足らずの期間における変化であり、近年の気候変動の影響も考慮する必要があると思われるが、過剰な取水によって地下水の減少が急速に進んできたことは否定できない事実であり、統計の数字はその結果とみることができるだろう。

Ⅳ. 政府の農業政策と水政策

1. 農業生産増大の政策

地下水の減少を招いた要因は、井戸の普及によって涵養される量を大きく超える水が取水されたことにあった。人口増と農業生産の拡大が水需要を増大させ、井戸灌漑地域では井戸の数が大幅に増え、過剰な取水が行われた。こうした動向は1979年の革命以降にとりわけ顕著であり、革命後の政府の政策理念と農業政策が深く関係していた。政策理念は、革命後にカリスマ的指導者になったホメイニが農民を旧体制における「抑圧された人々」と位置づけ、社会福祉と支援の対象としたことである。

一方、政府は農産物の自給化政策を推進し、このための財政支出をおこなった。イランは農産物の純輸入国であり小麦をはじめ多くの農産物を海外から輸入していたが、革命後の政府は小麦等の農産物を国内で自給すべく農業生産の拡大を志向した。自給化政策を採った背景には急速に増加する人口による食料消費の増大であり、また革命以後アメリカを中心とした国際的な経済制裁があった。制裁によってイランは外貨不足に陥り、食料輸入が外貨を圧迫するのを避ける必要があった。さらに経済制裁が戦略的に重要な食料に及ぶことへの懸念もあり、農産物の自給化政策は食料の安全保障策でもあった。

自給率を高める目的で農民に対しては農産物の価格政策、農民への低利融資の拡充、また低価格での農業資材の供給などさまざまな支援を行った。地下水灌漑の地域では井戸の掘削など農業投資への金融面での支援も行われた。農産物の価格政策では小麦をはじめ多くの農産物に対象が拡大され、価格補償制度によって消費者価格より高い価格で農民から買い上げげた。自給化政策は革命後の農業政策の理念を補強したポピュリズム的な政策でもあったということができる。

こうした政策が、H村の事例でみたように、地下水灌漑の地域では井戸への投資を活発化させることにつながった。井戸開発が全国的にブームになったことで将来的な地下水危機が想定されたが、計画性をもって規制を行うことはなかった。水資源の保護は国が政策的に介入すべき領域だがポピュリズム的な政策対応によって実効性のある対策がとられなかったのである。

2. 政府の水管理

水に対する国の管理面でみると国の規制はきわめて緩いものであったといってよい。水に関する法律としては王政期の1966年に「水国有化法」が施行され、河川や地下水などすべての水が国有化されている。法の施行はダム建設など国による水利開発が始まっていた時代であり、水の利用をめぐって国の管理が必要になったことが関係している。これ以前にも農業用水に関しては政府の灌漑局が管理していた。しかし水に対する権利は個人や組織にあり灌漑局の主な仕事は水配分の調整レベルであった。1960年代の農地改革以前、大土地所有制のもとにあった地方では、地主は土地の所有者であると同時に水利権の保持者であった。先に紹介したマルヴダシュト地方の場合、河川灌漑の村では水利権者である地主が河川から分水された農業用水に持分をもち、カナート灌漑の村ではカナートは地主によって建設・所有されその水の利用は地主に権利があった。農地改革後は地主に土地を譲渡された農民が水利権を共同でもち、井戸は農民の共同所有となった[14]。

水国有化法では国が水の配分を行い管理体制が明確化された。水利開発を進める上で障害となる利用者の間の水利慣行を廃し、利用者は利用量に応じて水代を国に支払うことが必要になった。水利開発を進める上でまた水資源の保護のために水資源への国家管理を強めた法律であったといってよい。当時の管轄官庁であった電力省は、地下水位が下がり水源の水量が少ないと判断した時、井戸、カナートの掘削を禁止することになっていた。

しかし1980年代に入り井戸建設のブームが訪れ井戸の数が急激に増加していく時代、農産物の増産が叫ばれていたことで地下水に関しては規制が弱く無許可の井戸も数多く掘削された。こうした状況を背景に1983年に「水公正配分法」が制定され井戸の掘削に許可証が必要であることが確認されている。この3条では地下水が過剰に取水されているとエネルギー省が判断した時一定期間水の使用が禁止される場合があること、また許可なく作った井戸はエネルギー省の許可を得なければならないことを規定している[15]。地下水の利用に一定の秩序の必要性から生まれた法律だが、農産物の自給化を果たすという至上命令のもとで生産拡大が優先され、実際には井戸の掘削を奨励し、水資源の保護の観点からの規制はほとんど行われなかった。これは図表3-12のH村の井戸の異常な数と多くの井戸が近接している状態をみると明らかである。実際に井戸の数は1980年代以降増え続け、イラン全体では1984年からの30年間で7倍に増えている。この点で政府による水管理上の問題があったということができる。

井戸に関する規制は地下水の危機が疑われ出した後も緩いものであった。2010年に施行された「無許可の井戸について法的地位の確認に関する法」は、エネルギー省によって確認された2006年以前に掘られた無許可の井戸に対して、井戸のある地区の地下水の水量と近隣の井戸に及ぼす影響を鑑み、被害を及ぼさないことが確認されることを条件に許可を与えるというものである[16]。こうした法が施行される背景には、無許可の井戸が数多く存在しトラブルが生じていたことがある。

FAOの報告によると、イランの地下水問題の解決策として、井戸の規制とともに水節約的な灌漑方法の普及の必要性を挙げている。イランに一般的な耕地を灌水する灌漑方法に対して点滴灌漑やドリップ灌漑、またスプリンクラーのような水節約的な灌漑への移行によって灌漑用水の使用量を抑えていくことの必要性である。しかし産油国であるイランでは石油の国内供給価格が著しく安く、井戸から水をくみ上げるコストが非常に低いという事情があり、このため水を効率的に利用しようという動機が生じ難い。耕地を灌水する従来の灌漑方法はドリップ灌漑やスプリンクラーと比べ効率は35％程度とされている。にもかかわらず水節約的な灌漑方式の普及が進まないのもこの低コストに理由がある。要するに地下水危機を招いた要因は、農産物の自給化政策の推進とポピュリズム的な農業政策によって井戸建設に規制がかけられることが少なかったことが大きいが、水節約的な灌漑方式を選択するコスト面での動機を農民に与えることがなかったことも影響した。地下水の大幅な減少にもかかわらず異常ともいえる井戸の普及が進んだのである。

V. おわりに

乾燥地域において水需要に対応して農業用水を長期的に確保していくことのむずかしさをイランの事例で述べてきたが、乾燥気候が優越する国や地域ではどこでも地下水減少の問題を抱えている。ここでは地下水の利用をめぐる政策的対応についてイランとサウジアラビアを比較し、本章のまとめとする。

サウジアラビアは首都リアドの年間降水量が100mmであり国土のほとんどが砂漠気候帯にある。伝統的には枯川の伏流水をラクダなどの畜力で揚水する井戸灌漑で農業が営まれており生産量はきわめて少なかった。しかし人口の急増にともなう食料需要の増大に対応して、1980年に「食糧自給の30年計画」を開始した。海外に多くを依存していた食料を国内で生産する農産物自給化への政策転換である。サウジアラビアでは1932年に油田開発のボーリングの際に化石水の存在が明らかになりその後に膨大な地下水が確認されている。この化石水を農業生産に利用して食料の安定供給を果たそうとする政策であった[17]。

一方、イランでも1980年代に農産物の自給化政策がとられた。民間による井戸開発が活発化した時代であり、図表3-13にみるように小麦の生産は短期に大きく伸びた。農産物の自給化への政策転換が石油収入が大幅に増えた1980年の第二次オイルショックの後であったことはこの2国に共通している。また両国で人口が急速に増加していたこと、国際的に地域が不安定化し食料の安全保障が必要とされていたことの共通性もあった。

サウジアラビアの場合、自給化政策を開始して以降の農業生産の伸びは図表3-16からわかるようにきわめてラディカルであった。この点でのイランとの

図表 3-16　サウジアラビアの農業生産量の推移（1,000t）

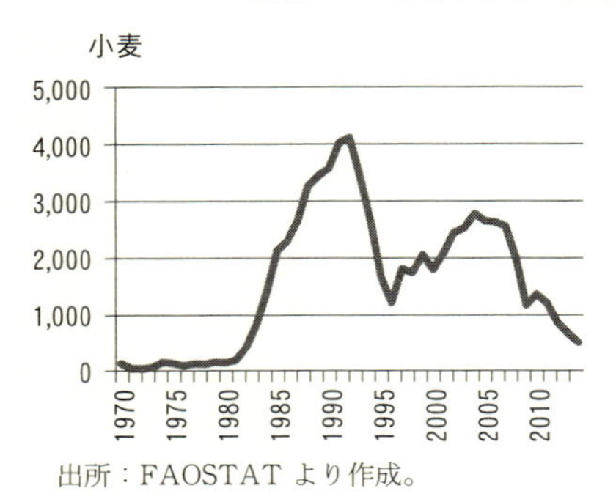

出所：FAOSTAT より作成。

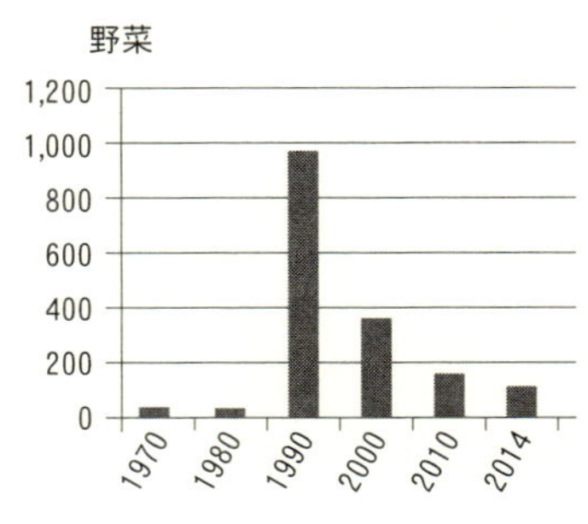

出所：左に同じ。

相違は国家の構造の違いが関係している。イランでは政府は農産物の価格政策や財政政策で関与したがこれに対応するのは農民であり農場経営者であった。これに対してサウジアラビアでは、政府主導で進められ王族などの大きな資本家の投資によって技術をもつ内外の農場経営者によってアメリカ式のセンターピポットを装置する形での開発であり、企業による農業の工業化というスタイルで進められた。いわば農民不在の開発であった。政府による民間の農業資本家に対する支援も徹底していた。主な政府支援を挙げると以下のようである[18]。

① 未利用地の無償分配

② 農場の建設と経営に対する金融的支援、長期の低利ローンの供与

③ 井戸の掘削と農業の機械化費用に50%、肥料の購入に40%の補助、播種用の種は低価格で配布

④ 農場経営に関わるインフラ、道路の建設

⑤ 水代と水を汲み上げる電気代は無料

井戸の深さは比較的深く、深いところでは1,000m以上のところから汲み上げられた。このため揚水費用がきわめて大きかったが、これを政府が負担した。

⑥ サイロ・製粉公社を設立し、穀物貯蔵と製粉などの便宜を供与

⑦ 農産物の奨励価格での買い上げ。小麦の場合、国際価格の５倍前後で買い上げた。

こうした徹底した政府支援によって大規模農業経営者は過剰な利潤の獲得が可能となり農業開発はハイスピードで進んだ。コスト意識の欠如した農産物自給化政策によって開発ラッシュが起り、農業開発は経済性を無視してきわめて非効率に進められた。そしてこれを可能としたのがオイルショックによる石油価格の高騰であった。石油価格の高騰で莫大なオイルマネーがサウジアラビアに流入した。ちなみに石油収入は10年前の84倍になり、いわば不労所得の流入でコスト意識の著しく欠落した政策がとられたのである。

化石水のあるサウジアラビアの地下水盆は500㎦と推定されている。しかし涵養されることはなく汲み出すことで水資源は減少する。このため場所によっては地下水位が100mも下がり、将来的に化石水の枯渇が心配されるようになり、1993年から97年まで小麦の生産量は180万トンに抑制された。年間20㎦ほどが汲み上げられ2004年にはその5分の4が失われたとされる。また農業用水の非効率な使用が目立ちロス率が高い。

コストを無視した自給化政策は2008年に放棄され、政策は再び転換がはかられた。その内容は、小麦の政府購入量を毎年12.5%ずつ減らし2016年にはゼロとして農産物のほとんどを海外からの輸入に換え、海外からの食料輸入を安定的に確保するため海外での農業投資を積極化するというものである。この転換でサウジアラビアはスーダン、エチオピア、エジプト、パキスタン、タイなどで土地を物色し海外で土地と水を買収する国内の企業を積極的にバックアップしてきた。

王族支配による専制的な国家体制のサウジアラビアとは異なり、イランでは農民など農業経営者が農業生産の主体であり経済合理的な選択によって経営を行い井戸の掘削も行ってきた。それゆえに地下水危機をもたらした政策面での問題があったといえる。現在、地下水危機に対しては、水資源の賦存度の大きい地表水の利用を効率化するためにダム建設が進められ、地域によってはこの水を地下水が危機的状態にある地方に送るための投資がされている。また灌漑効率を高めるため水節約的な灌漑方式を導入すべく指導がなされている。しかしその進捗状況は必ずしもよくない。

注

1　UNDP "Human Development Report 2006", 総務省「情報通信白書 平成25年版」図表2-2-2-

8。

2　この定義では、乾燥指数（年平均降水量を蒸発散位で除した数値）が0.65以下の地域を乾燥地とする。極乾燥地（0.05以下）、乾燥地（0.05～0.2）、半乾燥地（0.2～0.5）、乾燥半湿潤地（0.5～0.65）からなる。

3　乾燥地では外来河川の水が利用できるエジプトなどを例外として一般に地下水利用の割合が高い。ちなみに、水田が農地の半分を占めてきた日本では農業用水の地下水依存は5.3%に過ぎないが、乾燥地が国土の7割以上を占めるイランでは灌漑農地の62%までが地下水灌漑である。FAO, Groundwater Management in Iran, 2009, 4-2 Agriculture.

4　Gleeson, T., Wada, Y. Water balance of global aquifers revealed by groundwater footprint, *Nature*, vol.488, 2012, p.198.

5　「地下水が危機、今世紀半ば18億人に打撃」『ナショナルジオグラフィック』公式日本語版サイト、2016.12.18。

6　この区分はFAO aquastat "Iran" 2008による。

7　サフィネジャード『イランにおける伝統的水利秩序』（ペルシア語）33頁、*Encyclopeadia Iranica* ĀB iii. The hydrology and water resources of the Iranian plateau, p.405.

8　岡崎正孝『カナート　イランの地下水路』論創社、1988、119頁。

9　FAO "Groundwater Management in Iran", Draft Synthesis Report, 2009, 3-2 Renewable groundwater resources.

10　FAO "Groundwater Management in Iran, Draft Synthesis Report, 2009, 4-2 Agriculture.

11　後藤晃『中東の農業社会と国家』2002年、86-87頁。

12　イランの新聞Jahan-Sanat紙（2017年9月4日付け）によると、マルヴダシュト地方では、1万6,000以上の井戸が掘削されている。このうち1万本が無許可と推計されている。また、かつてこの地方では10mほどの深さでも地下水が出たが、現在では275m以上掘らないと水が出ないという。科学的データを根拠としている訳ではないが、深刻であることに変わりない。

13　FAO, "Groundwater Management in Iran", 2009, 4-4 Environment.

14　後藤晃、前掲書、68頁。

15　イラン国エネルギー省ホームページ「水の公平分配法」（ペルシア語）http://ehss.neo.gov.ir/getattachment/30700327

16　イラン国国会研究センターホームページ「無許可井戸の位置づけに関する法」（ペルシア語）http://rc.majlis.ir/fa/law/show/782294

17　発見された地下水はアラビア半島が湿潤だった1万年以上前の雨水が地下の帯水層に閉じこめられたもので、現在はほとんど補給されない。

18　島敏夫「GCC諸国の農業・貿易政策」2008、農林水産省国際農業協力機構、120-124頁。

参考文献

Gleeson, T., Wada, Y. (2012) Water balance of global aquifers revealed by groundwater footprint, *Nature*, vol.488.

FAO, Groundwater Management in Iran, 2009.

FAO (2008) AQUSTSAT　www.fao.org/nr/water/aquastat/countries/iran/index.stm.

イラン農業省（2015）、農業統計情報局「農業統計データ」。

イランエネルギー省（2005）基本情報・研究局「イランの地下水資源のサマリー」。

イランエネルギー省（2015）企画開発農民関係局、「年報」。

Azari, A. and Akram, M. (2002) An overview to problems of subsurface drainage studies and implementation in Iran. Iranian National Committee on Irrigation and Drainage (IRNCID).

Smedema, L.K. (2003) Irrigated agriculture in Iran: a review of the principal sustainability, reform and efficiency issues.

Bybordi, M. (2002) Irrigation and water management in Iran. A contribution to an FAO sponsored project on: Framework for sustainable agricultural development strategy in Iran.

Malekian A. (2008) Comparison of current and optimum approaches for allocation of water resources management. PhD. Thesis, University of Tehran, Iran.

Saravi M. (2004) Groundwater Management in Iran, in: Managing Common Pool Groundwater Resources, an International Perspective, Section 18, Praeger, London.

Water Resources Management Company (2005) Irrigation networks under operation. Bureau for Operation and Maintenance of Irrigation networks, Ministry of Energy Iran.

Encyclopeadia Iranica, ĀB iii. The hydrology and water resources of the Iranian plateau.

後藤晃（2002）『中東の農業社会と国家』御茶の水書房。

後藤晃編（2015）『オアシス社会50年の軌跡』御茶の水書房。

島敏夫（2008）「GCC諸国の農業・貿易政策」農林水産省国際農業協力機構。

岡崎正孝（1988）『カナート　イランの地下水路』論創社。

第4章
日本の近代水道の創設
—横浜水道を中心に—

内藤徹雄

Ⅰ．はじめに

日本における近代水道は、1887（明治20）年10月に横浜で給水が開始されたことから始まる。近代水道とは、「水源からの水にろ過や消毒などの浄水処理を施し、安全な飲用に適する水にして、外部から汚染の恐れのない鉄管などの閉じた導管を用いて、最終的な需要者に給水するシステム」をいう[1]。横浜で近代水道が完成して以降、その成功例に習い近代水道を採り入れる都市が相次ぎ、その普及が日本社会の近代化に大きく貢献した。近代水道発祥の地横浜では、昨年（2017年）が近代水道創設130年に当ることから、数々の記念事業が行われた。こうした事情を踏まえて、横浜に拠点を置く神奈川大学において、近代水道創設期の研究をテーマにすることは時宜に適したものと思われる。

本章の概要は次のとおりである。第Ⅱ節では、なぜ横浜で日本初の近代水道が創設されたのかを、歴史的背景と経緯を通して考察する。第Ⅲ節では、明治初期に横浜で計画された水道案を採り上げる。第Ⅳ節では、近代水道創設に貢献した英国人技術者パーマーの事績を中心に、その工事を概観し、横浜市内への給水までを詳述する。第Ⅴ節では、横浜で創設された近代水道が他の諸都市へと普及していく過程と明治以降の水道近代化の道筋を概観する。そして、第Ⅵ節では、現在日本の水道事業が直面する課題を採り上げる。

Ⅱ．横浜における近代水道創設の経緯

1. 幕末期の横浜と開港問題

横浜は江戸時代末期には戸数100戸ほどの半農半漁の村落であった。横浜が歴史の表舞台に登場するのは、1853（嘉永6）年、米国の提督ペリーが4隻の蒸気船、いわゆる黒船を率いて浦賀に来航し、開国を求めたことに始まる。幕府は翌54（嘉永7）年、日米和親条約を締結したが、この会見の場に選ばれたのが横浜村であった。ペリーが上陸し幕府の役人と会見した場所には現在、横浜開港資料館が建てられている。

日米和親条約は締結した場所の地名から神奈川条約とも呼ばれているが、その主な内容は、① 米国艦船への薪水・石炭等物資の補給と漂流民の保護、② 下田、箱館の開港、の二点であった。

和親条約に基づいて、初代駐日総領事として来日した米国のハリスは、通商条約締結を要求し、58（安政5）年、日米修好通商条約が神奈川沖の米艦ポーハタン号上で締結された。その概要は、① 神奈川、箱館、長崎、新潟、兵庫の5港の開港と江戸、大坂の開市、② 自由貿易と外国人居留地の設置、③ 領事裁判権の設定（治外法権）、④ 協定関税の規定（関税自主権の欠如）などか

写真 4-1　ペリー提督横浜村上陸の図

出所：横浜開港資料館蔵。

図表 4-1　神奈川宿と横浜村の位置関係

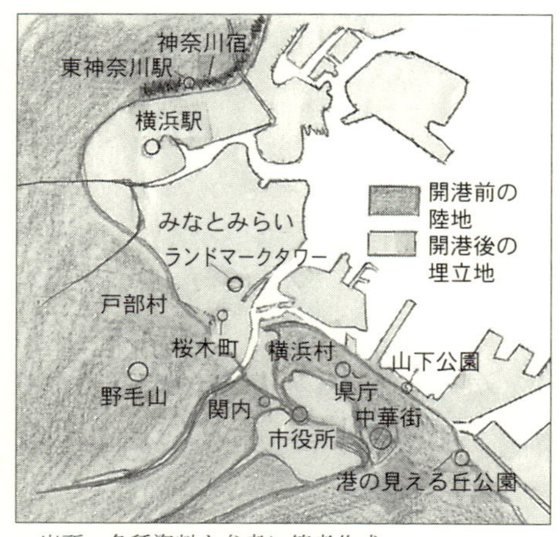

出所：各種資料を参考に筆者作成。

ら成る日本にとって不平等な条約であった。

さて、この通商条約で神奈川が貿易港の一つに選ばれたのは、米国の要望に加えて、江戸幕府としては行き詰った財政の立て直しのために、江戸に近い神奈川を開港して貿易による利益を得ようとしたためであった。神奈川とは神奈川湊及びその後背地の神奈川宿（現在のJR東神奈川駅、京急仲木戸駅近辺）を指している。しかし、神奈川宿は東海道の繁華な宿場町であり、旅人の往来も多く、攘夷運動の折から町中で外国人との紛争を引き起こす懸念があった。また、山が迫り外国人居留地を設けるには狭隘であり、加えて、神奈川湊は水深が浅く大型船の入港に難があることなどが判明した。こうした事情から、神奈川に替わり、当時は神奈川宿から入江を挟んだ対岸、東南約4キロに位置する横浜村が代替地として浮上した。東海道は神奈川宿から西南にあたる保土ヶ谷、戸塚方面に延びており、横浜村は東海道とは隔たった位置関係にあるので、外国人と日本人を分離するのに好都合であった。また横浜は大型船の入港に適した水深もあった。かくして幕府は列国の強硬な反対を押し切り、横浜は神奈川の一部であると強弁して、横浜に居留地を建設した。横浜は59（安政6）年6月に開港し、江戸に最も近い貿易港となった。以降、横浜は西洋の文化・文明の採り入れ拠点として発展の道を歩み始めるのである。

2. 横浜における水問題の発生

横浜は神奈川の代替地として急きょ貿易港に決定し、極めて短期間に街づくりが始まったため、十分なインフラを構築する時間もないまま開港せざるを得なかった。沼地や海岸を埋め立てて市街地が造成されたため、井戸水は塩分を含み、住民に不可欠の良質な飲み水が得られなかった。

図表 4-2　開港前後の横浜の変遷

開港前

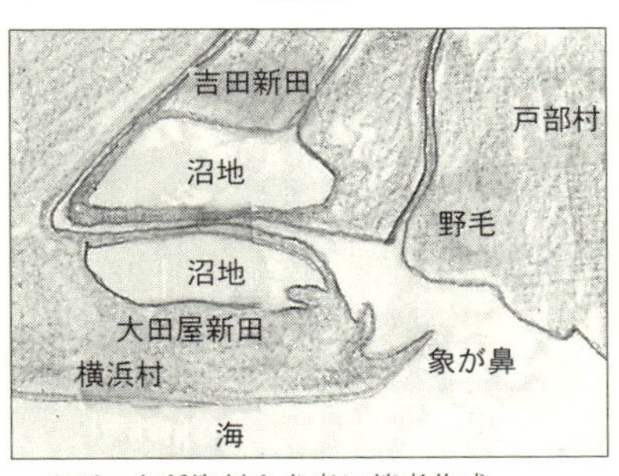

開港後

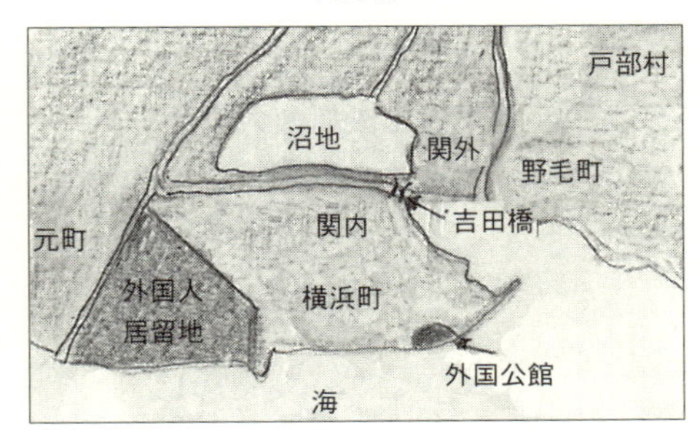

出所：各種資料を参考に筆者作成。

図表 4-3　水売り（水屋）の姿

出所：『私たちの横浜・水道編』1968（横浜市水道局）。

住民の多くは、郊外から湧水を運んで売り歩く水売り（水屋と呼んだ）から飲み水を購入していた。水屋の水の値段は法外で、現在の価格に換算すると、水0.9リットル（柄杓1杯）が250円であったという（横浜市水道記念館展示）。米1升が1銭5厘の時代に水1升（1.8ℓ）が1銭であったともいう（『横浜水道百年の歩み』）。

明治の初期にフランス人居留民のジェラール[2]が元町で良質の湧水を取水し、外国船や外国人居留民に販売したが、給水量は限られていた。

水問題に拍車をかけたのが、開港とともに始まった人口の急増である。開港時（1859年）の横浜村の人口5百人弱が1870（明治3）年には2万人余となり、77（明治10）年には5万8千人に、そして87（明治20）年には10万6千人に膨張している。

外国人人口も70（明治3）年の千八百人が77（明治10）年には2千3百人を数え、87（明治20）年には4千人に増えた。こうした人口急増は必然的に水需要の増加となり、横浜の水問題は日本人、外国人双方の住民にとって解決すべき喫緊の課題になった。

加えて、次項で述べるコレラなど水を媒介とする伝染病の大流行とともに、西洋諸国に範をとった近代水道の建設は開港以来の悲願となった。

3. コレラなど伝染病の大流行

幕末の開国以降、コレラ[3]などの伝染病が国外から持ち込まれ流行することが多くなった。また、在来の赤痢や腸チフスといった水を媒介とする伝染病も、依然として多発していた。コレラは明治時代に入り、2、3年おきに大流行を繰り返した。1877（明治10）年からの10年間だけでも、77（明治10）年、79（明治12）年、82（明治15）年、85（明治18）年、86（明治19）年と2、3年ごとに全国規模で大流行が発生している。横浜では77（明治10）年からの10年間の罹患率合計は、人口千人当たり92人に達し、またコレラ患者の

図表 4-4　横浜におけるコレラ等伝染病発生状況推移（単位：人）

西暦（明治）・年	人口（各年12月末）	コレラ	その他水系伝染病（赤痢・腸チフス等）	人口千人当り伝染病患者数
1877（10）	57,800	720	―	12.5
78（11）	62,500	31	―	0.5
79（12）	69,500	812	―	11.7
80（13）	63,800	11	18	0.4
81（14）	71,000	10	300	4.4
82（15）	67,600	1,389	73	21.6
83（16）	77,700	4	48	0.7
84（17）	69,500	5	55	0.9
85（18）	78,900	202	96	3.8
86（19）	90,400	3,107	90	35.6
87（20）	106,200	6	110	1.1
88（21）	99,800	6	64	0.7
89（22）	122,000	4	63	0.6
90（23）	128,000	686	92	5.9
91（24）	132,600	90	216	2.2
92（25）	143,300	2	194	1.4

出所：『横浜水道70年史』1961、横浜市水道局。

致死率[4]は極めて高いため、住民にとって大変な脅威であった。こうした事態は海外貿易の玄関口であったことの他に、不良な飲料水に原因があったことは明らかである。

前項で横浜住民の多くは水屋の水を利用していたと述べたが、水屋の水は河川の生水であり、水源の汚染や運搬途中での雑菌の混入などがあり、必ずしも安全な飲料水ではなかった。政府は78（明治11）年に「飲料水注意法」を制定したが、法律による規制では伝染病を防ぐことは不可能であった。その結果、横浜では防疫対策の論議が高まり、近代水道建設の必要性が声高く叫ばれるようになった。

実際、87（明治20）年に横浜で近代水道が建設されると、コレラ等の発生件数は激減し、その結果、後述するように近代水道が日本各地に普及していくことになる。

Ⅲ．明治初期の水道計画案

徳川幕府が倒れ明治新政府が成立すると、新政府は日本の近代化推進のための諸政策に取り組んだ。なかでも、横浜の外国人居留民から度々要請のあった近代水道の敷設は喫緊の課題であると認識していた。ここでは、① 明治初期に英人土木技師ブラントンから提案された「横浜良水計画案」と、② 有力商人等による「多摩川からの木樋水道案」を採り上げる。

1．ブラントンによる近代水道案

明治初年、灯台建設のため日本に招聘された外国人技術者第1号のR・H・ブラントン[5]は、横浜において港や公園、橋梁等の設計、下水道の敷設などの事業に携わった人物である。

1870（明治3）年、ブラントンは日本初の本格的な近代水道化計画である「横浜良水計画案」を提案した。この計画は、現在の旭区の北端を水源とする帷子（かたびら）川の水を西谷（現相鉄線西谷駅付近）で取水し、そこにろ過池、配水池をつくり、帷子川沿いに鉄製の導水管を敷設し、戸部（現、京急線戸部駅付近）まで7〜8キロの区間を導水し、市内に配水するものであった。しかし、給水人口2万3千人のこの案は採用されなかった。却下の理由は、① 横浜の人口が急増中で給水量の予測が困難であったこと、② 鉄製の導水管工事は長期間の工期になるが、早急に安全な水を供給しなければならなかったこと、③ 総工費約28万円は財政上から難があったこと、などが挙げられる。ちなみに、当時（明治2−3年）の国家歳入は約2千万円であり、諸事多難の折、予算上から見ても無理があった。

付言すると、ブラントンは横浜の下水道工事も委嘱されていた。既に幕末に、英国人居留民から衛生上の理由から近代下水道設置要求が出されていたが、幕府瓦解後、明治新政府はこれを実行に移した。71（明治4）年、ブラントンは鉄管に替わり陶器製の下水管を用いて汚水を海に放流することで、日本初の近代的下水道を完成させた。この下水道は横浜の急激な人口増加によって、87（明治20）年には煉瓦製の下水管に替わったが、この設計は日本初の土木技師であり、後にパーマーとともに横浜近代水道の建設に携わる三田善太郎[6]が担当している

2. 多摩川からの木樋水道案

ブラントン案に替わって採用されたのが、横浜の有力商人等[7]が申請した木樋水道案である。木樋水道とは、「河川等を水源とし、用水路で市街地に導水し、市街地に敷設された木樋を通して井戸等へ送水し、井戸から飲料水を汲む方法である。典型的な木樋水道は江戸町内への給水システムで、多摩川上流を水源として玉川上水を通り江戸に導水された水が、町内各所に木樋を通して配水されていた。

さて、多摩川の鹿島田[8]近辺を水源とする木樋水道は、1871（明治4）年に着工し、73（明治6）年に完成した。これは約60cm四方の木樋を用いて凡そ16kmの距離を導水して市内の水道用井戸に給水するものであった。しかし、難工事のため予期しない出費がかさみ、また水道料金の滞納が頻発した。完成後僅か半年で神奈川県が救済に乗り出して経営を肩代わりしたが、劣悪な施工から漏水や木樋の継ぎ目から汚水がしみ込むなど欠陥が相次いだ。神奈川県では必要な修理を施して改善に努めたが、良質の水を供給することは困難であった。

写真 4-2　木樋水道の導水管

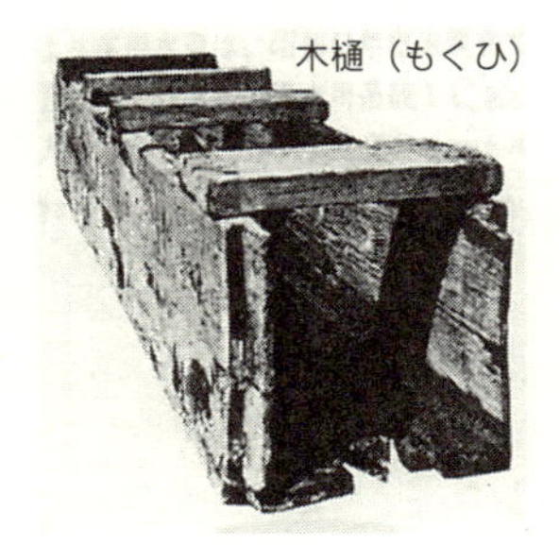

出所：『私たちの横浜・水道編』1968（横浜市水道局）。

図表 4-5　木樋水道の構造

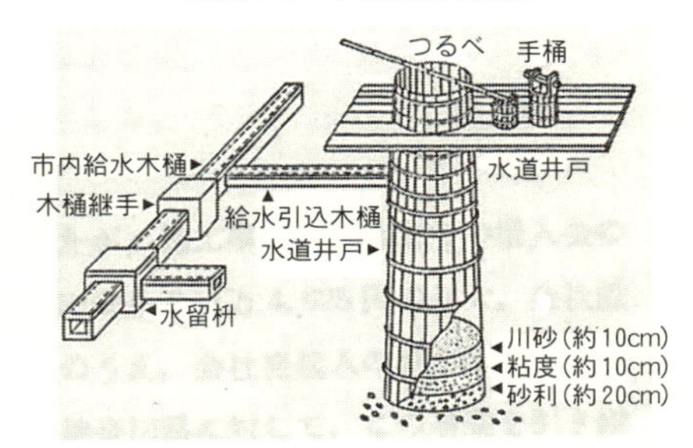

出所：『横浜水道百年の歩み』1987（横浜市水道局）。

Ⅳ. パーマーによる近代水道の完成

1881（明治14）年、神奈川県令に就任した沖守固[9]は、近代水道の早期実現が必要との認識を有し、水道建設案の作成を当時日本人土木技師の第一人者であった三田善太郎に委嘱した。三田はこれまでの木樋水道を鉄管に替える案と、新たに相模川から鉄管を通して導水する案の2案を提出した。同じ頃、横浜在住の外国人居留民が英国のパークス公使あてに、近代水道建設を至急具体化するよう求める陳情書を提出した。パークスは折から日本の懸案事項であった条約改正問題とそれに伴う欧化政策の実施に鑑みて、日本政府に近代水道建設の必要性を説いた。条約改正問題は横浜近代水道実現への追い風となったのである。こうした時期に、中国の広東水道建設等で実績のあった英国陸軍工兵中佐パーマー[10]が香港から英国への帰国途中で、東京に立ち寄った。

1. 条約改正と日本の近代化

1858（安政5）年、徳川幕府が米国、英国、仏国、ロシア、オランダの5カ国と締結した修好通商条約（安政五カ国条約）は、①外国に治外法権（領事裁判権）を認め、②日本に関税自主権がない不平等条約であり、明治新政府にとってその改正問題は極めて重要な課題であった。79（明治12）年、外務卿に就任した井上馨は条約改正に取り組み、同時に改正交渉と並行して日本が近代国家であることを広く知らしめるため欧化政策を推進した。その目玉となったのが、鹿鳴館における舞踏会である。日比谷（現千代田区内幸町一丁目）に83（明治16）年、西洋式の社交施設「鹿鳴館」を建設し、連日のように政府高官が内外の紳士・淑女を招待して西洋式の舞踏会を開いたのである。こうした政府の欧化政策は、当然のことながら、横浜の水道近代化の強力な後押しとなった。

2. パーマーの水道計画案

1883（明治16）年12月、パーマーが東京に立ち寄った機会をとらえて、日本政府及び英国公使パークスが要請し、パーマーは横浜水道の計画案及び見積書作成のため、日本に短期間滞在することになった。

日本政府に雇用されたパーマーは、82（明治15）年に作成された三田善太郎技師の計画案を子細に検討し、三田とともに計画予定地を訪れて、土地の高低、水量の多寡などを調査し、貯水池の場所の選定、横浜市街地における水路敷設の方法、資材の選定、工費の積算などに取り組んだ。

その結果、84（明治17）年4月に多摩川を水源とする① 横浜水道工事報告書（多摩川水源案）を、5月に相模川を水源とする② 横浜水道工事第二報告書（相模川水源案）を県令沖守固に提出した。これらの計画案は、横浜の不良な井戸（全井戸の76%）を閉鎖して木樋水道を廃止し、鉄管を使用した新たな水道を建設するという、画期的な近代水道建設計画であった。

写真 4-3　H. S. パーマー

出所：『横浜水道創設百周年記念写真集』1988、横浜市水道局。

この計画は最終的に三条実美（太政大臣）、井上馨（外務卿）、山県有朋（内務卿）、沖守固（神奈川県令）等日本政府の高官達の協議を経て、第二報告書（相模川水源案）が採択された。

3. 水道工事概観

工事は相模川上流から横浜市街地迄の長距離に及び、その間多くの難工事や危険に遭遇した。計画で

図表 4-6　横浜水道創設時の導水路線図

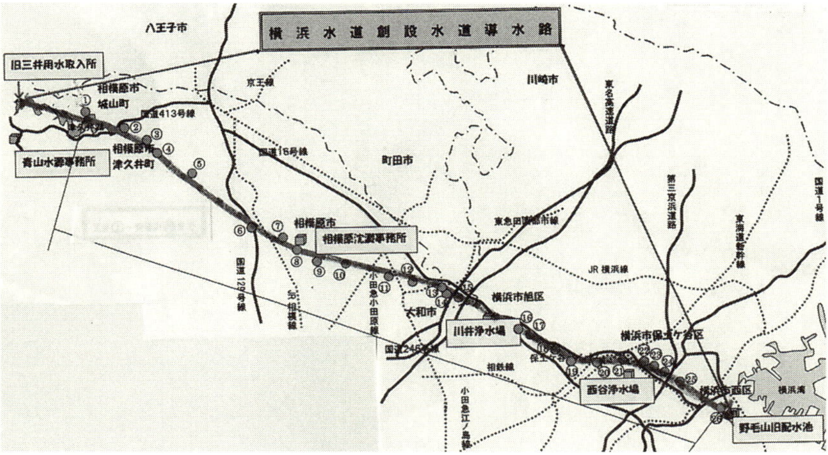

出所：横浜市水道局 HP。

は、① 相模川とその支流の道志川の合流点（現在の相模原市緑区三井）で取水し、そこから 43.9 キロの距離に鉄管を敷設し、野毛山貯水場（現野毛山公園）まで導水する。② 野毛山貯水場から横浜市内には細い鉄管を配管し、市内 600 カ所に設置した共用栓（水道の蛇口）から水を供給するというものであった。予定給水人口は 7 万人であった。

1885（明治 18）年 4 月に起工し、英国から輸入した資材の到着とともに本格的な工事が開始された。工事の竣工は 2 年半後の 87（明治 20）年 10 月であった。

工事の陣容及び担当は図表 4-7 の通りである。

工事にはパーマーが英国から呼び寄せた 4 人の英国人の他、多数の日本人技術者が参加し、工事に先立ち、日本人技術者への技術指導が行われた。彼等はパーマーの指揮の下で、献身的かつ勤勉に働き、新技術を吸収していった。

以下に工事を概観する。

① 水源での取水所建設工事

道志川が相模川に合流する地点に水の取入所を設け、そこに揚水用機械、ポンプ、動力用ボイラーを設置した。川から取水した水をポンプで揚水して沈で

図表 4-7　工事の担当表

担　当	氏　名	備　考
総監督（工師長）	ヘンリー・S・パーマー	
監督補佐	J・H・J・ターナー	
他に 3 人の英国人		取入所機関監督、職工長、鉛工
市内給水管設置総責任者	三田善太郎（主任技師）	市内配水管総延長 90 キロ
第 1 工区　三井～大島	土田鉄雄（技師）	距離 11.6 キロ
第 2 工区　大島～上川井	山崎鉉次郎（技師）	距離 17.9 キロ
第 3 工区　上川井～野毛山	斉藤久慎（技手[11]）	距離 14.4 キロ
野毛山貯水池・ろ過池責任者	渋谷競多（技師）	
電話関係	沖秀政	
資材の陸揚げ・輸送	平野富二	

出所：樋口次郎『祖父パーマー　横浜水道の創設者』1998。
『横浜市水道 70 年史』1961、横浜市水道局。

ん池に貯え、貯水した水を送水する施設である。

② 第 1 工区工事（三井～大島、11.6 キロ）

工事は導水用鉄管を敷設するための工事路線を造成することから始まったが、第 1 工区は相模川の断がい絶壁の中腹を縫って路線を構築するため最も難工事となった。渓流に木造の橋を架橋したり、隧道を掘削する箇所もあり、事故多発の恐れのある危険な工事区間であった。

③ 第 2 工区　（大島～上川井、17.9 キロ）

相模川が山間部から平地に流入する地点から工事路線は川から離れて平坦な地形をとり、可能な限り野毛山方向に直線的に導水管が敷設された。

④ 第 3 工区　（上川井～野毛山、14.4 キロ）

起伏のある丘陵地帯が所々にあり、屈曲する帷子（かたびら）川沿いに工事路線が設定されたが、土地に高低差があり地盤も悪く、導水管の敷設に苦心した区間であった。

⑤ 野毛山浄水場工事

野毛山（標高 50.5m、現野毛山公園）では、送水された水をろ過するろ過池及びろ過された水を市内に配水するための貯水池が造られた。

写真 4-4　三井用水取入所全景（津久井郡三井村川井）

出所：『横浜水道百年の歩み』1987、横浜市水道局。

写真 4-5　三井用水取入所揚水機械

出所：『横浜水道創設百周年記念写真集』1988、横浜市水道局。

写真 4-6　水道鉄管敷設工事

出所：『横浜水道創設百周年記念写真集』1988、横浜市水道局。

⑥ 市内への配水工事

配水地域は当時、市街地であった関内、関外の辺り（現桜木町、関内付近）であり、山手の高台は配水不可能で対象外であった。

この工事の遂行に大きな役割を果たしたものとして、専用電話と軽便鉄道が挙げられる。

専用電話は工事区間の3か所の事務所と横浜の本部間に設置されて工事の指示と打ち合わせなど意思疎通に大きな威力を発揮した。また、電話以上に役に立ったのは軽便鉄道であった。これは工事路線に沿って軌道（線路）を敷設してトロッコを牛馬や人力で動かすという程度のものであったが、重量のある鉄管やセメント、煉瓦などの大量の資材を遠方に運搬するのに大変便利であった。しかし、場所により険しい渓谷沿いの崖を切り開いて台地状に造成し、そこにレールを敷き、レールの傍らに敷設用の鉄管を並べるのに十分な道路幅を造成するなど、工事は難航を極めた。

このように幾多の困難に直面しながら、ついに87（明治20）年9月21日、三井村の取水所で揚水式が挙行された。この後、水は順次、第1工区、第2工区、第3工区と送水されて野毛山浄水場に送られた。この間、パーマーは送水開始とともに水源地から横浜迄水の動きに合わせて歩き、導水管や設備の不具合を点検したといわれている。

87（明治20）年10月17日、横浜市内に給水が開始された。野毛山浄水場から市内各地域へは細い鉄管で配水されたが、配水管の総延長は約90キロに達した。当時の給水は各戸への個別の給水ではなく、道路わきに設置された共用栓（水道の蛇口）からの給水であった。この英国製の共用栓は、先端にライオンをかたどった彫刻が彫られ、獅子頭共用栓と呼ばれて市民に親しまれた。共用栓は道路上約90m間隔で設置され、市内600カ所に設置された。ただし、居留地の外国人や高所得の日本人には、希望により各戸ごとに蛇口が設けられて給水された。

給水当日は市民への宣伝を兼ねて、関内[12]と関外を隔てる吉田橋（我が国初の無橋脚鉄製トラス橋）で消火栓からの放水実験が行われた。この強力な水

写真 4-7　獅子頭共用栓

出所：横浜開港資料館蔵。

写真 4-8　吉田橋での防火放水試験

出所：『横浜水道創設百周年記念写真集』1988、横浜市水道局。

圧による放水は、旧来の手押しポンプによる消防団に代わり、この後火災に大きな効果を発揮するようになる

さて、我が国で初めて施工された横浜の近代水道工事について、『日本水道史』（1967年、日本水道協会発行）は次のように述べている。「この工事はわが国未曽有の事業で、工事の実情も当時としては山間僻地に及ぶ長大な距離にわたるもので、幾多の危険、難工事に遭遇した大工事であったから、非常な困難を乗り越えて遂行されたのであった」と。

また、資金面から見ても、当時の国家予算から考えると工事費は莫大な金額に上った。実際、横浜水道建設に要した費用は107万円に達したが、当時の政府予算は7,990万円（87（明治20）年度）であり、同年度の神奈川県一般予算は工事費の約半分の50万円であった。費用がかさんだのは、揚水用ポンプや導水用鉄管は当時の日本では製造できず、全て英国からの輸入品に依存したことにある。とくに工事が長距離にわたったため膨大な数の導水管を使用したので、これら設備や資材費が予算のおよそ3分の2を占めたという。

V．近代水道の他都市への普及とその後の推移

横浜における近代水道の建設は、コレラの蔓延や火災に悩む全国の諸都市に大きな影響を与えた。なかでも函館、東京、大阪、神戸、長崎など海外との交流の多い港湾都市にとって、近代水道の導入は喫緊の課題になった。パーマーは要請によって現地調査を行い、計画に携わった。

図表4-8の4都市でパーマーは計画書を作成したが、直接工事の監督には携

図表4-8　パーマーが水道計画に携わった諸都市

計画書作成		起工	給水開始
① 1887（明治20）年	函館	88年6月	89（明治22）年9月
②　同	大阪	92年8月	95（明治28）年10月
③ 1888（明治21）年	東京	91年12月	98（明治31）年12月
④　同	神戸	97年5月	1900（明治33）年3月

出所：『横浜水道百年の歩み』1987、横浜市水道局。

わらなかった。また、パーマーの計画書を基に工事が進められて給水が実現したのは函館だけであり、他の3都市はいずれも資金面で目途が付かず、給水時期は大幅に遅延した。

パーマーは日本滞在中に英国陸軍工兵大佐に昇進していたが、横浜近代水道が完成した1887（明治20）年10月に陸軍少将で退役して日本に残留した。

翌88（明治21）年には日本政府の要請によって横浜港の近代化のための「横浜築港計画書」を作成し、横浜築港監督工師として、横浜港の改築工事の総監督になった。また、兵庫県で淡河川御坂サイホン（日本初のサイホン式灌漑施設）の設計や濃尾地震調査に参加したが、93（明治26）年、惜しくも54歳で急逝し、青山墓地に埋葬された。（パーマーについては後掲の附録（1）で詳述）

横浜で近代水道が竣工した当時は、水道に関する法律はなく、水道事業は便宜的に神奈川県によって運営されていた。89（明治22）年の市町村制施行に伴い横浜市が誕生したが、翌年には「水道条例」[13]が制定されて、水道事業は市町村の管轄となり、横浜水道は神奈川県から横浜市に移管された。水道条例制定以降は、近代水道の各地への波及はその地の市町村の主導で行われることになった。

大都市の中で近代水道の導入が遅れたのは、京都（1912年）と名古屋（1914年）である。京都では90（明治23）年に完工した琵琶湖疏水の水量が十分ではなく、第2疏水計画が策定されたが、日露戦争の影響で国の補助が得られな

図表4-9　日本の諸都市への近代水道の普及（※は町、それ以外は市）

① 1887（明20）横浜	⑩ 1906（明39）下関
② 1889（明22）函館	⑪ 1907（明40）秋田、佐世保
③ 1890（明23）秦野＊（神奈川）	⑫ 1908（明41）池田＊（徳島）、岩見沢＊
④ 1891（明24）長崎	⑬ 1909（明42）青森、大津、熱海＊、稲取＊
⑤ 1895（明28）大阪	⑭ 1910（明43）高崎、堺、水戸、新潟
⑥ 1896（明29）根室＊	⑮ 1911（明44）小樽
⑦ 1898（明31）広島、東京	⑯ 1912（明45）門司、郡山、若松、京都
⑧ 1900（明33）神戸	⑰ 1913（大2）小倉、甲府
⑨ 1905（明38）岡山	⑱ 1914（大3）名古屋

出所：坂本太祐「我が国の近代水道創設事業とその財源について」2014、『京都産業大学経済学レビュー』第1号。

いために実施が遅延した。近代水道事業が始まったのは、第2疏水が開通した1912（明治45）年であった。

名古屋では近代水道早期導入の意見はあったものの、94（明治27）年の日清戦争の勃発で財政難から取りやめになり、実現は大幅に遅れて大正時代に入ってからになった。

町では徳島県池田町が1908（明治40）年に導入しているが、池田町は水利が悪く、吉野川からの水汲みに苦労したことから、早期に導入された。

ここで注目すべきは神奈川県秦野町が90（明治23）年に、横浜、函館に次いで全国で3番目に近代水道を導入していることである。元来同地域は地下水が豊富で用水路の整備が進んでいたが、現秦野町域に含まれる旧曽屋村で、79（明治12）年、コレラが発生し村の人口2,700人中、81人が罹患、25人が亡くなるという事態になった。これを契機に地元の有志が協議の上、近代水道建設を提案したが、財政上鉄管の使用は困難であった。そこで、地下水を水源とし、鉄管に替えて陶管（陶器製の管）を使用した簡易水道を建設し、沈殿池、ろ過池、貯水池を備えた近代水道を1年で竣工させた。県からは技術上の支援をうけたが、財源はすべて町の有力者の寄付及び受益者負担で賄ったという。

さて、ここで明治以降現在に至る近代水道普及の歴史を概観してみる。

87（明治20）年に横浜で誕生した近代水道の国内普及率（給水人口／総人口）は、1900（明治33）年に3%となり、日露戦争を経た11（明治44）年には8%に達し、25（大正14）年に漸く21%と、その歩みは遅々としたものであった。第二次大戦前のピークは41（昭和16）年の34%であったが、戦後は大都市への空襲で生活インフラが破壊されたため、50（昭和25）年には26%に低下している。戦前から戦後にかけて、都市部はともかく、地方の農漁村では依然として地下水を源泉とする井戸水が飲料水として使われていたのである。

水道普及率は戦後の復興期を経て高度成長期に入った頃から急速に上昇している。60年代には50%を超え、80年代に90%台に達した。そして現在（2016年3月）、全国平均では97.9%に達し、東京、大阪、名古屋など大都市圏ではほぼ100%の普及率である。しかし、都道府県により普及率にはばらつきがあり、東京、大阪、神奈川、愛知、京都などと比べて、東北、四国、九州の各県では普及率は低い。その理由の一つは、地方では飲用に適した井戸水が利用できることである。一例を挙げると、熊本県は普及率87.3%と都道府県別では最下位であるが、地下水（阿蘇山の伏流水）からの飲用井戸を利用する世帯が多く、上水道利用率が他の都道府県に比べて低いというのが実情である。

Ⅵ. おわりに

日本初の近代水道は、1887（明治20）年に横浜で誕生し、その後、全国各地に普及した。現在、日本の水道普及率は97.9%（2016年）と、ほぼ天井に達したといえよう。

しかしながら、今日、日本の水道は大きな課題を抱えている。それは高度成長期に敷設した水道管の老朽化と漏水の問題である。この背景には、水道事業者の資金不足があり、水道管の交換や補修工事が十分に出来ないという現状がある。

こうした問題は、日本の水道政策に帰するところが大である。先に述べたように1890（明治23）年の水道条例の制定以来、水道事業は原則として市町村単位で営まれているため、現在、全国の水道事業者数は1,400弱に上がり、その多くは小規模事業者である。水道事業は独立採算制でコストは受益者負担となっているが、節水の定着や人口減で地方の小規模事業者は極めて厳しい経営環境に直面している。

こうした課題の解決には、中小零細規模の事業者を統合して、例えば各県単位の水道事業に統合するなどの構想が必要である。また、欧米諸国のように水道事業の民営化によってより効率的な経営を指向するのも一法であろう。

上質の飲料水は人間生活に欠かせない生活必需品であり、安全な水の供給という生活インフラの持続には、長期的視点に立った国家による政策と施策が必要となっている。

附録(1)　日本近代水道の父、ヘンリー・S・パーマー

日本における近代水道の導入は、英人技師パーマーの存在を抜きにしては語

れない。本章ではパーマーの個人的な経歴や事績を詳述することができなかったため、ここで項を改めてパーマーの生涯を簡単にまとめてみた。

ヘンリー・スペンサー・パーマー（1838～93）は、英領インドで英国軍人の家庭に生まれ、英国で教育を受けて陸軍士官学校を卒業し、工兵将校になった。カナダ、シナイ半島、ニュージーランドなどで軍務に服し、1878 年には香港に派遣されて水道の設計に携わった。1883（明治 16）年に来日したパーマーは、横浜における近代水道建設計画の依頼を受け、3 カ月かけて実地調査を行い、計画案を作成して帰国した。翌々年に再来日したパーマーは水道建設の全権を委任されると、水源の相模川支流の道志川（現在の相模原市緑区三井）から野毛山浄水場（横浜市）までの 43.9 キロを英国製の鉄管でつなぐ水道工事に着工し、工事の指揮を執った。パーマーの監督の下で優れた日本人技術者達が活躍し、2 年半の難工事の末、日本初の近代水道が完成した。この近代水道は良質な水道水の確保と衛生環境の改善に効果を発揮し、コレラなど疫病の流行が激減し、全国各地の近代水道建設促進へとつながった。

パーマーはその後も日本に滞在し、東京、大阪、神戸、函館において水道建設の計画や設計に携わり、また、内務省土木局の顧問技師となり、横浜築港計画を立案し、工事の総監督に就任している。日本政府はパーマーの功績に報いるために勲三等に叙し、内務省顧問官に任命している。

また、多彩な才能に恵まれたパーマーは、英紙ロンドンタイムズの日本通信員として日本の実情を西欧社会に知らせるうえで大きな貢献をしている。1890

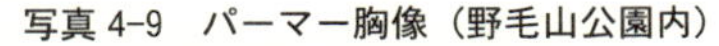
写真 4-9　パーマー胸像（野毛山公園内）

出所：筆者撮影。

写真 4-10　横浜水道記念館（保土ヶ谷区）

出所：筆者撮影。

（明治 23）年に日本人女性と結婚し一女をもうけたが、1893 年、東京の自宅において 54 才で急逝し、青山霊園に埋葬された。

1987（昭和 62）年、横浜水道創業 100 年を記念して野毛山公園（旧野毛山浄水場）にパーマーのブロンズ胸像が建立された。また、横浜水道記念館（保土ヶ谷区）には、日本初の近代水道の創設に貢献したパーマーの事績などの歴史資料が展示されている。

附録（2）　横浜近代水道関連の歴史年表

西暦	和暦	主な出来事
1853	嘉永 6	米国ペリー、浦賀に来航
54	安政元	日米和親条約締結（於横浜村）
58	〃 5	日米修好通商条約調印（神奈川冲、ポーハタン号上で）
1870	明治 3	英人技師 R・H・ブラントン、「横浜良水計画案」（鉄管使用の近代水道）を提案、財政難で却下
71	〃 4	高島嘉右衛門等有力商人による多摩川を水源とする木樋水道計画提案、許可される。
73	〃 6	木樋水道完成
74	〃 7	木樋水道会社経営難で、神奈川県が事業を継承
77	〃 10	神奈川県、木樋水道を大改修
83	〃 16	英人技師ヘンリー・S・パーマー、「横浜水道計画書」を提出
84	〃 17	政府、パーマー案を承認
85	〃 18	4 月、パーマー案による水道敷設工事を開始
87	〃 20	9 月、横浜近代水道竣工、三井用水取入所で揚水式、送水試験、導水路線の検査
〃	〃	10 月、野毛山貯水池に水が到達、横浜市内に通水開始
89	〃 22	4 月、市制施行に伴い横浜市が誕生
90	〃 23	水道条例制定。横浜水道、神奈川県から横浜市に移管
93	〃 26	ヘンリー・S・パーマー逝去（54 歳）、青山墓地に葬られる。

出所：筆者作成。

注

1　近代水道の定義は、〈坂本太祐「我が国の近代水道創設事業とその財源について」2014、京都産業大学経済学レビュー第 1 号〉を参考にした。横浜市水道局 HP では、近代水道とは「川などから取り入れた水をろ過して、鉄管などを用いて有圧で給水する水道」と定義している。なお、“安全な飲用に適する水”とは、直接飲用してもコレラ等の伝染病に罹患しない水をいう。

2　アルフレッド・ジェラール（1837～1915）幕末に来日した仏人の実業家。横浜で雑貨商、西洋瓦製造、船舶給水業を営む。横浜山手の湧水を居留地及び停泊中の船舶に販売した。

3　コレラ菌による経口感染症で、予防には衛生の改善と清潔な水の供給が必要である。日本では1822（文政5）年に国外から伝染したのが最初であり、以降、58（安政5）年、62（文久2）年と発生し、多くの犠牲者が出た。明治に入り、全国で2－3年ごとに数万人の罹患者を出す流行が続き、明治10年代には死者が10万人を越える大流行となった。

4　1877（明治10）年から87（明治20）年におけるコレラ、赤痢、腸チフスの致死率（死者数／患者数）はコレラが66％、赤痢が25％、腸チフスが17％で、コレラの致死率は極めて高い（『横浜市水道70年史』掲載の「全国の伝染病発生状況」より筆者計算）。

5　リチャード・ヘンリー・ブラントン（1841～1901）英国人土木技師。1868年来日し、日本沿岸に30余の灯台を建設し、「日本灯台の父」と呼ばれる。また、電信、鉄橋、下水道、港湾、公園などの建設に携わり、日本の近代化に貢献した。

6　三田善太郎（1855～1929）当時の日本人土木技師の第一人者。東京大学理学部土木科卒。1882（明治15）年頃から横浜近代水道計画に従事し、パーマーの指導で近代水道建設に尽力。その後、横浜築港工事にも携わった。

7　高島嘉右衛門、大倉喜八郎、原善三郎他。

8　鹿島田は多摩川下流域の川崎市幸区鹿島田を指す。JR南武線鹿島田駅の近く。

9　沖守固（1841～1912）元鳥取藩士、1871（明治4）年、岩倉使節団に随行し、そのまま英国に滞在、帰国後、内務省、外務省を経て81（明治14）年神奈川県令に就任、7年間在勤、横浜水道の実現に尽力した。

10　ヘンリー・スペンサー・パーマー（1838～93）英国の技術者で工兵将校（最終階級は陸軍少将）。1883（明治16）年、日本政府の要請で相模川と道志川の合流地点から横浜迄水道管を敷設して、87（明治20）年10月、市内に給水し日本初の近代水道を完成させた。「近代水道の父」とよばれ、横浜の野毛山公園内に胸像が建つ。詳細は附録(1)を参照。

11　戦前の官吏制度で、技術を掌る官吏の階級には「技師」（高等官・奏任官）と「技手（ぎて）」（判任官）があった。大学卒業者は最初、技手として採用された。

12　横浜の開港時、外国人と攘夷派武士の摩擦を恐れた幕府が、貿易諸機関や外国人居留地のある海岸寄りの地区とその外側の地区を結ぶ吉田橋に関所を設けて人の出入りを取り締まった。その関門の内側を「関内」、外側を「関外」と呼んだ。

13　1890（明治23）年制定の「水道条例」第2条は、「水道は市町村その公費を以てするに非ざれば之を布設することを得ず」と規定し、水道事業の市町村公営主義を定めた。この結果、地域ごとに水の需給事情が異なり、地域特性を生かした事業規模での普及が進む側面もあったが、財政上の問題もあり、小規模な市町村では普及が遅れる場合があった。

参考文献

『横浜市水道誌』（1904）横浜市水道局。
『横浜市水道70年史』（1961）横浜市水道局。
『横浜市史　第3巻上・下』（1961／63）横浜市。
『日本水道史』日本水道協会（1967）。
『私たちの横浜　水道編』（1968）横浜市水道局。
『横浜水道百年の歩み』（1987）横浜市水道局。
『横浜水道関係資料集 1862～97』（1987）横浜開港資料館。
『横浜水道100年記念　水と港の恩人 H. S. パーマー展示録』（1987）横浜開港資料館。
『近代水道百年の歩み』（1987）日本水道新聞社。

『横浜水道創設百周年記念写真集』(1988) 横浜市水道局。
樋口次郎 (1998)『祖父パーマー―横浜・近代水道の創設者』有隣堂。
坂本太祐 (2014)「我が国の近代水道創設事業とその財源について」『京都産業大学経済学レビュー』第1号。
小林勇 (2016)『みずのない湊―横浜水道前史物語』審美社。
飯岡宏之 (2016)「安積疎水と都市水道―郡山市を事例にして―」『中央学院大学社会システム研究所紀要』第17巻第1号。
『中央学院大学社会システム研究所紀要』第17巻1号。
その他、厚生労働省、日本水道協会の統計、横浜水道局ＨＰなどを参考にした。

第5章
住民参加による多自然型川づくり
―日本・源兵衛川と韓国・水原川を事例として―

山家京子・鄭　一止

Ⅰ．川と人との関わり
―負の空間から都市的親水自然空間へ―

かつて、川は人々の暮らしとともにあった。食器洗いや洗濯など生活の場として、子供たちの沐浴や水遊びの場として、また、洗濯の際におしゃべりをする社交の場としても機能してきた。さらに、精霊流しなどの文化を伝える風習の場でもあった。このように人々の生活と深く関わりつつ、川は多様な生物を育む生態系のプラットフォームとしても機能していた。人々が川に与える影響は微量で、川に流れ出た有機物は川中の植物に吸着し、それを人々が刈り取って生活に利用するなどしていた。人の生活が生物の循環に組み込まれていたのである。

ところが、高度経済成長の時代を迎え、工場排水は川を汚し、ヘドロ化した川は悪臭を放つようになった。河川整備においても治水や土地利用の高度化など、もっぱら効率と機能を優先させた。特に都市中心部では川底から川岸まで三面コンクリートで固めた整備が行われ、暗渠化し上部を道路として利用したり、さらに河川上部に高架道路が架けられたりした（写真5-1）。公共財であり線状の川を道路として利用することは、私有の宅地を買収し道路として整備するプロセスに比して容易で効率がよかったのである。

やがて、人々の生活環境の親水性は失われ、自然と川に背を向けた生活になっていった。都心部で、緑道や道路に背を向けた住宅が立ち並ぶ風景に出会うことがある。一般的に住宅は道路に対して表の顔をつくるものであり、裏が並ぶさまは少し妙な感じがする。それは、かつてその緑道や道路が川や用水路

写真 5-1　河川上部に架けられた道路

出所：著者撮影。

写真 5-2　都市的親水空間（韓国・清渓川）

出所：著者撮影。

であったこと、そしてそれらの住宅が川に背を向けて建てられていたことを示すものである。

その後、高度経済成長が収束し、都市には効率や機能だけでなく、人々の生活を豊かにするアメニティが求められるようになった。緑や水からなる自然環境はアメニティを創出する都市空間要素として重要視され、川をはじめとする水辺にも自然が感じられる憩いの場が計画された（写真 5-2）。また、川は緑地同様に生態系を育む貴重な自然空間であることから、生態系の復元を目指し、多自然で親水性の高い川づくり、すなわち多自然型川づくりが行われるようになった。

一方、多自然型川づくりは誰もが共感する河川整備のあり方だが、実際には維持管理が大変難しい。多自然型川づくりを目指して整備されたものの、維持管理が追いつかず雑草が生い茂り、結果的に誰も近づけない場所になってしまった事例も多い。行政負担だと管理費が増大し、また、川辺の管理を行政に担わせてきたことも、人々を川から遠ざけてしまった一因と言える。まちづくりは住民・行政・専門家の三者の協働が原則だが、川づくりにもその原則は当てはまる。維持管理だけを住民に委ねてもうまくいかない。計画の段階から関わることにより当事者意識が醸成され、スムーズに維持管理も担えるのである。

ここでは、日本と韓国の住民参加型河川整備の2つの事例を対象とする。日本の事例として静岡県三島市・源兵衛川、韓国の事例として京幾道水原市・水原川を取り上げる。いずれも多自然型川づくりで、事業から2,30年経過した現在も市民参加による維持管理がなされ、魅力的な空間が保全されている。

源兵衛川は、生態系の復元と親水性を多様な主体の連携により実現した川づくりで知られる。事業後、市内外から多くの人が訪れるようになり、「街の顔」として経済効果をもたらしている。川のみちを散歩する住民の姿や川に向かって開かれた住宅が見られるようになり、住民との良好な関係も築かれている。さらに、「土木学会最優秀デザイン賞（2004年）」を受賞するなど、計画面でも高い評価を得ている。一方、水原川は、韓国において地方で初めて整備された多自然型川づくりの事例である。市民団体による環境運動を発端にスタートし、計画及びマネジメント双方において官民協働型のプロセスを経ている。さらに、国土都市デザインコンペで国土部大臣賞（2015年）を受賞するなど、自然と歴史への配慮が高く評価されている。

これら2つの住民参加型河川整備の事例を通して、市民団体の持続的な参画による多自然型川づくりのデザイン及びマネジメント手法とプロセスを明らかにし、「川という自然との関わり」「事業のプロセスと住民参加」について見ていく。

Ⅱ．日本・源兵衛川[1]

1．源兵衛川

源兵衛川は、静岡県三島市の市街地を貫流する約1.5kmの農業用水路である。室町時代に、伊豆の守護代であった寺尾源兵衛により水田灌漑用水路として開削されたことから源兵衛川と名付けられた。始点となる水源は、三島駅南側に位置する市立公園「楽寿園」の中に位置し、富士山の雪解け水が湧き出る小浜池である。終点は、さらに下流に広がる水田に農業用水を供給する「中郷温水池」で、周辺には今も水田の条理制の痕跡が残っている。三島市には主に4つの川が流れ、それらの川に挟まれた土地が3つの島に見えたことが市の名前の由来とされるなど、湧水が豊富な「水の都」であった。中心市街地には、小浜池、源兵衛川、桜川、御殿川、四ノ宮川、蓮沼川など富士山の地下水系に属する湧水池や川が網目のように流れ、美しい水辺自然空間を有している。

かつて、三島では川に沿って住宅を建て、川の水を家の中まで引き込み、川に張り出した川端（カワバタ）で水を汲むなど、人々の暮らしは川と共にあった（写真5-3）[2]。また、葬儀の後に親戚や近所の人々が川辺で故人を偲ぶ小さな宴を行い、位牌を川に流す浜降り（ハマオリ）と呼ばれる風習もあった。しかし、1960年頃から、工場の地下水汲み上げによる湧水量の減少や家庭排水の流入により水辺環境が悪化し、やがて川と人の関わりは絶たれてしまった(写真5-4, 5)。

写真5-3　カワバタ

出所：著者撮影。

写真 5-4　湧水が豊富な頃の源兵衛川（昭和 30 年代）

出所：http://www.gwmishima.jp/modules/information/index.php?lid=35

写真 5-5　環境が悪化した源兵衛川（1980 年代）

出所：http://www.gwmishima.jp/modules/information/index.php?lid=35

2. 河川整備事業

源兵衛川の悪化した水辺環境の再生を目的として、静岡県が農業水利施設高度利用事業（1989〜94 年・農林水産省補助）及び県営水環境整備事業（1995〜98 年）を実施し、事業完了後に管理の権利が三島市へ譲渡された。また、県の事業において住民との合意形成に時間がかかり未整備となった区間を対象に、三島市が「街中がせせらぎ事業」において源兵衛川プロムナード修景整備事業（2000〜05 年）と源兵衛川遊歩道修景工事（2010〜11 年）を行った（図表 5-1）。

事業は「親水性の向上、生態系の再生、水辺の修景」を目的としている。自然環境に配慮した親水空間の実現を意図し、設計グループ（リーダー：アトリエ鯨・岡村晶義氏）と生態系グループ（リーダー：静岡大学・杉山恵一氏）の協働で進められた。設計グループは流域全体を対象に、住民アンケート、環境調査により地域の情報を収集し、これまでの川との関わりを手掛かりにするとともに、現状の自然や地域材を保全・活用したデザインを目指した。また、市民参加による持続可能な維持管理を見据え、住民意識調査の実施や、計画段階での意見聴取を行うことにより、住民の当事者意識を醸成した。さらに、中間支援団体グラウンドワーク三島（以降 GW 三島）が発足し、市民主体の維持管理を目指した。

図表 5-1　河川整備事業の経緯

静岡県主体	
1987 年	地域住民 1,500 人を対象としたアンケート調査（地域の情報収集）
1989 年	農業水利施設高度利用事業から県の整備開始（～1994 年まで）
1990 年	基本計画基本構想の策定
	自然環境調査（6 回）
1991 年	住民意向調査アンケート
1992 年	グラウンドワーク三島設立
1995 年	県営水環境整備事業（～1998 年まで）
	維持管理マニュアルの作成
以下、三島市主体	
1996 年	街中がせせらぎ事業における源兵衛川の整備
2003 年	第 4 ゾーン・源兵衛川プロムナード修景整備（～2005 年）
2010 年	第 3 ゾーン・源兵衛川遊歩道修景整備

出所：参考文献（山本）をもとに修正。

3. デザイン

デザインの 3 つの原則

設計グループは計画に先立って実施した調査から、現在の住民の川に関わる生活状況を把握するとともに、今も川の文化として継承されている風習「浜降り（ハマオリ）」や「川端（カワバタ）」、個々の住宅に架かる橋などから、川と人の関わりの「かたち」を見出しデザインの糸口とした。また、現状の自然を保全するとともに、溶岩礫など地域材を活用する方針を決めた。最終的に設計グループがデザインの基本として定めた 3 つの原則は以下の通りである。

① 場に発生する様々な問題を掘り起こし、特性を読み取りながら、川と人の新たな関わりを「かたち」として提示する。

② 創る事だけを前提とせず、保全、復元、改修、創造など、場に則した柔軟な対応をはかる。

③ 地域の景観をかたちづくる素材として、屋敷の石積みや敷石、護岸に古くから用いられてきた溶岩に着目し、多様な使い方をすることで汎用性をもたせる。

各ゾーンのデザイン

源兵衛川は流域によって異なる表情をもっているため、設計グループは流域を８つのゾーンに分け、それぞれの地域の特性に合わせた計画を策定した（図表 5-2）。

第１ゾーン「水の誕生」

第１ゾーンは水源の小浜池がある楽寿園である。

源兵衛川と小浜池を隔てていた楽寿園南側の塀を撤去し植栽を配置することで、双方につながりをもたせた。また、源兵衛川にはトイレがなかったため、木質デザインの公衆トイレを設置した。

整備後、公衆トイレの脇に、トイレと調和したデザインが施された飲食店と住宅が建設された（写真 5-6）。住民がトイレのデザインを好意的に評価していることを示すもので、設計者の岡村氏はこれを「トイレから始まるまち並み」と表現している。

第２ゾーン「水の散歩道」

右岸には緑豊かな庭をもつ住宅が並び、左岸には飲食店や住宅が混在する。両岸から川の上にかかる木々が緑のトンネルを形成する自然豊かな空間で、夏

図表 5-2　８つのゾーン

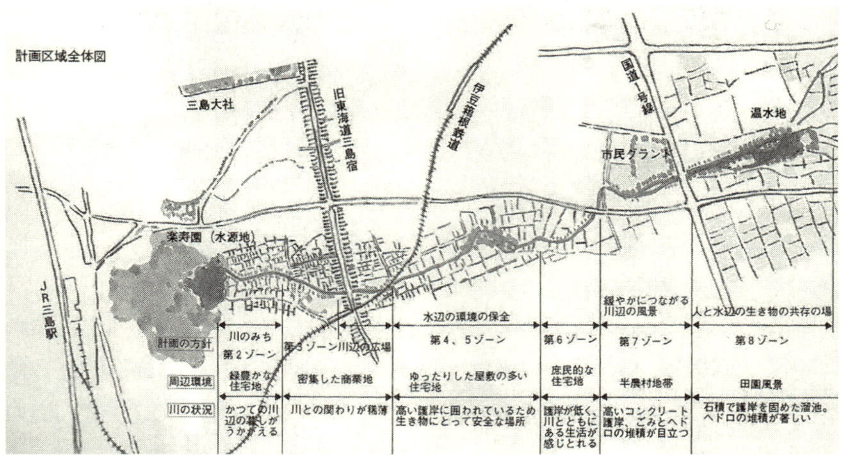

出所：岡村晶義，市民参加による水辺の環境づくり―三島市源兵衛川・よみがえる暮らしの水辺―，図１　計画全体図，219 頁，農村計画学会誌，Vol.22, No.3, 2003.12.

写真 5-6　トイレと調和したまちなみ（第 1 ゾーン）

出所：著者撮影。

写真 5-7　人が歩く「川のみち」（第 2 ゾーン）

出所：著者撮影。

には子供の遊び場にもなっていた。しかし、湧水量の減少や生活排水の流入、ゴミの不法投棄により水辺環境が悪化し親水性も失われていた。

第 2 ゾーンのデザインの特徴は、人が川の中を歩く「川のみち」である（写真 5-7)。「川のみち」は、川の中を散歩するための親水施設だが、河川法では川の中に構造物を設けることができないため、河川管理用通路として計画された。「川のみち」には地域の材である溶岩を利用し、水の浄化機能も兼ね備えている。右岸の住宅地から流入する生活排水を一旦せき止め、多孔質な溶岩礫に住み着いたバクテリアが水を浄化した後、本流に流すものである（図表 5-3)。本来、住宅から出る排水は住宅敷地内で処理することが原則であり、暫定的な処理であった。その後、生活排水の流入も減り、当初の役割は終えたと

図表 5-3 「川のみち」の浄化システム

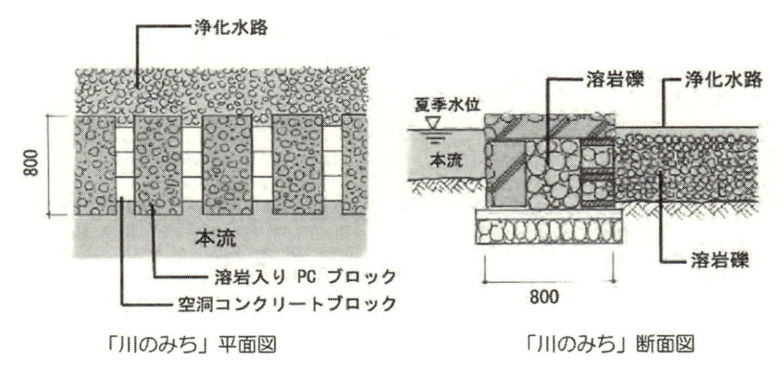

出所：岡村晶義，市民参加による水辺の環境づくり―三島市源兵衛川・よみがえる暮らしの水辺―，図2 溶岩を使ったPCブロックと溶岩礫による浄化システム，221頁，農村計画学会誌，Vol.22, No.3, 2003.12.

写真 5-8　橋のたもとの小広場（第2ゾーン）

出所：著者撮影。

言える。現在にあっては、機能的な浄水機能ではなく、水が浄化される様子を風景として見せることが、市民に川との関わりを意識させることにつながっている。

また、第2ゾーンの下流部には、道路より下げた位置に小広場が計画された(写真5-8)。小広場にはポンプが設置され、夏になると子供の遊具となる。くみ上げた水が広場にまかれることで蒸発冷却作用により涼しくなる仕掛けになっており、人と水との関わりを学ぶ場にもなっている。夏には多くの子供たちが川で遊び、それを見守る大人は木陰のベンチでくつろいでいる。

三島駅からのアクセスも良く、親水性の高いデザインから、多くの人が訪れる「街の顔」となった。最近ではドラマのロケ地としても使われ、国内外から観光客が訪れている。

第３ゾーン「水と思い出」

第３ゾーンはかつて東海道三島宿として賑わっていた地域であり、多くの飲食店や神社が立地し、祭りなどが催されてきた。しかし、源兵衛川沿いには建物が建ち並び、親水性が失われ、飲食店からの排水は川の汚染を引き起こしていた。

第３ゾーンのうち中流部以南は県の事業で整備され、未整備のまま残されていた上流部を三島市が整備した。

県主体で行なった中流部では、川沿いに建ち並んでいた建物のうち１棟を取り壊し、神社を南側に移動し、川沿いに広場を設置した（写真5-9）。川に直交する旧東海道には三島宿の面影を留めるウナギの老舗をはじめ様々な店舗が軒を連ね、週末になると多くの人々が訪れる。店の待ち時間や食後に、川沿いの階段を下り源兵衛川の中に足をつけたり、広場のベンチに座りくつろぐ人を多く見かける。川に突き出た鐘楼の下にはテラスが設置され、川の上を通り抜ける風に当たることもできる。

また、未整備となっていた上流部には、市がコンクリートブロックの「川のみち」を整備した。当初の計画では第３ゾーンの下流部まで「川のみち」でつなげる計画だったが、GW 三島と市民から「川幅が狭まり流れが急になってい

写真 5-9　神社近くの広場（第３ゾーン）

出所：著者撮影。

るため危険である」との意見が出され、計画が見直された。その結果、いったん陸路を経由して源兵衛川に戻る経路となった。

第4ゾーン「水と出会い」

高い護岸が人と川を隔てる一方で、豊かな生態系を形成しており、親水性の高い整備を施すことで生態系を損なう可能性があった。

このゾーンでは他のゾーンのような飛び石ブロックではなく、木製の歩廊が設置された（写真5-10）。親水性よりも生態系の保護が重視され、他ゾーンの「川のみち」よりも高さを上げ、みち幅を狭くし歩きにくくすることで、水中生物の保護を目指した。

整備前の自然環境が保全され、生態系の豊かなゾーンとなった。特に、絶滅危惧種に指定されているホトケドジョウの生息環境再生区間にもなっており、GW三島が保全活動に取り組んでいる。また、毎年のように生物観察会も行われている。橋のたもとには川に面してオープンデッキをもつレストランがあり、夏になると多くの人が川辺の食事を楽しんでいる（写真5-11）。

第5ゾーン「水と文化」

木々が生い茂り、下流部にはホタルが生息するなど、最も自然が豊かなゾーンである。川辺の住宅のコンクリート護岸の水抜き穴にはカワセミの巣があり、保全が必要とされた。

既存の豊かな自然環境を保全することを意図して最低限の整備のみを行い、親水性は抑えられた。川沿いにあった料亭が所有していた養殖池を活かし、生

写真5-10　木製歩廊の「川のみち」（第4ゾーン）

出所：著者撮影。

写真 5-11　川に張り出したレストラン（第 4 ゾーン）

出所：著者撮影。

写真 5-12　自然環境が保全された緑地（第 5 ゾーン）

出所：著者撮影。

態系に配慮した公園（散歩道）「水の苑緑地」を整備した（写真 5-12）。また、川沿いの樹木が宅地開発等により伐採される恐れがあったため、左岸の川沿い 3m 幅の土地を約 50m にわたり買収し散歩道にすることで、水辺の環境を保護した。

現在も豊かな緑地帯として保全され、夏になるとホタルが乱舞する。水の苑緑地にはカワセミに出会うチャンスを求めて、多くの写真家が訪れている。

第 6 ゾーン「水と暮らし」

護岸が低く住宅が川岸まで迫り、かつての川へ下りる階段や住宅の裏側と対岸を結ぶ橋が残存しており、住民の生活と川との関わりがよく現れているゾーンである。

左岸の歩道は川沿いの幅約30cmを土面とし、ホタルの生息域を設けている。川沿いにもともとあった三島桜を活かしながら緑化を行った。また、住宅に橋が架かっている特徴的な景観を守るため、必要に応じて老朽化した橋の架け替えを行った。

橋の上や水辺において住民が花壇や植栽を行うなど、川辺を「庭」として利用する様子が独特な生活景観を形成している。春には多くの市民が桜並木の下で花見を楽しむ姿が見られる。

第７ゾーン「水と農業」

左岸にある市民グランドと川との間にはコンクリート護岸があったため、東西が分断されていた。設計グループの調査から、かつてエノキやムクノキなどが自生する自然豊かなゾーンであったことがわかった。

左岸の護岸を土で覆い自然に近いデザインとし、グランドから川辺へ緩やかにつながる土手を造った。また、自然復元のため、川幅を広げ中州を造り、植栽を行った。この中州によって分けられた左岸の支流には溶岩礫が設置され水の浄化も行っている。

豊かな生態系が維持されるとともに、第２ゾーンと同様に親水性が高い空間となった。夏には多くの子供たちが水辺で遊ぶ姿が見られ、グランド利用者も川辺で寝そべり休憩したり、水に足をつけ涼んだりしている（写真5-13）。

写真5-13　市民グランド前の川辺（第７ゾーン）

出所：著者撮影。

第8ゾーン「水と生命」

第8ゾーンは川の最下流部に位置する「中郷温水池」である。この温水池は富士山の湧水が流れる源兵衛川の冷水を一旦貯水し、稲の育成に最適な温度まで上昇させるために築造されたものである。池の護岸は石積みで固められ、自然環境が失われていた。市民には釣り場として利用されていたが、池底にヘドロが沈下しており生物の棲息環境としては劣悪な状態であった。

人と生態系が共生する空間を目指し、設計グループと生態系グループが協働で環境調査を行い、生態系分布図を作成し、計画に反映させた。池の中に中州を造り水際の長さを伸ばし浅瀬を大きくすることで、水温を上昇させるとともに、水生植物による水の浄化を図った。中州は人が立ち入ることのできない生物の聖域として計画し、生態系と人の利用する場を分けることで共生を図った。また、池の深さを多様化することで魚の種類を増やし、生態系の再生・保全を行った。

景観と親水性に配慮し、石積みの護岸は土で覆った。水際には柵を設けていないが、子供たちが池に落ちないように、水際を緩やかな斜面とし、斜面をつくる石積みも滑りにくい組み方を採用した。さらに水辺に杭やロープを設置し、池に落ちたとしても自力で這い上がれるような工夫がなされている。

整備の結果、水際には小魚や昆虫が群がり、それを狙う魚類や鳥類が集まってきた。人間が立ち入ることのできない中州には、多種多様な生態系が生息している。事業で植栽された植物も成長し、生態系の豊かな空間となっている。

写真5-14　中郷温水池（第8ゾーン）

出所：著者撮影。

自然に近い形で整備された池の周りでは、晴れた日には市民が水面に映る「逆さ富士」を楽しみながら散歩をし、子供たちが木登りや虫取りをして遊ぶ姿が見かけられる（写真5-14)。

4. 合意形成と市民参加

十分に時間がかけられた合意形成

源兵衛川には市民、行政、農業組合等多くの利害関係者が関わっており、理解と協力を得るため、合意形成には十分な時間がかけられた（図表5-4)。例えば、町内会の約１万人を対象に200回に及ぶ説明会が行われた。また、当初第２ゾーンから下流に向け各ゾーンの整備を実施する予定であったが、第３ゾーン及び第４ゾーンでは住民との合意形成に時間がかかったため、これらのゾーンは一旦未完成のままとし、他のゾーンから整備を進めていった。その後、完成したゾーンの居住環境が向上した様子を目の当たりしたことで、未整備ゾーンの住民が理解を示すようになり、再整備につながった。このように住民の意見を尊重し、無理をせず、徐々に整備を進めたことが、事業に対する地元からの理解と協力につながったといえる。

中間支援組織「グラウンドワーク三島」

中間支援組織「グラウンドワーク三島」は、源兵衛川を含めた市内の環境改善活動を協働で行うため、市民団体の「三島ゆうすい会」と県の事業担当者であった渡辺豊博氏が中心となり、1992年に８つの市民団体により「グラウンドワーク三島実行委員会」を設立、1999年にNPO「グラウンドワーク三島」が発足した。グラウンドワークとは、1980年代初頭の英国で始まった、市民、企業、行政のパートナーシップによってまちづくりをマネジメントする民間組織である。源兵衛川の事業では、三島市の事業から参加し、市民の意見を行政に反映させながら計画策定や変更に携わった。また、水辺ゴミ拾いツアーや勉強会を開催し、市民の当事者意識を醸成するともに事業への参加を促した。

図表 5-4　合意形成と住民参加のプロセス

年	施策・取組・内容	目的
1988 まで 事業前の取組		
	・源兵衛川高度利用事業推進協議会 ・三島中部地区農業水利施設高度利用事業計画策定懇談会 ・流域の市民に 200 回以上の説明会（約 1 万） ・1,500 人の地域住民に対する整備計画についてのアンケート調査 ・毎月 2 回のゴミ拾いを開始：三島ゆうすい会主導（1993 年ごろまで）	市民の意識高揚 川づくりに関する知識向上 地域の情報収集と住民参加を促すため
1989　静岡県の事業開始		
1989	・基本計画に向けたゾーンごとの市民への説明会（3 年で 150 回以上）	合意形成
1990	・川の勉強会（60 回）	市民への情報提供
1991	・住民意識調査アンケート（流域住民 320 名と小学 5～6 年生 150 人を対象とした） ・4 回の水辺ゴミ拾いツアー：三島ゆうすい会主導（首都圏からのボランティアと市民が参加した）	整備への住民意見の反映 源兵衛川の貴重さを住民に知ってもらうため 住民の意識改革・清掃
1993	・源兵衛川を愛する会設立：GW 三島主導 ・同会による月 1 回の環境保全活動開始（現在に至る） ・水辺花基金：GW 三島主導（約 1,000 万円の基金を集め川沿いの修景を行った） ・生態系重視の計画変更に伴う説明会	地元民による管理促進 川沿いの美化活動 計画変更への合意形成
1995	・管理マニュアル策定とそれに伴う説明会	マニュアルへの理解と協力
以下、三島市の事業		
1988	・市内回遊ルート散策（参加 19 人）	源兵衛川を通る市内回遊ルートの策定
	・街中がせせらぎ事業の意見交換会	
2001	・街中がせせらぎ事業の意見交換会	源兵衛川の課題や改善点を議論
2002	4 回の源兵衛川意見交換会 ・第 1 回（2 日間で 1 日目 16 人、2 日目 3 人）川のみちの設置を巡り議論され、川沿いに歩けない個所は川のみちを歩かせるべきという意見が多数 ・第 2 回（11 人）：第 2～4 ゾーンの地域住民の意向を調査 ・第 3 回（15 人）：前回の意見をもとに意見交換 ・第 4 回（14 人）：三石神社に身障者用トイレ、下源兵衛橋にはテラスを設置することを決定	川のみちの配置計画や川沿いの改修への市民の意見の反映
2003	・第 5 回（30 人）：質疑応答により最終確認 ・状況報告会（10 人）：源兵衛川を歩いて今年度の整備内容を確認	同上
2010	・第 3 ゾーン上流部の川のみち整備における配置計画見直しに伴う実証実験：GW 三島主導	行政の計画の見直し

出所：参考文献（山本）をもとに修正。

5. マネジメント

専門家とのネットワークをもつGW三島が中心となり、「中郷用水土地改良区」から管理主体を引き継いだ「源兵衛川を愛する会」、市、県、及び工場の冷却水の供給により川の水量維持を支える大手企業が中核を担う。

マネジメントにおいてもGW三島の担う役割は大きい。事業完了後、GW三島は源兵衛川の持続可能なマネジメントを目指し、関係者と協働して、日常的な清掃など維持管理、環境教育、川の観光資源としての活用等に取り組んでいる。活動は以下の通り、多岐にわたるものである。

① **日常の清掃・点検活動**：現在、主に行政が委託した「シルバーセンター」と、「源兵衛川を愛する会」が中心となり清掃を行っている。「市民による維持管理マニュアル」を活用した、住民による適切な維持管理の促進・支援を行なっている。一般的な市民参加による清掃では、知識不足から植物を機械的に刈り取り、かえって生態系にダメージを与える場合もある。源兵衛川では図を使った分かりやすい「市民による維持管理マニュアル」を設計グループが作成し、説明会を実施し、市民に協力を求めた。

② **地域振興との連携・GW活動の実践**：三島市がGW三島、三島商工会議所と連携した「街中がせせらぎ事業」を立案し、水辺を散策するせせらぎルートを整備している。また、経済的波及効果を狙い、川沿いに休憩場所となる店舗を出店したり、観光客のための案内マップも作成している。

③ **環境教育活動の推進**：市内各所の環境ポイントを対象に連続講座として実施する「鎮守の森探検隊」、市内の学校に出向く「環境出前講座」により環境教育活動を推進している。2014年には39回の「環境出前講座」を実施し、のべ2,011人が参加した。その中で、設計者のデザイン意図を伝えるとともに、川との関わり方を教育し、そのことが結果的に生態系との共生につながっている。

④ **都市住民等の参加を促す企業連携イベントの実施**：主に東京方面の都市住民が参加する環境体験ツアー「ゴミ拾いツアー（ワンデイチャレンジ）」を実施している。短時間で効率的に作業を行い、参加者が効果を目で見て実感でき、やりがいを感じられるよう工夫されている。また、清掃の際には、環境保全に関するレクチャーも行われ、市民が環境を学ぶ場としても

活用されている。また、親水イベントの企画運営やGW三島の活動を体験的に学ぶ「エコ・スタディツアー」も実施している。

⑤　人材育成プログラム：「リバー・インストラクター講座」「エコ・インストラクター講座」など、地域環境の成り立ちや環境保全向上活動について実践的に学ぶ連続講座を開催し、人材育成を進めている。

6.　小括

事業実施から30年近くを経た現在も、源兵衛川の豊かな空間は保全されている。

実現されたのは、豊かな空間と人と生態系の共生であり、多くの市民が川に対して愛着と誇りをもっている。また、川辺の自然環境も蘇り、絶滅危惧種のホトケドジョウやミシマバイカモ（写真5-15）、そしてゲンジボタルやカワセミが自生するようになった。

では、これら豊かな川辺空間を実現する鍵は何だったのだろうか。

生態系との共生及び住民の生活に配慮したデザイン

まず、生態系の再生を図りつつ、住民の生活に配慮したデザインであったことが挙げられる。生態系の再生については希少生物の自生のみならず、多様な生物からなる豊かな自然空間が実現している。それら自然空間は生物を育む一方で、親水性を創出し市民の生活に豊かさを添えている。さらに、川辺に住む住民の生活にも配慮がなされており、住民から「プライバシーの侵害が心配

写真5-15　ミシマバイカモ

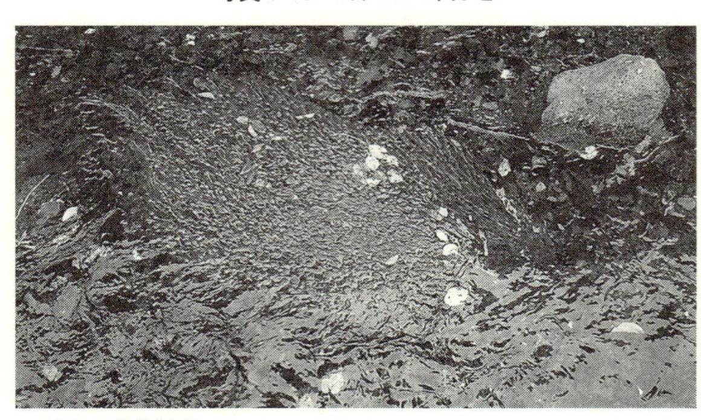

出所：著者撮影。

だったが、あまり気にならなくなった」との意見も寄せられた。水辺環境が悪化していた時には川に背を向けていた住宅が、徐々に川に向いたデザインが見られるようになり、住宅に掛かる橋に花を飾るなど、住民にデザインが受け入れられている様子が見て取れる。

このような生態系と人との共生について、設計者と事業担当者はともに本事業の肝であったと述べている。その結果、「街灯が欲しいが、生態系に悪影響を及ぼすのならいらない」との住民の声も聞かれるまでに、市民レベルでの生態系との共生への意識は高まった。このような意識こそ、現在まで豊かな環境を保持している一つの鍵であると言えるだろう。

事業のプロセスと中間支援団体の役割

次に、十分に時間がかけられた合意形成と市民参加を促したプロセスも、豊かな空間の創出を導く大きな鍵であった。時間をかけたプロセスは、住民の当事者意識を引き出すとともに、結果的に多くの住民の関与につながった。そして、デザイン、マネジメント双方において大きな役割を担っているのが中間支援団体GW三島である。川づくりに限らず持続可能なまちづくりにおいて、中間支援組織の果たす役割は大きい。行政に負担を強いることは本来のあり方と言えず、一部の住民がボランタリーに担うのも負担が大きすぎて継続を難しくする。そもそも、それではまちづくり、川づくりが有すべき公共性の本意に沿わないだろう。

また、住民への関与の促し方、当事者意識の醸成が巧みであった。計画に先んじて実施した住民調査や説明会だけでなく、デザインに地域材を活用したり、団体が清掃している姿など、デザインの意図及びマネジメントの活動を日常的な風景に組み込むことが、市民の当事者意識の醸成につながったと考えられる。

今後の課題

このように魅力的な川辺空間が保全されている源兵衛川だが、今後に向けた課題もある。源兵衛川に訪れる観光客の増加は地元経済を潤す反面、環境への負担の増加が懸念されている。また、少子高齢化を背景とした昨今の状況から宅地の開発圧力は弱まったとはいえ、アクセスの良い流域にあって今後も見込まれる宅地開発から現況の自然を守ることが求められている。さらに、マネジメントの担い手である「源兵衛川を愛する会」の高齢化も今後の課題である。

源兵衛川の現在の魅力的な空間の実現には、計画段階から維持管理に至るまで実に多くの人が関わってきた。多くの人と時間をかけたプロセスは厚みと深みをもった成果、つまり現れとしての水辺空間とそれを保全する仕組みを作り出している。これらの課題をやり過ごすだけのタフな空間と仕組みであり、今後も市民に愛され自然豊かな水辺が保全されることを期待したい。

Ⅲ. 韓国・水原川[3]

1. 韓国における河川整備の変遷

かつて韓国では川を中心とした生活を送っていた（写真5-16）。ソウルをはじめ多くの都市は、背後に山を前方には水を臨むという背山臨水に基づき造られており、前方の川や海とは密接な関係を保ってきた。川は農業用水、産業用水をはじめ、洗濯などの生活用水だけでなく、井戸端会議や水遊びなど交流の場でもあった。しかし、70-80年代の都市化、モータリゼーションにより川は生活の場としての役割を失うこととなり、汚染され覆蓋されていく。

80年代にソウルの中心を流れる漢江の河川敷にレクリエーション施設をつくる漢江総合開発事業（1982-1986）が行われた。川沿いにジョギングコースを計画し、水辺までの階段や緑地を設置するなど、韓国内で初めて河川沿いの空間を活かし親水性を創出する試みであった。その評判は高く、現在でも市民や観光客に愛される空間となっている。この経験をもとに、全国各地の河川でジョギングコースが計画された。

写真 5-16　〈端午風情〉申潤福

出所：『ケイ園伝神帖』澗松美術館所蔵。

一方、1987年の民主化を機に2、30年にわたり民主化運動にかかわってきた多くの市民団体や活動家は、政治や経済などの社会問題、環境など地域問題にイッシューを移していった。また、海外の先進事例が紹介され、市民の公共空間のアメニティや自然環境への関心が高まることによって、90年代末から自然型河川整備が行われるようになった。先駆的な取り組みとして、ソウル市江南区の良才川の自然型復元事業が挙げられる。良才川は1995年の80m区間の整備から始まり、98年には計4kmに及ぶ自然型河川として生まれ変わった。

2000年代には、欧米や日本の先進事例を参考にした自然型整備事業が全国的に進められた。2005年に完成するソウルの清渓川復元事業は日本にも知られている代表的な例であろう。河川の蓋を開けるだけでなく、1958年川上部に架けられた清渓川高架道路を撤去する大掛かりな工事を伴う6kmに及ぶ河川復元事業であった。現代的河川整備の先駆的事例として注目されるとともに、今でも市民たちに愛される水辺空間となっている。

しかし、これらの整備事例は生態系としての自然環境よりはユーザーの目線に立った親水機能に偏っており、「本当の自然型」河川整備はいまだに少ない（李キギョン、2009）。先述したソウル・清渓川の復元事業も「本来の自然型」とは言い難い（オマイニュース、2005）。

1996年、韓国・水原川では、環境や歴史文化をイッシューとする多くの市民団体による環境運動をきっかけに、自然型河川整備事業が始まった。市民団体が参画することで、親水性の向上とともに生態系環境に配慮した川に生まれ変わった。

2. 水原川の歴史

水原はソウルより南へ35km離れたところに位置しており、水原華城の築城とともに都市として発展した（図表5-5）。水原華城は朝鮮第22国王・正祖の親を想う心とともに、当時の政治状況を考慮しながら築かれた。老論を排除して実学を重視しており、西洋と韓国の城郭建築の技術を合わせたものとして1796年に完成する。石材とレンガを併用する西洋の技術に、既存の地形に沿って取り囲むという朝鮮古来の築城法を組み合わせたものである。2015年京畿道民向けのアンケート調査によると、「京畿道」を象徴する場所の一位に選ばれるほど、市民に広く認識されている（京義文化財団、2016）。

図表 5-5　水原川の年表

17-18 世紀	水原華城は実学を重視した正祖の理想都市であり、地形や水原川など自然条件をしっかり受け入れた環境都市である。多くの門はそれぞれが異なる形をしており、独特な雰囲気を創り出している。水原 8 景のうち 4 つに水原川が出てくるほど、暮らしの営みと緊密な関係を保ってきた。
70 年代	初期まではきれいな水が流れ、水辺での営みは続いた。キムチづけ、洗濯物など様々な活動が行われた。しかし、川の汚染は進み、下水道のように裏化していった。
1990-	覆蓋事業が開始。
1995	環境運動の一環として市民団体による覆蓋反対運動が本格的にスタート。
1996	覆蓋事業の中止。自然型モデル事業のスタート。
1997	水原華城が世界遺産に登録。

出所：著者作成。

図表 5-6　水原華城の排水体系

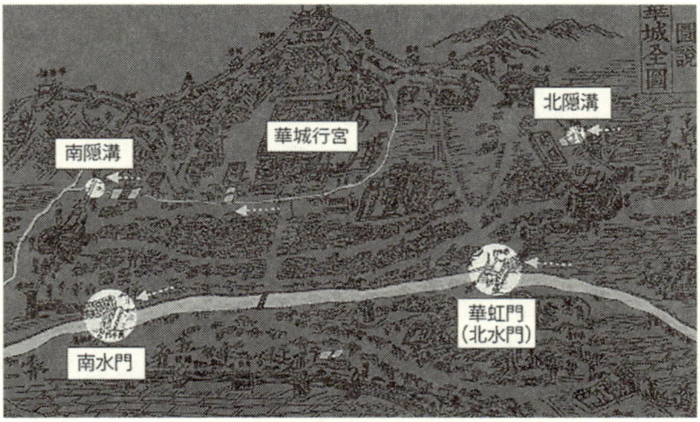

出所：安クッジン，水原華城における旧河川の復元計画，水原市政研究院，2015.11。

朝鮮時代の城下町としては珍しく、自然川である沙斤川と大川（今の水原川）を城の中に積極的に引き込んでおり、洪水を防ぐため北端に華虹門（北水門）を、排水のため南端に南水門を設けている（図表 5-6、写真 5-17）。かつて水原川以外にも小川が華城行宮沿いを流れていたが、干上がってしまった。新都市づくりにおいて農業推進のための水利は必須であり、水原川の源流である萬石渠（マンソクコ）をはじめ計 4 つの貯水池が造られた。正祖により選ばれた 8 景のうち 4 つに水原川が入っていることからも都市と川の密接さが感じ取れる（写真 5-18）。城壁と川、そして当時計画された街路網も原形を留めており、1997 年には世界遺産に登録された。

写真 5-17　現在の南水門の様子

出所：著者撮影。

写真 5-18　水原八景の一部分

出所：水原シティネット。(http://www.suwoncity.net/www2/bbs/board.php?bo_table=culture_06&wr_id=4)

写真 5-19　かつて水原川沿いでの洗い物の様子

出所：京畿道公式ブログ，水原市河川管理課所蔵（http://ggholic.tistory.com/2990）。

水原川は1950年代までキムチづくりや洗いもの、紙づくりなどの生活および産業の場として機能していた（写真5-19）。1950年代には華虹門近くにプールが造られ、70年代初期まで子どもの遊びや釣りを楽しむ姿も見られた。しかし、70年代から都市化とともに汚染され、その役割を失っていった（写真5-20）。さらに、90年代には交通量の増加とともに道路がより必要

写真 5-20　覆蓋区間（南北斜めに走る4車線道路、2009）

出所：ネイバ地図サイト（2009年航空写真）。

となったため、川に蓋をして4車線道路への拡幅計画が立案された。

3. 市民運動と復元事業

覆蓋事業と反対運動・自然型整備モデル事業と復元事業

水原川に覆蓋し道路と駐車場を造る事業は計画立案の翌年に早くも着手される。川を守ること、そして、閉ざされる城の水門を文化財として守ることを求める「水原川蘇らせる市民運動本部」が発足し、覆蓋事業への反対運動が本格化した。自然環境の保護を訴えてきた市民団体「水原環境運動センター」と、水原歴史についての調査を重ねてきた第三セクター「水原文化院」をはじめ、歴史、文化、人権等をテーマにする15の市民団体（水原環境運動センター、水原経済正義実践市民連合、水原市民広場、水原YMCA、水原YWCA、京畿史学会、水原文化院、水原連合、水原美術人協議会、興士團水原支部、水原民族芸術人総連合、明日新聞女性文化センター、緑色会、正祖思想研究会、水原女性の電話）によるものであった。この大規模な市民運動が始まったのは、すでに790mの蓋が架かり、全体の1/3区間の工事が進んだ後のことであった。

「水原川蘇らせる市民運動本部」は署名運動や多様な分野の専門家たちの参加した市民討論会を実施したり、反対意見書を市に提出した（写真5-21）。また、メディアを通し、現地調査の結果や海外の自然復元事業を紹介することで、自然型川づくりの重要性を示そうとした。文化財管理局には覆蓋事業の中止と水原華城の復元を求めた。このような市民運動の結果、1996年5月に覆蓋事業の工事が正式に中止となった。

写真5-21　水原川覆蓋反対市民署名運動（1996）

出所：「水原川復元事業」ICLEI，No.1，2013.08。

一方、自然型川づくりの具体的な方向性は示されないまま、交通問題や商売への悪影響を懸念した商店街の反対が起きてしまった。次々と変わる行政事業に対する不信感とともに、自然型の水辺空間への理解度が低かったためである。そこで、利害関係の少ない住宅地の区間を対象に、モデル事業として自然型整備事業が96年から6年かけて進められた（覆蓋区間を基準に北側の2.3kmと南側の2.7の計5km）（図表5-7）。もとのコンクリート護岸部分が自然石となり、高水敷には植栽とともに散策路が造られた。完成した自然型の水辺空間は市民に好評で、普段の暮らしの中で使われるようになった。山好きな人が本当に多い韓国だが、山登りの際にもわざわざ水辺の散策路から歩き始める人が少なからず現れた。市民たちに親水空間を直接体験してもらい、水辺アメニティの良さを知ってもらったことで、都心部の川復元事業は2005年から公式に進めることができた。

図表5-7　水原華城と水原川

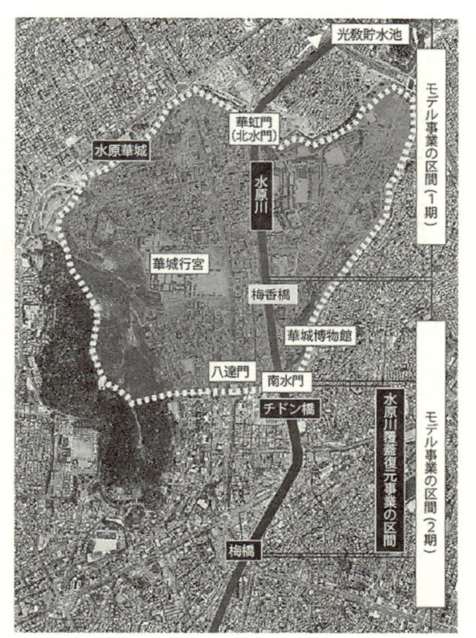

出所：著者作成。

4.　合意形成と市民参加

デザインの方向性の策定と変更

3年間にわたり実施されたアンケート調査、実態調査、公聴会の結果を踏まえ、2008年3月に復元事業基本計画が策定された（写真5-22）。2009年度からは地域住民及び周辺商店街向けの説明会が実施されるとともに、官民協働の協議会であるタスクフォースが立ち上がった。市の関連部署（下水管理・道路等）をはじめ、市民団体等の専門家が加わり、様々な観点からの意見交換会になった（図表5-8）。

まず、商店街からの懸念であった地域活性化を図るため、公共駐車場と歩道橋の増設、工事期間の短縮、商店街の道路整備などが対策として取り入れられた。一般市民に周知するため、広報放送なども実施された。下水管理課が事務局となり、関連部署（下水管理・道路・交通・地域経済・建設課など）間の意見調整を行うなど、自治体内の横のつながりも図られた。片道2車線を1車線

写真 5-22　復元事業鳥瞰図

出所：2 次デザイン諮問会議資料，2010.10。

図表 5-8　主な事業の流れ

	行政	市民団体	地域住民
1990-1995 覆蓋事業の反対運動	① 覆蓋事業 1990　交通問題や駐車場問題を解決するため、覆蓋事業計画の策定 1991-1995　区間別工事竣工 1996.5　覆蓋事業の撤退決定 (2 次事業の 1/3 が進んだ段階で全面中止)	② 反対運動 1994「水原環境運動センター」(事務局長 Y 氏) の設立 1995-　複数の市民団体による本格的な反対運動がスタート 1996「水原川蘇らせる市民運動本部」の発足	－
1996.6-2001 モデル事業	③ モデル再生事業 1996-98 「水原川・清い川づくりモデル 1 次事業@京畿橋～埋香橋 1999-2001　2 次事業 @埋香橋～京釜鉄橋	－	－
2002-2005 市民ネットワーク		2002「市民蘇らせる市民ネットワーク」の結成 2005「水原中小河川流域ネットワーク」の結成	－
2006.12-2008.3 復元事業計画樹立	④ 復元事業計画樹立 2006.12　水原川の覆蓋復元事業の基本計画 (案) 策定 2007.1-6　地域住民・周辺市民を対象、アンケート調査 (4 回) 2007.8　水原川覆蓋区間の復元公聴会 2008.3　覆蓋事業区復元事業基本計画を策定	－	－

2008.4-2010.2 合意形成	⑤ 復元事業展開 2009.7-2011.12　全面復元事業（覆蓋事業区間）@梅橋〜チドン橋（780m） 2009.7　復元事業を着工（覆蓋構造物・護岸などの構造物を撤去） 2009.11-12　復元事業の広報放送を実施	専門家の諮問会議	2009.4-6　地域住民及び周辺商店街を対象とした事業説明会開催（2回）
2010.2-2011.1 方向性の変更	下水管理課でタスクフォースの事務局を担当 ⑦ 方向性の変更 2010.7　Y氏市長に当選 2010.10　覆蓋構造物の撤去完了 環境市民団体と地域住民からの意見を聴取し、実施設計に反映・変更	環境専門家の諮問会議	⑥ タスクフォース・チームの結成 2010.2　水原川・復元事業タスクフォース・チームの結成
2011.2-2012.4 実施設計による施工	⑧ 実施設計による施工 2011.2-7 護岸や橋設置 道路整備を完了 河川造成を完了 ランドスケープ、電気工事完了 ⑨ 復元事業完成 2012.4　水原川の復元事業を竣工	−	−
2012.5- 周辺地域への展開	2012　南水門復元事業 各区で維持管理 2014　Y氏市長へ再選	⑩ 河川のマネジメント 河川ネットワークとの連携による維持管理 壁画、清掃、各イベント	−

出所：参考文献（鄭・山家）より抜粋。

に変更するため、京畿地方警察庁とのやり取りも行われた。

復元事業では、① 治水、② 生態系、③ 歴史性、④ 地域活性化という総合的な観点を取り入れたものの、地域住民の関心が高い、護岸の高さの維持などによる「① 治水」と、歩道橋の増設などによる「④ 地域活性化」に重点が置かれた（写真5-23）。既存の覆蓋事業のような車中心の視点ではなく、利用者の視点に立った親水性については考慮しているものの、生態系に対する意識は高くなかったと言える。

2010年には覆蓋事業の反対運動を導いた「水原環境運動センター」の事務

写真 5-23　水辺空間を主に考慮していた初期のデザイン案

出所：1次デザイン諮問会議資料，2010.10。

図表 5-9　各主体の異なる観点

環境市民団体	地域住民（主に店主）	行政
自然環境の復元	地域活性化	治水（防災）
人工的ものは避ける。定温性を維持する。 自転車道を無くし、散策路を狭くする。レジャー施設や花壇も最小限にする。 既存植生を取り戻す	駐車場やバス停留所を増やし、工事期限の短縮することで、商業妨害をなるべく減らす。 広い散策路、レジャー施設などがほしい。	工事費用やマンパワー、維持管理費用に合わせた取り組み。 地域住民、市民団体、専門家などとの合意形成。

出所：参考文献（鄭・山家）をもとに修正。

局長Y氏が市長に当選し、川づくりは大きく転換点を迎える。生態系に配慮する自然型デザインがもっとも重視され、水原議題 21 や環境運動センター、大学等環境専門家の意見が多く反映された。その結果、東屋や散策路などの親水空間を最小限に抑えることになった。植栽においても、様々な種類の樹木を植える初期の計画から、自生植物を中心に絞る案に変わった。その一方で、地元

図表 5-10　護岸の変更デザイン案

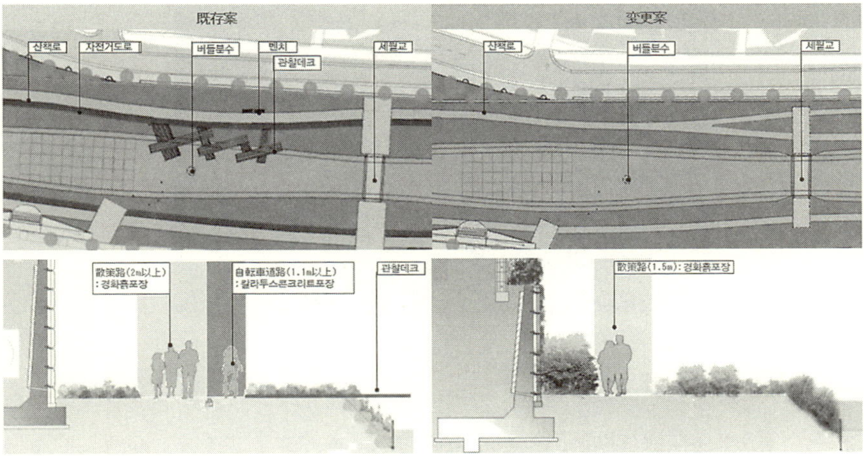

出所：2次デザイン諮問会議資料，2010.10。

住民の意見は以前と同様に多く反映され、階段や橋を増やし利便性を高めている。

初期の工事では、覆蓋された部分の開蓋事業、そして下水路、護岸などのインフラの整備が行われ、後期より樹木やベンチなどのランドスケープが順次整備された。川の復元事業を終えた2012年4月以降、城壁である南水門の復元事業が文化財課によって進められた。生態系を重視する環境市民団体と親水性を大切にする住民側の意見がずれていたため、合意形成を図るとともに、工事現場で頻繁にデザインを変更しながら、両方の意見を取り入れようとした（図表5-10）。

5. デザイン

空間としては、治水を第一に考え護岸を5.5mと深く掘る一方で、水辺に植栽するとともに散策路などの親水空間を設けている（写真5-24）。散策路は、以前のモデル事業区間と合わせると、5.8kmに至っており、ジョギングコースや登山の前コースとしてよく使われている。道路レベルから掘り下げたことで、車の騒音から離れ自然に寄り添った空間を演出している。道路レベルから

写真 5-24　水原川の風景

出所：著者撮影。

のアクセスが少し不便だったり、大雨の際には使えないなどのデメリットもあるが、このような構成は韓国における河川の定番的なデザインとなっている。

一方、環境市民運動の成果として、生態系を考慮した自然型デザインが多く反映されている。水路は直線ではなくＳ字に流れるようにし、水の自浄作用を高めるため瀬を5か所設置した。当時、自転車道路の1.1mを含む3.1m幅で計画されていた散策路は1.5m幅と狭くなり、その分緑地は増加した（図表5-11）。水へのアクセスを瀬などに限定することで、生態保全区域を生み出している（写真5-25）。

そして、韓国の川辺空間デザインに多く見られる東屋や広場、階段など親水施設を限られた場所にコンパクトに集める一方で、自然型空間の要素を多く取り入れている。護岸には自然石とともに樹木を多く設置しており、高水敷にはモデル区間よりも植栽シートを多用している（写真5-26）。壁沿いの立体的な植栽と道路レベルの植栽がつらなり、緑に囲まれた落ち着いた水辺空間を生み出している。また、親水空間を一定の間隔で設けることで、水へのふれあいを誘導し、水の大切さを感じてもらうと同時に、ゴミ捨てなどの監視も行なっている。

このように自然に配慮したデザインを目指す一方で、水原川は市内で最も大きい商圏の中心を流れており、世界遺産の水原華城への来訪者も多いことから、利用者のためのデザインも必須の条件であった。そこで、利用者による使い勝手を想定し、最低限の設備を設けている。例えば、トイレや公共駐車場の設置をはじめ、歩道橋を２か所から３か所に増やし利便性を高めている。都心部に近い区間においては広場の設置間隔を狭くしている。

また、後述する「水原河川流域ネットワーク」との連携による参加型アートプロジェクトを実施しており、多くのアート作品が制作・設置されている。

図表 5-11　変更デザイン案

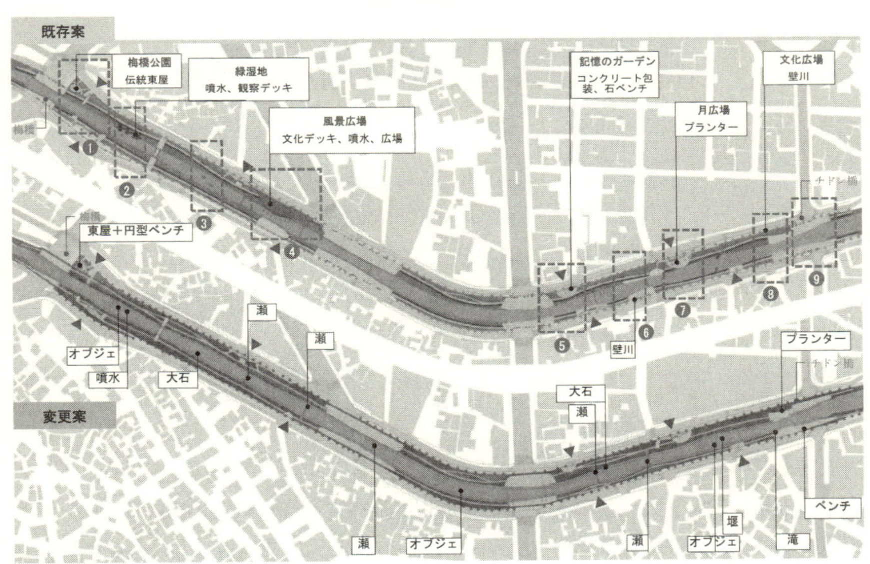

出所：２次デザイン諮問会議資料，2010.10。

写真 5-25　豊かな自然が育つ川

出所：著者撮影。

写真 5-26　植生シートがしかれた護岸沿いの現状

出所：著者撮影。

6. マネジメント

主なマネジメント活動として行政が川の維持管理を行っている。それに対し、環境市民団体らは水質のモニタリングをしながら植物の手入れなどのアドバイスを行っている。また、行政と話し合いながら、低木や花植えをしたり、ワークショップによる壁絵画やバードハウスなどのアート作品づくりを実施している（写真 5-27、写真 5-28）。積み重ねてきたノーハウをもとに、植栽管理マニュアルを市と共同で作成している。

市民団体による活動は、水原川から市内各地に広がっている。水原川における環境運動と並行し、市内を流れる遠川においても 96 年より環境運動が始まり、2002 年には「遠川蘇らせる市民ネットワーク」が発足した。水原川と遠川での動きをもとに、2005 年には市内の 4 つの河川を対象とする「水原中小河川流域ネットワーク」が発足し、市内の川における水質などの生態調査、監視、そして提案などの活動がより積極的に行われるようになった。

そして、2011 年には「水原中小河川流域ネットワーク」を母体とし、行政の支援機構として学校、企業、一般市民が関わる「水原河川流域ネットワーク」が立ち上がり、官民協働型プラットフォームによる川のマネジメント活動が本格化する。

一方、育成活動の一環としては、一般市民を対象とした河川クリーンイベントや水フォーラムを実施するとともに、市内の河川における生態調査の結果を踏まえ、「水原市 4 河川生態地図」(2008) を作成した。また、河川の植栽管理マニュアル (2013) も市とともに作成した（写真 5-29）。

写真 5-27　地域の小学生とのワークショップの様子

出所：中央日報，水原河川流域ネットワークなど水原川にカワニナを放流，2015.09.09。

写真 5-28　手づくりのバードハウス

出所：著者撮影。

写真 5-29　植栽管理マニュアル（2013）

出所：「地域事例 1—水原の河川を育てる人たち、李オイ（水河川流域ネットワーク）」、釜山川フォーラム 2013，2013.12。

7. 小括

市民運動による韓国の自然型河川事業

90年代から始まる韓国の自然型河川事業において、水原川の取り組みは地方では初めての取り組みである。様々な分野の市民団体による環境反対運動期をバックアップとする市民参加型のプロセスを経て、環境への配慮と親水性の両方を取り入れた総合的なデザインが完成した。その後も、維持管理をはじめとするマネジメント活動に市民参加型の取り組みが引き継がれている。当時、各地で起き始めていた環境運動に先駆けて進められた水原川の取り組みは、ソウル漢江の支流である安養川など各地に影響を与えている。

護岸を親水空間として活用

洪水を防ぐことを第一に考えている韓国の河川の場合、河川敷が道路面より数メートル下がっており、河川の外側とのかかわりは日本と比べて低い。反面、護岸沿いに数キロに及ぶランニングコースを設置することで、いったん水辺の方に下って行けば、連続する水辺空間を楽しむことができる。道路を走る車などの騒音から離れた、都心の中の自然環境をつくりだしているのが韓国式河川デザインの主流である。人間と自然の距離をなるべく近づけることで、自然環境への関心や愛着を生み出そうとしている。自然のみを大事にするのではなく、いかに両立させるかを考えているからこそ生まれた韓国ならではの雰囲気ではないだろうか。

環境市民団体の専門性

水原川整備事業は、環境だけでなく、歴史文化など様々な分野にわたる市民団体のネットワークを母体とし、様々な観点からの議論のもと進められた。特に環境市民団体は高い専門性をもっており、継続的な水質調査や事例調査などを通し、行政政策に対し監視・助言を行っていた。ヒアリング調査も環境市民団体が中心に実施しており、いかに市民団体が主導的に取り組んでいるのかがわかる。

デザイナーのいない市民参加

合意形成のプロセスを経てのデザイン案は何度も変わっており、最終的なデザインは散策路の幅、壁の素材、親水施設のオブジェなど初期のデザイン案からみると、多くの変更がなされている。最初にランドスケープ会社によってつくられたデザイン案に対し、多くの視点から示された市民団体や地域住民の意見を取り入れ、また現場では施工担当の職員によって修正と最終判断が行われたためである。答えを先に決めつけるのではなく、モデル事業の結果から改善点を探る柔軟なプロセスにより、治水、生態系、親水性など多角的な視点を案に取り入れたデザイナーのいない市民参加の方式と言える。

官民協働のマネジメント

大規模な市民反対運動、モデル事業と合意形成という15年以上の年月を費やした市民参加のプロセスは、官民協働型のマネジメントとして現在まで引き継がれている。行政が川の主な維持管理を行い、市民団体はモニタリングを、そして、官民協働でマニュアルづくりや市民参加型イベントの開催を実施するという役割分担のもと、マネジメントが行われている。

Ⅳ. 2つの事例とその周辺から見えてくること

本章では日本と韓国の住民参加型河川整備の2つの事例を取り上げた。いずれも計画段階から維持管理まで住民・行政・専門家が協働し、生態系の復元を目指した多自然型の川づくりである。それらは都市型親水空間として整備する河川整備の世界的動向に沿うものであり、多くの共通点をもちながら相違点も少なからず存在する。それぞれの整備事業には固有の背景・事情があり、同国にあっても全く同じ事業は存在しないことから、その相違点は事業の個別性によるものも多い。それゆえ、ここでは日韓の河川整備手法に関わる比較検討を行うのではなく、2つの事例とその周辺から「川という自然との関わり」や「事業のプロセスと住民参加」に関して見えてくることを考えたい。そこから日本と韓国の固有性が透けて見えてくるかもしれない。

川に背を向けた高度経済成長期から、都市型親水空間へ

かつて、川は人々の生活とともにあった。川で野菜を洗い、洗濯をし、おしゃべりをし、子供達は川遊びをした。ところが、高度経済成長の時代を迎え、人々は川を都合よく利用し始めた。生活排水のみならず工場排水を流し、それは川の自浄能力をはるかに超え、悪臭を放つヘドロの川へと変わってしまった。川は人々の生活の中で負の空間となり、蓋をして上部に道路を架けるなど機能的に利用するだけの空間となった。やがて、高度経済成長期が収束するとともに、都市空間に機能や効率のみならず、アメニティ（快適性）、そして生活の豊かさを求めるようになる。川にも身近な水辺の自然空間として、もう一度生活の中に取り込まれるようになった。こうした川への向き合い方を巡る時代の流れ、社会背景はアジアに限らず多くの国に共通するものである。

2つの事例に関するものではないが、都市的アメニティの創出が、ソウルにあってはアジアにおける国際都市間競争を見据えた都市戦略の一つになっていることを指摘しておきたい。生活者にとって魅力的な都市空間の創造は国際都市戦略の大きな柱で、快適な都市環境が優秀な労働者、そして彼らが働く企業の誘致につながると考えられている。清渓川の再生は生活者にとっての都市空間の魅力を向上させたが、生活者にはソウルに住む外国ビジネスマンも含まれる。都市ブランディングや都市戦略に対する意識は日本には希薄であり、オリンピックに向けた東京の都市空間戦略に見られる程度である。多くの場合、国際都市を標榜する都市にあっても、河川整備を含む都市空間整備はもっぱら市民に向けた内向きのものが多い。

川辺の楽しみ方、川という自然との関わり

次に、川辺の楽しみ方や川辺での過ごし方に着目する。日本では、風にあたる、くつろぐなど静かに川辺の空間を楽しむものが多いように思う。広い河川敷に野球やサッカーのグラウンドを整備するケースもあるが、多くは散歩やジョギング程度であり、川辺は自然を楽しむリラクゼーションと憩いの場と言ってよいだろう。韓国の楽しみ方はもう少しアクティブに見える。河川敷にジョギングコースを設置する整備事例は多くみられ、積極的に川辺空間を使いながら楽しむスタイルと言える。この傾向は公園の過ごし方にも共通し、中国おいてはより顕著である。中国の公園は、太極拳やダンスのサークル、公園に設置された運動器具の使用や語らいの場として多くの人が過ごしている。いずれも川や公園を積極的に利用しており（いい意味で使い倒しており）、多くの近隣公園で子供連れか高齢者の姿しか見られない日本とは少し様子が異なっている。

また、韓国の都市づくりには歴史的に「背山臨水」という言葉がある。山を背に抱き、水に臨むように行う都市づくりを指す。一種の風水思想であり、自然との調和を図る点において日本も同様だが、そこには都市を構想する意識が見て取れる。日本の都市は歴史的にみても「構築する」意識は弱く、全体を計画し統御するというよりむしろ部分的な調和から成り立っている。自然に対しても、日本は「制御する」のではなく「寄り添う」意識が強いと言える。

住民参加のかたち、民主化運動

源兵衛川の河川整備は、悪化した水辺環境と親水性の再生を目的とした公共事業を端緒としている。行政主導で設計グループが住民協働のかたちを模索し、中間支援団体が設立され、本格的な住民参加の仕組みが確立した。住民参加は時間をかけたプロセスと中間支援団体の存在によって実現した。

一方、水原川は覆蓋事業への住民の反対運動を端緒とする。環境団体のリーダーが首長に当選し、整備事業の内容も変わるなど、政治的色合いも濃い。韓国まちづくりには民主化運動がパワーをもたらしている。1987 年の民主化後、民主化運動にかかわっていた全国の市民団体や活動家が環境や歴史文化など地域問題にテーマを移しているが、未だにまちづくりの根っこには民主化が色濃く残っており、それを外して語ることはできない。高い専門性とネットワークをもつ韓国の市民団体がもたらす政治への影響力は力強いと言えるだろう。

設計者の役割

源兵衛川の事例で他の河川整備と異なるのが、設計者の存在である。河川整備事業にあっては、護岸や遊歩道の寸法や材質、親水空間のデザイン、植栽の選定などが設計対象であり、設計者の作成した図面をもとに実現される。住民参加により出された多様な意見を調整し、法規、予算、コスト、他の部分との取り合い、施工性、維持管理の容易さなど総合的な判断に基づき決定するのが、設計者の職能であり責任である。日本に限らず河川整備など土木工事では、一部の橋梁デザインなどを除き、設計者が前に出るケースは少ない。源兵衛川の事業では設計者が明示的に存在し、設計者が住民の意見を尊重しながらデザインをコントロールしている。さらに、研究会などを通して設計者の意図を市民に伝え、自然や地域に対する理解を深めるような工夫がなされている。住民参加の川づくり、まちづくりにおいて、専門家として協働する設計者のあるべき姿を示している。

川は私たちにとって身近な自然である。自然は地域によって異なり、その接し方もそれぞれの風土、文化、生活によって異なっている。また、河川整備は大きな事業であり、その進め方やプロセスはその国・地域の置かれた経済的、政治的、文化的状況によっても変わってくる。それらが反映されたのが川づくりであり川辺空間であり、反対に言えば、川づくりや川辺空間からその国・地域の状況を伺い知ることができる。

一方、川づくりに関して共通して言えることもある。かつて川が生活の場であった時には、人の生活と生物の循環は成立していた。しかし、都市化が進んだ現在にあってはその循環は望めず、人が川に関わること自体が生態系に負荷をかける結果を招いてしまう。これからの時代にあった自然としての川への向き合い方を模索し続ける必要があるだろう。

注

1　「Ⅱ．日本・源兵衛川」は山本昴氏（神奈川大学工学部建築学科平成 28 年度卒業）の熱心かつ詳細な調査に基づいている。調査結果は文献（山本）にまとめられ、その成果の一部を著者らが文献（山本・山家・鄭）に発表している。本稿の一部はこれらを加筆修正したものである。

2　かつては、川沿いの家では、どこでも川端を備えていた。岸辺に、少し張り出しをこしらえ、そこを足場に水くみ、洗い物などをした。生活に必要な水は、すべて、この川端で間に合わせていた。夏、食べ物が腐りやすい季節には、川端の杭にフネを結び付けておき，水面に流しておいた。フネには食べ物を載せ、覆いをした。天然の冷蔵庫替わりだった。また、子供達は、川端へ裸で飛び出して水浴びをして遊んだ。水辺を所有しない家では、共同の川端を利用した。数人がならんで洗い物ができる大きな川端で、それぞれ家から持ち寄った洗い物をそこで洗った。川端は主婦達の社交場でもあった（三島市教育委員会発行「水と生活」より抜粋）。

3　「Ⅲ．韓国・水原川」は著者らが文献（鄭・山家）でまとめた成果を加筆修正したものである。

参考文献

Kyoko YAMAGA, Koh YAMAMOTO, Ilji CHEONG（2016.09）The Design and Management Method to Encourage Citizens Participation in Genbei River Restoration Project, The International Symposium on Architectural Interchanges in Asia（Sendai）, pp.1537-1541.

Ilji CHEONG, Kyoko YAMAGA（2016.09）The citizen organization participation and design method for Nature-oriented River Projects of Suwon River -Focused on Suwon River Restoration Project-, The International Symposium on Architectural Interchanges in Asia（Sendai）, pp.1542-1547.

山本昴「市民参加を促すデザイン及びマネジメントに関する調査研究―三島市・源兵衛川の自然復元川づくりを事例として―」平成 28 年度神奈川大学工学部建築学科卒業論文。

山本昴・山家京子・鄭一止（2016.08）「市民参加を促す河川整備のデザイン及びマネジメント　三島市・源兵衛川の自然復元川づくりを事例として」日本建築学会学術講演梗概集，851-852 頁。

岡村晶義（2003.12）「市民参加による水辺の環境づくり―三島市源兵衛川・よみがえる暮らしの水辺―」『農村計画学会誌』Vol.22, No.3, 219-224 頁。

渡辺豊博・松下重雄・加藤正之（2006.12）「源兵衛川での多様な主体の連携による環境保全向上活動」『農業土木学会誌』Vol.74, No.12, 1103-1106 頁。
グラウンドワーク三島 HP：http://www.gwmishima.jp
楊普景（2008.01）「18 世紀朝鮮の理想都市水原の歴史地理的考察」『歴史地理学』50-1、5-18 頁。
鄭一止・山家京子（2016.03）「韓国・水原川復元事業のデザイン手法及び市民団体の参画」『神奈川大学アジア・レビュー』vol.03, 30-42 頁。
安クッジン（2015.11）「水原華城における旧河川の復元計画」水原市政研究院。
水原市（2010.10）「1 次デザイン諮問会議資料」。
水原市（2010.10）「2 次デザイン諮問会議資料」。

第6章
流域ガバナンスの変遷
—メコン川を事例に考える—

川瀬　博

I．はじめに

国際河川メコン川の研究は進んでいる。そこで本章ではその研究の軌跡をたどり、流域ガバナンスの変遷を概観してみたい。

第二次大戦後、メコン川の流域ガバナンスについては3つの画期が認められる。

まずは、下流域4か国（ラオス、タイ、カンボジア、ベトナム）と国連による河川統治の時代である。この時代は当事者諸国のほかに国連の名の下にフランス、イギリス、日本などの海外諸国も含まれている。

次いで、当事者諸国による河川分割の時代。

そして多くの困難を伴っているが、当事者諸国と河川流域住民による河川協治の時代を迎えている。

これらの画期を象徴するものとして1957年に下流域4か国により設立されたメコン委員会と1995年に再建されたメコン川委員会の存在がある。

本章の試みはメコン川流域の当事者国家、国連および海外諸国によるトップダウン的な上からの統治と地域社会つまり自治の交わるところに成立する協治に注目して流域ガバナンスの変遷を概観するところにある。

Ⅱ．メコン川の特長

1．その概要

メコン川は東南アジアの大陸部を南北に流れる総延長4,350キロメートルの世界第12位の川で流域面積は79万5,000平方キロメートル、その流域面積は日本の国土の2倍以上で、最上流から河口までの標高差は5,500メートルほどの東南アジア最大の国際河川である（原 2009）。

メコン川は中国のチベットに源を発し、ミャンマー、ラオス、タイ、カンボジア、ベトナムの6か国を流れ、南シナ海につながる。源流から河口までの標高差5,500メートルのうち中国領内だけで5,000メートルの高度差が認められる（原 2009）。したがってラオスから南シナ海の河口までの標高差は500メートルにすぎない。

また、総延長4,350キロメートルのうちおよそ半分は中国領内を流れ、メコン川の流域面積79万5,000平方キロメートルのうち、中国領内が全体の23パーセントの18万6,000平方キロメートル、ラオスより下流が残り77パーセントの60万9,000平方キロメートルを占めていることになる（原 2009）。そして、中国領内からミャンマー、ラオス―タイ領内までは峡谷を形成し、それより下流はコラート平原からベトナムのいわゆるメコン・デルタ地域に至る低地―平地である（秋道 2011）。つまり中国領内のメコン川の特性とラオスより下流の特性は大きく異なっており、その河川特性を踏まえてメコン川流域といった場合、このラオスより下流のメコン川下流域を指す場合が多いという（原 2009）。この特徴がラオス、タイ、カンボジア、ベトナムによる下流域のメコン川委員会が誕生する由縁でもある。そしてメコン川の支流は数多く存在している。

モンスーン気候下にあるメコン川集水域は乾季と雨季の季節性が顕著に表れるという。秋道（2009）はいう。雨季には河川が増水して洪水が頻発するし、乾季にはほとんど雨が降らない、と。洪水年と渇水年とでは河川の水位の変動は相違するが、雨季（6～10月）と乾季（11月～5月）とではメコン川の水位は10メートル以上変化する（秋道 2011）。

メコン川の流域面積は、世界第26位であるが、そこには1,200〜1,700種の魚類が生息しており、世界第2位の豊富な魚類相が認められる（原 2009）

メコン川集水域の魚類は、季節に応じた回遊・移動を行う。その中では季節により下流と上流、本流と支流の間を回遊する魚類が多いという（秋道 2011）。

魚類以外に水産資源として利用されているのは、貝類、エビ・カニ類などのほか、シオグサ、アオミドロなどの水生植物である（秋道 2011）。

2. 上流の国2か国、下流の国4か国

ところで松本（2003）は、上流の国・下流の国の呼び方についてメコン川の特性を踏まえて注意を喚起している。それは、一般的には、中国とミャンマーを上流の国、それ以外の4か国を下流の国と呼ぶ場合が多いとしながらも、「しかし、メコン川の大きな特徴は、中国以外の国は、比べる対象を変えればすべての国が上流にも下流にもなる点である。ベトナムは最下流の国だが、メコン川最大の支流の1つである（中略）セサン川は、ベトナムの中部高原に源を発してカンボジア北東部を流れメコン川本流と合流している。したがって、セサン川を通じて、ベトナムはカンボジアの上流国になっている。（中略）一方、中国だけは常に上流国としての優位性をもっていることも重要なポイントであろう」との指摘である。

Ⅲ. 流域統治の時代

1. メコン委員会の設立

1957年、「メコン川下流域調査調整委員会」（通称メコン委員会）が設立された。詳しくは後述するが国連のアジア極東経済委員会（当時）（ECAFE）によるメコン川の開発調査がその目的である（堀 1997）。

事務局はタイのバンコクにおかれ、下流域4か国（ラオス、タイ、カンボジア、ベトナム）が「メコン・スピリット」のもとに参画した。「メコン・スピ

リット」とは国際河川であるメコン川の流域全体の発展を優先させて考えるものであり、それが自国にとっても利益になるとする考えである（堀 1997）。

後に取り上げるメコン川委員会（新メコン委員会）は1995年に設立され、加盟4か国は同じであるがその目的は各国の利害関係を調整するところにある。

このメコン委員会の目的とする「発展」とメコン川委員会の目的とする「調整」はそれらの特色を表す象徴的な言葉である。なぜなら、概ねであるが1957年と1995年に挟まれた時代のある時期は、「発展」と「調整」とはベクトルを異にする言わば「分割」の時代と呼ぶのにふさわしいからだ。

2. ローカル・コモンズとしての川―流域住民の生活様式―

(1) 激動の時代

メコン川が属するアジア・モンスーン地域は第2次世界大戦の終結を経て、大きな変動期を経験した。

最上流地域では、1949年に中華人民共和国が誕生した。一方、下流地域であるインドシナ半島の諸国では、長年にわたるフランス、イギリス、日本からの植民地独立運動が終わりを迎え、ラオスが独立し、さらにアメリカのベトナムからの撤退により南北ベトナムの統一が成し遂げられた。

その後、1990年以降は世界経済の波、つまりマネー資本主義＝グローバリゼーションが覆うようになった。

そのような歴史の大状況の中で、メコン委員会が設立された頃の流域住民の生活様式はどのようなものであったのであろうか。秋道（2011）の研究報告によれば次のような姿が像を結んでくる。それは、ラオスのメコン川流域の低地ラオ人社会におけるライフスタイルの持続とその変貌を注視することにより見えてくる具体像である。

まず、モチ米食と淡水魚食を組み合わせた食生活は60年の間、大きく変化していない。魚は生食または焼いたもので調味料としては魚醤が用いられているという。「モチ米を摂取するさいには、ティプカオと呼ばれる竹を編んだ容器から調理したモチ米を片手でつまんで食べる。魚は生食（ラープ）か、焼いたものを利用する。そのさいの調味料としてはナムパー（魚醤）が頻繁に使われる。モチ米と淡水魚、魚醤の組み合わせは食文化の基本をなすものであり、手を使った食事行動も変わっていない」という。

⑵　自然の恵み「カモジシオグサ」―人とナマズが受ける生態系サービス―

そこで、シオグサ（緑藻類）の仲間カモジシオグサ（*Cladophora*）を取り上げて考えてみたい。

このシオグサは淡水に産し、中国西南部からラオス、タイの河川流域民にとって食用とされてきたという。

秋道（2011）によれば、カモジシオグサはメコン川とその支流で乾季に水量が減った季節に採集され食用として広く利用されている。さらに言えば、シオグサの乾燥品は村に来る仲買商人により市場でも販売され、流域住民にとっては自家用食のみならず商品として大事なものであった。

このシオグサは河川流域住民にとって副食品として食生活を支えていただけではなく、換金商品としての位置も担っていたといえる。

⑶　メコンオオナマズ

さらにこのシオグサは、河川生態系においてはメコンオオナマズの食餌植物として重要である。メコンオオナマズはカモジシオグサを摂食するからだ（秋道 2009）。

このメコンオオナマズは体長2.5～3メートル、体重は300キログラムになる大型魚類でメコン川の地域固有種、そして美味な食用魚であるという（秋道 2011）。だが、メコンオオナマズは乱獲と生息場所の破壊により激減する（秋道 2011）。その漁獲量は1986年を最高とし、2000年以降はほとんど漁獲されなくなり、現在は絶滅危惧種にリストされているという（秋道 2011）。メコンオオナマズは河川生態系におけるキーストーン種（生態系の中枢種）と考えられる。

Ⅳ．流域分割の時代

1．ナショナル・コモンズとしての川

メコン委員会はいったん休止状態になる（堀 1997）。それは、1975年にア

メリカの敗北によるベトナム戦争の終結にともなう混乱などのためである。そして1978年にカンボジアを抜いて暫定メコン委員会の発足となる（堀 1997）。

この間に進んだのは国家間の協調ではなく、戦争による混乱と流域国による河川利用の分割であった。ただしこの河川利用の分割には説明が必要である。

⑴　ECAFE によるダム開発計画

1957年に設立されたメコン委員会は、Ⅲ. 1で述べたが、ラオス、タイ、カンボジア、ベトナムの下流域4か国が自国の利益を超えて流域全体の発展を優先させるという「メコン・スピリット」の考えのもとに始まった。この考え方は国連のECAFEによる国を超えた流域統治の考えに基づいている。

JICA（国際協力機構）メコン開発・環境研究委員長（当時）の堀（1997）によれば、「メコン川下流域の本流や支流に多くのダムを段階的に建設することは、流域各国に大きな福音をもたらすにちがいないと信じられていた」という。そこでメコン委員会の設立の前年にECAFEは専門家による調査団を現地に送り、本流や支流におけるダム開発に関する水資源開発の報告書を作成し、1957年のメコン委員会の発足の時に各国関係者に配布したという。その後、日本政府も依頼を受け調査団を現地に送り支流のダム開発計画を策定し報告書を提出している。

その報告書の内容の特色は、開発の技術を主体とした計画についてであり、ダム建設に関わる事項に限定されている。したがって広く経済社会面への考察はあまり言及されてはいなかった、という。

⑵　ホワイト報告書

その後国連において、ダム開発の技術を主体とする計画だけではなく、開発のもたらす社会的経済的発展を十分に検討される必要性が唱導され始めたのである。

そこで、当時シカゴ大学の地理学者ギルバート・ホワイト教授が招かれ「メコン川下流域開発の経済社会条件」が1962年1月に発表された。堀（1997）によりその骨子をまとめてみる。

・規模の大きな開発を実施するにあたって、事前に政府の行政機構を見直し整備し、技術者を養成する必要がある。

・ダム開発で発生する電力をどのように地域の工業化に結びつけ、地域の発展や住民の生活水準向上に役立たせるのか。

・増産される農産品の国内消費や輸出、つまりマーケティングはどうか。

・地域や他の国々の「開発ニーズ」を見通すことが必要であるし、さらに住民に及ぼす諸影響なども考慮することが大切である。

・以上の諸点の検討は開発地点の技術的検討よりむしろ優先すべき基本的課題となる。

これらの開発指針の提言は、環境に対する配慮事項を加えれば現代でも十分に通用する、と私は考える。だが、この提言の目線は、上からの提言、中央政府による国民経済の向上を前提にしていることは否めない。その意味では、国を超えた流域統治の考えに基づく「メコン・スピリット」とは基本的に考え方を異にしている。つまり、この提言は、1957年に国連アジア極東経済委員会（当時）（ECAFE）の発起によるメコン委員会を通じての国連による上からの流域統治―流域住民の生活様式は、それとは別に存在していたが―の思想に代わり、流域国政府を基礎にした「流域分割の時代」へ導く指針となったと考える。

2. 流域住民の受難―事例1―

1960年代中葉以降1990年代にかけて、新たな問題が流域住民の生活を脅かした。この脅威は住民とNGOなどの協働により一部は改善されたが現代までも続いている（松本 2010）。

脅威とはダム開発に伴う生活破壊の受難である。それは、国境を越えた人工的な洪水問題として現れた。

NGO団体のメコン・ウオッチ代表（当時）の松本（2003）は、2国間の国境を越えた洪水被害の厳しい実態を報告している。国境を越えた環境問題の事例の一つとして、松本（2003）に基づいてベトナムで完成をみた水力発電ダムによる下流域のカンボジアの流域住民への被害について考察してみたい。ここでは、ベトナムが上流の国である。

(1) ベトナムのダムによるカンボジア人の受難

メコン川の支流の一つであるセサン川に1993年11月に着工して2002年4月に完成したヤリ滝ダム（ベトナム）、そのダムはロシアとウクライナの支援で建設されたものだが、ダムの放流によって下流の水位が大きく変動しているという（松本 2003)。

1996年10月頃からの出来事である。その変動の幅は1日に7メートルに及ぶという。そこで表題の事件が起こった。カンボジアのラタナキリ県とNGOによる独自調査の結果、次のような事がらが明らかになった。松本（2003）による研究報告を引用する。

「調査の結果、ヤリ滝ダムによって県内3,500世帯2万人が深刻な影響を受けたとまとめている。調査報告書（以下、県・NGO調査報告書）が指摘した問題点を整理すると、

・1996年から水位の不自然な変化
・不自然な洪水で少なくとも32人が犠牲、多くの家畜も溺死、農地が水没
・漁業、砂金採り、食料採取に深刻な影響
・水質の悪化による健康被害、野生動物の変死
・漁具やボートへの影響

などがあげられる」。

列記してある事がらは多くしかも深刻である。ただ、ベトナムのヤリ滝ダムからの放水情報が開示されないので、因果については報告書では断定が困難であるという。

そこで松本（2003）は具体的にかつ詳細に調査報告書を再検討している。そのうち前述の3項目について以下のように抽出する。

⑵　不自然な水位の変化と洪水

1996年からの水位の異常変化はさまざまであるという。7〜10日で増減したり、3日であったり20日であったりもする。当該の郡によっては1日に7メートルの水位の上昇と下降を確認しており、水位変化を予想できないことが、住民生活に大きな影響を与えているという。

調査報告書によると少なくとも32人が不自然な水位上昇にともなう高波などで命を失ったとする。

家畜の溺死は、1996年以来、調査対象地だけで少なくとも、水牛612頭、牛322頭、豚2,389頭、アヒル3,559羽、ニワトリ4万962羽、を数えている。

⑶　農業、漁業、砂金取りへの影響

不自然な洪水による被害を列記すると次のとおりである、と松本（2003）は続ける。

概要をまとめてみる。

・水没した農地は、1999年雨季だけで、水田1,830ヘクタール、焼畑地629ヘクタールである。

・乾季の増水で、川岸の土地の肥沃な畑地が水没した。ちなみに乾季の川岸農業に従事している人の数は、流域人口の半分に相当する1,800世帯に及ぶ。

・魚の捕獲量は10～30％減少した。ある村近くのセサン川では深さ7～8メートルの貯め池のようになっていたが、1.5メートルの浅さになり、ナマズなど淡水魚がいなくなった。

・乾季の増水や高波によって、砂金採りはできなくなり、59村のうち47村で砂金採りをしていた村人は重要な現金収入源を失った。

調査報告書で指摘されていることの具体的な内容の事例には多大な被害が記されている。

3.　流域住民の受難―事例2―

次に紹介する流域住民の受難事例は、メコン川本流の上流域（中国雲南省）の浅瀬の爆破を伴う浚渫工事による不自然な水位変動が起こり、河岸の崩落や魚類が減少し、上・下流域住民（ラオス、タイ）に生活・環境影響を強く与えているものである。

松本（2003）によると、事の起こりは、中国雲南省、ミャンマー、ラオス、タイのメコン川―瀾滄江（中国における呼称）上流4か国が2000年4月に国際河川交通の活性化を目指して商業航行協定に署名をしたことである。ところが国際河川交通の活性化とはいうもののもともとこのプロジェクトによって利益を得るであろうといわれていたのは、中国とタイであったという。

工事費用として中国が500万ドルの資金を提供し、2002年に船舶を通すため、浅瀬、岩礁などの破壊工事を実施したという。

⑴　環境アセスメントの実施

工事の前には、4か国合同チームによる環境影響評価報告書（以下、EIA報

告書という）を公表しており、次のような調査結果やそれに基づく対策を示している。以下、それを松本（2003）に基づいて引用する。

・魚への影響を回避するため、事前予告爆破をして魚を逃がす。
・魚の回遊と産卵時期での爆破はしない。
・早瀬を爆破すれば川の流れは遅くなるので、回遊魚の遡上には好ましい影響がある。
・早瀬や岩礁の爆破による影響範囲はきわめて限定的。ほとんどが300メートル以内。
・川の流速の変化は最大で秒速1メートル余りと限定的。
・河岸は岩場なので土壌浸食による崩壊が起こらない。
・洪水のピークが浚渫対象範囲の最下流のフエイサイを通過するのは今より58秒早くなるにすぎない。

そして「4か国合同調査チームは、これをもとに深刻な漁業被害や下流への環境影響は起きないと結論づけている」が、この結論は後述する新メコン委員会から厳しい批判を受けることになる。

V. 流域協治の時代を迎えて

1. 新メコン委員会（通称メコン川委員会）の発足の事情

1995年4月、再び下流域4か国によってメコン川委員会（新メコン委員会）が発足した。堀（1997）によれば、メコン川委員会は「メコン川流域の持続可能な開発のための努力」を掲げており、その設立はニューヨークの国連開発計画（UNDP）の努力に負うている、という。また、メコン川委員会は各国の閣僚級で成り立っているため、各国の全権代表で構成されていた旧委員会より権限が認められる、という。

(1) 開発計画の改訂―人権思想の高まりを受けて―

旧委員会からメコン川委員会への改組の中でダムの開発計画の考え方における大きな改革が認められる。堀（1997）の所論を参考に考えてみたい。

それはダムによる水没者の数を減らす工法の開発である。このことは下流域におけるダム開発による水没問題に配慮することになる。その工法は次に詳しく引用するように、環境配慮型事業となりうるメリットはあるが、堀（1997）が懸念するようにダムが有する多目的性を失うことにもなり得るかもしれない。それは、「高ダム群開発による貯水池式ダムの築造工法」から、「低ダム群開発による流れ込み式開発工法」への転換である。

堀（1997）によればこの転換作業はフランス、カナダのコンサルタントにより検討されたのであるが、その際のダム開発における配慮事項は次のとおりである。

・ダム上下流の住民に与える影響を最小とすること
・自然河川の流量変化を最小とすること
・経済的で、しかも他の諸活動と調和する設備とすること
・現在および将来の舟運を見越して門を設置すること。高速道路橋をその上部に設置すること
・魚道を設けること
・堆砂対策を施すこと
・欧州、北米における低落差流込プロジェクトの建設および操作経験を活かすこと

このことに対して、日本が進めてきた工法、「貯水池式ダムの築造工法」を踏まえて、堀（1997）は次のように疑問を呈している。

「この低ダム流れ込み式発電方式による本流一貫開発プランでは、ダム開発による水没問題に配慮するあまりに、これまで数十年間関係者が理想としてきた多目的ダムの効用（洪水調節、灌漑、漁業、水力、舟運観光など）の一部分しかいかせない。新委員会は、この開発案を無条件で、過去の計画案を振り返ってみることなく支持し、実施するのだろうか」。

その上で、つぎの二点について希望を述べている。

・開発と環境保全を両立させるために法・制度を改善し、人材を育成し、すべての住民の生活を公正に向上させるための最大限の努力を、息長く継続していってほしいものである。
・日本企業は、従来の競争心まる出しの経済的利益中心のやり方を反省し、それを緩和して、流域の人びとの長い将来の幸せを考えた適切な開発協力をし

てほしい、と心から願う。

温故知新の考えをもって新委員会への提言とし後輩に対しては厳しい助言を送る堀の言には技術者の矜恃を感じさせるものがある。

2. メコン川委員会による調整―事例1―

「Ⅳ. 2 流域住民の受難」でまとめた事例1はどのように展開したのかについて、松本（2003；2010）により追跡する。

⑴ 当事国の相互確認を図る

2000年3月に、メコン川委員会は事実関係の調査使節団をラタナキリ県へ派遣し、加害国ベトナムと被害国カンボジアの両国から国際河川の越境環境問題について報告を受けた。

その結果、調査使節団は次のような事項を確認し報告書にまとめた。松本（2003）より箇条書きにしてみる。

・1999年の洪水期の間、水位の異常な変動を確認した。
・また、2000年の1月から3月初旬にかけて、時間当たり4～5メートルの水位の急上昇と下降が7～10日のサイクルで続いた。
・1月には川面の急激な上昇でボートが転覆し3人が溺れた。
・3月初旬には突然の水位の上昇で、砂州で水浴びしていた3人の子どもが溺れた。
・これらの事実の相互確認により、ヤリ滝ダムからの放水による国境を越えた洪水が政府間で確認された。

さらに松本（2003）は顛末を詳しく述べている。

「ベトナム政府は2000年4月に、過去数か月にわたって、ヤリ滝ダムからの放水がカンボジアにおいて洪水と高波を引き起こし、最低5人の死者を出したことを認めて謝罪した。関係するベトナムの地方政府関係者が、最も被害の大きかったカンボジア北東部のラタナキリ県を謝罪のために訪れ、副知事に対して、十分な警告なく下流への放水を2度としないと明言した」という。

また、松本（2010）によれば、2000年12月にベトナム政府はカンボジア政府に謝罪するとともに、両国政府間で次に掲げる5項目の解決策に合意した、という。

・ベトナムはヤリ滝ダムからの放水など貯水池管理に関する情報を事前にカンボジアに伝えること
・カンボジアが予防措置を取れるようにヤリ滝ダムからの放水は徐々に行うこと
・通常は放水の15日前に速やかに警告を伝えること
・緊急の場合は関係機関に速やかに警告を伝えること
・影響緩和調査については別途協議すること

このような取り決めがなされたわけであるが、ヤリ滝ダムからの放水に伴う越境環境問題は改善されることはなく、次に記すように深刻化しているという（松本 2010）。

⑵　続く水力発電ダム建設―川沿いの村を棄てる―

メコン川委員会の調整による合意形成は見るべきものがある。だが、この内容はダムの放流を禁止するものではなく、放流を事前に告知することにすぎないのだ。もちろん、それにより、不意の増水により溺死することは免れうるかもしれない。だが、季節外れの増水により河川沿いの畑地の作物は失われ、低水域のシオグサの採取も不可能となる。

さらにその後も、ベトナム政府は、セサン川の上流にダム建設を続けているという（松本 2010）。

その結果、ベトナムと国境を接するセサン川沿いに立地する4つの郡にある17村3,500人は川沿いの村を棄てて小高い丘に移住したという（松本 2010）。報告書による紹介では、村を棄てた理由は3つほどあるので、それを抽出してみる。

・村人たちは不規則で予測がつかない水位変動に恐怖感を持った。いうまでもなく頻繁な洪水は農地を荒廃させた。
・水位の異常な変動は河岸の農地を侵食し、魚の生態系を破壊した。また、水質の悪化が家畜の飼育を困難にした。それに伴い、村人たちは食糧不足に陥った。
・日常的な不規則な水位変動は、川沿いの住民にダム決壊による洪水の危機感を抱かせた。

3. メコン川委員会による調整—事例2—

「Ⅳ. 3流域住民の受難—事例2—」のメコン川委員会による調整の顚末はどうなったのか。

松本（2003）により追跡する。

⑴　不十分なEIA報告書

この件に関して、メコン川委員会は専門家に依頼し、4か国合同チームが作成したEIA報告書の問題点を厳しく指摘した。次に引用する。

・生物学的な分析がごくわずかしかない。
・影響なしと結論づけているが科学的根拠が全く書かれていない。
・生息している魚のリストすらない。
・魚以外の水生生物について全く言及していない。
・5か月の調査（フィールド調査は2日間）は短かすぎる。最低2年は必要。
・ラオスの科学技術環境庁評価規則に違反（代替案分析がない。ラオス国内諸法との関連が検討されていない）。
・爆破による直接的な影響以外の長期的な影響分析が全くない。
・航行や観光の活発化にともなう二次的な影響にふれていない。
・社会調査の方法が全く示されていない。
・ラオスとビルマでの住民協議が全くない。
・EIA報告書は推測で書かれており、全く受け入れがたい内容である。

松本（2003）によれば、メコン川委員会によるこの調査報告書は、メコン川委員会加盟国のラオス政府の求めに応じたものであり、その内容は他の加盟国や非加盟国である中国へは伝わっていない。もちろんEIAのやり直しもされていない。

⑵　流域住民からの批判点

ラオス政府の独自調査とは別に、タイの上流域の住民やNGOがこの事業に対して環境・社会調査を実施し、地元住民の視点から次のような強い懸念が報告書としてまとめられた。以下引用する。

・魚の餌となる水生生物や地元で食用としている川海苔が失われる。
・早瀬の爆破で魚の生息場所が失われるため、絶滅危惧種のメコンオオナマズや他の魚が減り、小規模漁業に依存する10万人の住民に影響が出る。

・大型船の航行で川の汚染が心配されるのに加えて、漁をする小さな舟の安全が脅かされる。

⑶　中国との調整の困難性、そして改善のきざし

そもそも、メコン川委員会はメコン川下流国間における水利用の調整機関として設立されたものである。したがって、中国とミャンマーは加盟していない。現在の状況からするとそこに大きな隘路が認められるのだ。

特に最上流国である中国が非加盟にとどまっているのは国際河川メコン川の将来を考える意味で大いなる問題である。1957年の設立当初中国は中華民国との激しい内戦の最中にあり（1955年金門島事件）、したがって1995年に再建された新委員会以降の課題であるといえる。

現状では、メコン川委員会の事務局長が中国政府に環境に関するデータの開示を個別に求めるほか方法がないという（松本 2003）。

とはいっても全く方途がないわけではない。原（2009）によれば下流の国への水文データの提供など中国が下流の国と協調するような考え方の顕在化など改善のきざしが認められるという。その「原因としては、中国側での下流地域との経済的な連携の強化を進める必要性の増大と、中国が世界の中での国家として品格を維持しなければならないというより大きな流れの中で、その品格を欠くような行為への制限が働いたものと考えられる」とのことである。

4. リージョナル・コモンズとしての川―流域住民・流域国家の視点

法社会学者の東郷（2017）はコモンズ研究を広く調べ、「共同的ないし集団的に利用・管理が行われている資源を「コモンズ」、そして、資源の利用・管理のしくみやきまりを「コモンズのルール」と呼ぶことにしたい」と、提案している。

さらにコモンズの分類に関しては、「ローカル・コモンズ」と「グローバル・コモンズ」の中間的形態として「リージョナル・コモンズ」の存在を再確認している。

ここでいうローカル・コモンズとは、森林、草地や水辺地など、あるいはそれらが複合した局所的な自然地を指すであろう。そしてグローバル・コモンズの代表例としては広域な大気環境、広域な海洋等であろう。リージョナル・コ

モンズの代表は河川といってよい。

(1)　地域共同体による水域（リージョナル・コモンズ）の管理へ

さて、メコン川である。

ラオスでは1975年の第2次インドシナ戦争後、急速に近代化を進めた。そのため水産資源の乱獲が進み危機的状況を呈するようになった。そこで、コーン県では、国際機関、ラオス政府などと地域住民が共同管理を行う方式として「魚類保全区」を67村において72か所、設定されたという（秋道 2009)。

秋道（2009）によれば、このプロジェクトは1993年に始まり、実質的に1999年まで継続された。指定された魚類保全区では、魚の採取が禁止されたので、魚の種類によってはその個体数の増加を見たという。その増加を見た種類とは体色の黒い地元で言ういわゆる「黒い魚」と称す定住魚である。だが回遊魚である体色の「白い魚」は産卵期には上流や支流へと回遊し魚類保全区に留まってはいないので、増加することはなく、新たなハビタットが誕生したというにとどまったのだ。

そこで慧眼な低地ラオ人の指導者たちは人間の営為を禁止する「魚類保全区」に変えて、条件をつけて営為を認める「村の保全区」を提唱し実施したという（秋道 2009)。この新たな保全区は、年に数回程度魚を採りその売り上げの利益を公共目的のために使う。例えば、学校の建設費用の補充であったり、村内の貧困世帯への助成であったりする。

秋道（2009）は次のように総括する。

「従来の魚類保全区は、国際機関や政府機関と村落住民との合意に基づくものであったが、新しい村の保全区の提案は水産資源を適正に管理しながらも、村落住民の格差是正、公共福祉の向上、集団の統合を同時に満たす役割を持っている。地域に根ざしたこうした実践は村落を基盤とする資源の管理方式として積極的に評価すべきだろう」。

これは、集団的に利用・管理が行われているリージョナル・コモンズとして存在しているメコン川の水産資源を、外来の考え方を取り入れて設定された魚類保全区を地元の意思として修正することにより、村の保全区という新たなコモンズのルールを形成していったということである。

私はこの新たなコモンズのルールづくりに注目したい。それは、魚類保全区の指定といういわば上からの統治のルールを拒否せずに受け止めながら、村落共同体の自治（学校を持続させることや、貧困世帯の救済など）を守るために、厳格な魚類保全区を緩やかな村の保全区に改変して運用するといった、したたかな協治の形成―それは外来の政策モデルを受容しつつも地元民と生物資源の共存を図る新しいモデルの形成に努めるということ―を見ることができるからである。

⑵　支流の管理と公私共利

もう一つ別の類似した事例を、秋道（2009）により紹介したい。

タイ北部のメコン川支流のある村では、2000年以降、支流に存在している三日月湖や湿地が私有化され始め、あるいは入札制によって利用権が落札されるようになったという。まず落札者が数日間、魚を採取する。しかしその後で、村人の誰もが魚を採ることができるという。秋道（2009）は次のようにコメントしている。

「このことは、入札という近代的な方法を採用しつつ、村人にも池で漁撈を行う権利を分配する共同利用の慣行がのこされていると考えることができる。ただし当然のことながら、落札後に獲れる魚は少ない」。

近代化にともなう上からの資源統治の方法、それは湿地の私有化、支流の利用権の入札制の導入などとして制度化されて地域に浸透してくる。これに対して村の自治、それはコモンズのルールとして村人の資源の共同利用の慣行を持続して認めて行くというところにある。

公私共利原則の遂行である。

Ⅵ. まとめにかえて

2017年7月27日（夕刊）の東京新聞の記事「村人は伐採をやめた―カンボジア　へき地潤す観光」が目に留まった。

市民団体である「カンボジア野生生物保護協会」が政府や海外の市民団体と協力してエコツーリズムを企画し実行しているという。そのガイド役に地元の村人（先住民）を選んでいるのだ。

場所は、本章でも紹介したラタナキリ県、その同じ県内の地域である。

記事によれば、電気も水道もないその貧しい村は、国立公園に指定はされているものの規制は守られることなく違法な森林の伐採や密猟など乱開発され環境破壊が進行したという。そこで前述の野生生物保護協会が周辺住民と共に国立公園の中に「コミュニティー保護区」を設けそこでのツアーを企画したのだ。土地の地理と生き物の生態に詳しい地元民にガイドを任せることにより、地元民が違法な伐採や狩猟をしなくても生活が維持できるようになり、ガイド料による経済的な基盤が保障される。そしてそこに生息する絶滅危惧種のテナガザルを観察するツアーを続けるためにも豊かな自然生態系の確保が必要となるというわけである。

アメリカの考え方である厳しい規制を伴う国立公園の指定だけでは、豊かな自然も経済的に貧しい村人も救うことはできない。

ラオスにおける「魚類保全区」を「村の保全区」にコモンズのルールを変えたように、カンボジアでも「国立公園」の中に新たに「コミュニティー保護区」を設け、村人の生活と野生生物の共生を図っている現実の姿に共感した。

井上・小島・大島（2003）が指摘するように「環境と貧困の悪循環」の考え方は相対化する必要があり、むしろ「開発による環境破壊」そして「環境破壊による貧困化」こそが問われなくてはならない、と考える。

その現実認識に基づく新たな試みを支援したい。

最後に、ここで研究報告などを基にした試論を書くにあたりその動機にふれておきたい。

それは、井上（2003；2006）が唱える「かかわり主義」に出会ったからである。横浜の自然保護行政に関わってきた私でも、メコン川について発言をしても良い、と思えるようになってきたのだ。この思いをこれからも持続して行きたい。

参考・引用文献

秋道智彌（2009）「水はだれのものか―水の協治と生態史の構築にむけて」総合地球環境学研究所編『水と人の未来可能性―しのびよる水危機』昭和堂、143-176頁。

秋道智彌（2011）『生態史から読み解く環・境・学―なわばりとつながりの知』昭和堂、140-213頁。

井田徹治（2017）「村人は伐採をやめた―カンボジア へき地潤す観光」、東京新聞、7月27日（夕刊）（写真・大森裕太）。

井上　真（2006）「環境保全を前提とした地域発展を求めて」寺西俊一・大島堅一・井上真編『地球環境保全への途―アジアからのメッセージ』有斐閣、1-16 頁。
井上　真・小島道一・大島堅一（2003）「アジアから地球環境「協治」の時代を切り拓く！～「かかわり主義」で公平性の確保を～」日本環境会議ほか編集『アジア環境白書　2003/04』東洋経済新報社、1-11 頁。
東郷佳朗（2017）「コモンズをめぐる法と権利―コモンズの新しいかたちを求めて―」『グローカル環境政策研究論集』神奈川大学グローカル環境政策研究所、3-13 頁。
原　雄一（2009）「国際河川の流域管理課題―メコン川流域」和田英太郎監修『流域環境学―流域ガバナンスの理論と実践』京大出版会、500-506 頁。
堀　博（1997）「持続可能な開発とは何か―メコン河を事例に―」『環境情報科学』26（3)、38-44 頁。
松本　悟（2003）「メコン地域：地域全体の市民社会の声を反映する仕組みを」日本環境会議ほか編集『アジア環境白書　2003/04』東洋経済新報社、175-199 頁。
松本　悟（2010）「カンボジア：深刻化するメコン河下流域の越境環境問題」日本環境会議ほか編集『アジア環境白書　2010/11』東洋経済新報社、221-228 頁。

第二部

水と社会

第7章
植民地朝鮮・全北湖南平野における水利組合の設立過程

松本武祝

I．はじめに
—帝国日本の米穀増産と朝鮮水利組合事業

図表7-1には、戦前日本の帝国内での田（畓[1]）面積、水稲作付面積および水稲生産量を、地域（府県、北海道、台湾、朝鮮）ごとに示してある。府県においては、1900年代および1910年代には3つの数値がいずれも順調に伸長し

図表7-1　日本帝国内田（畓）面積・水稲作付・水稲収穫量増減量の推移

	地域別	年次間の変化			
		1900－10	1910－20	1920－30	1930－40
田面積（1,000町）	府県	111	86	53	-9
	北海道	30	44	117	3
	台湾		28	35	137
	朝鮮			75	115
水稲作付面積（1,000町）	府県	73	74	12	-58
	北海道	25	47	105	-4
	台湾		20	114	445
	朝鮮			115	-149
水稲収穫量（1,000石）	府県	6,927	8,096	241	823
	北海道	333	698	965	130
	台湾		440	2,150	1,529
	朝鮮			2,280	4,004

注1：表記された年次を中間年とする前後3年間の平均値の変化を表記。
注2：台湾については、1甲＝0.978町歩で換算。
出所：農林統計研究会編『都道府県農業基礎統計』1983年、臺灣省行政長官公署統計室編『臺灣省五十一年来統計提要』1946年、朝鮮総督府『農業統計表』各年版、朝鮮銀行調査部『朝鮮経済年報』1948年。

たのに対して、1920年代および1930年代には一転して停滞する。1930年代には前2者は減少に転じている。それに代わって、1920年代には、北海道において3つの数値ともに、大きな伸びを見せている。ただし、1930年代には伸びの幅が急減し、作付面積は減少に転じている。1920年代と30年代を通じて急速な伸長を示しているのが、植民地であった台湾と朝鮮であった[2]。

1918年の米騒動以降、日本政府にとって米穀の安定供給は重大な政策課題となった。日本国内での米穀増産を目指して、1919年には開墾助成法が制定された。しかし、開墾事業は進捗せず、1923年に開始された用排水幹線改良事業が1920年代以降府県における土地改良事業の中軸として位置づけられていった[3]。北海道においては、1920年に北海道産米増殖計画が開始され、国庫補助と北海道拓殖銀行による融資を受けて土功組合による灌漑事業・造田事業が進展した。しかし、1930年代には昭和恐慌にともなう米価低落によって土功組合の財政は悪化し、水田面積は減少に転じて行った[4]。

植民地であった台湾と朝鮮においても、1920年にそれぞれ産米増殖計画が開始されている。「優良」品種導入や購入肥料奨励などの事業に加えて、土地改良事業が「計画」の柱であった。補助金と低利資金の供与によって土地改良事業が奨励された。朝鮮においては、水利組合が土地改良事業において中核的な役割を果たしてゆくことになる。

ところで、府県においては、開墾助成法の制定にもかかわらず、既存の慣行水利権が障害となって開墾事業が進捗しなかった。用排水幹線改良事業は、高率補助金を梃子に慣行水利権を調整しながら既成水田を対象に府県が実施した土地改良事業であった[5]。北海道の場合は、未墾地ないし畑地を対象とした造田事業であったから、慣行水利権の制約は弱かった。これに対して、台湾と朝鮮の場合は、慣行水利権を有する既成水田が広範に存在しているという点では府県と類似の条件下にありながらも[6]、府県とは異なり、1920～30年代に水田面積を急増させている。なお、台湾・朝鮮の場合、田（畓）面積の増加分を作付面積の増加分が上回っている点も、府県・北海道とは異なる特徴である。この間、開田事業と平行して、天水田（畓）に対する灌漑事業が進展したことが示唆される。帝国日本は、食糧増産という政策課題にとって障害となっていた慣行水利権に対して、府県においてはその侵害をめぐる問題発生を回避しつつ、植民地台湾・朝鮮においてそれを侵害してでも灌漑事業を推進したことになる。当然ながら、台湾と朝鮮では、土地改良事業の実施に際して、慣行水利権者と事業推進者との間での利害対立が発生したであろうこと、そして、そうした利害対立の「解消」のされ方において植民地的な特質が現れたであろうこと、が、想定される。

本章においては、朝鮮全羅北道の湖南平野を分析対象地域とする。湖南平野は、植民地期において水利組合事業が進展した代表的な地域のひとつである。この平野には万頃江と東津江という2つの河川水系が存在し、それぞれの流域ごとに水利組合が複数ずつ設立されている。湖南平野の水利組合については、これまでに多くの研究がなされてきた。まず、万頃江流域の水利組合については、パク・ミョングおよびイ・ギョンランが各水利組合の設立過程（推進主体）、設立反対運動および設立後の土地所有構造・農業経営構造の変化について分析している[7]。松本武祝論文[8]は、各水利組合間の分水をめぐる対立と妥協に着目した研究を行った。そして禹大亨は、それぞれの水利組合事業の費用・便益分析をおこなっている[9]。次に、東津江流域の水利組合については、許粋烈が1910年前後において組合設立が数次にわたって挫折する過程に着目して分析している[10]。イム・ヘヨンは、1920年代に日本人大地主が主導した

図表7-2　万頃江・東津江流域における水利組合の変遷

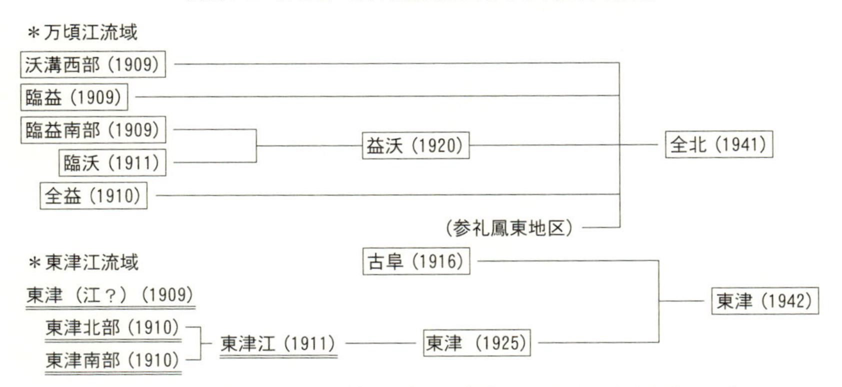

注1：（　）内は、申請年次。二重下線の組合は、申請のみで設立承認されなかった。
注2：1909年に東津江流域に設立された組合の正式名称は不明。
出所：許粋烈前掲書、40頁を参照（一部省略および一部改訂）。

東津水利組合の設立過程およびそれに対する朝鮮人の抵抗について論じている[11]。鄭勝振は、朝鮮時代から解放後に至るまでの長期的な観点から、東津江流域の水利・治水事業を概観している[12]。

図表 7-2 は、この 2 つの河川水系流域において設立申請がなされた水利組合の系統図である（地理上の位置に関しては、図表 7-3 を参照）。2 つの流域地域ともに、保護国期（1900 年代末）の段階から水利事業が計画されており、水利組合の設立が早期に申請されはじめたという共通の特徴を持っている。しかし、実際の組合設立の進捗には、ふたつの地域において大きな差が生じていった。すなわち、万頃江流域においては早い段階で複数の水利組合が設立されていたのにたいして、東津江流域では、同じく早い段階で申請がなされたの

図表 7-3　湖南平野における水利組合の分布（概略図）

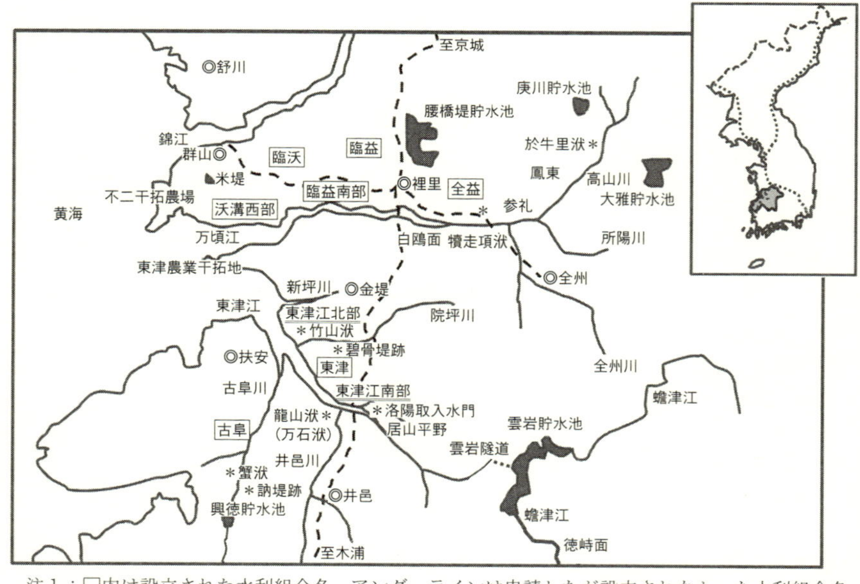

注 1：□内は設立された水利組合名。アンダーラインは申請したが設立されなかった水利組合名。点線は鉄道。

注 2：筆者の手書きによる概略図である。

注 3：朝鮮半島地図の色付き部分が全羅北道の位置を示す（点線は主要鉄道）。

出所：全羅北道『全羅北道道勢一班』1927 年、イ・ギョンラン前掲論文、許粋烈前掲書、東津水利組合『東津水利組合資料』1926 年、東津農地改良組合『東津農地改良組合五十年史』1975 年。

にもかかわらず設立には至らず、支流の古阜水利組合を除けば1920年代半ばにいたってはじめて水利組合が設立された。ただし、1940年代に入ると、既存水利組合を合併して大規模水利組合が設立されたという点で、両地域は再び共通の特徴を有することになる。

これまでの研究においては、こうした両地域間での異同については十分に注目されてこなかった[13]。この論文では、ふたつの地域における水利組合事業の特徴を両者の比較を通じて明らかにすることを課題とする。前述のように、植民地朝鮮での土地改良事業を分析する際には、慣行水利権者と事業推進者との間での利害対立という観点が重要となる。そこで、本章では、とくに両地域における水利組合事業の設立過程に着目する。事業をめぐる地主間、地域間あるいは民族間の利害対立が、設立過程においてもっとも表面化しやすかったと考えるからである。この利害対立の位相の異同に着目することで、両地域における水利組合事業の異同を明確に示すことができると考える。

Ⅱ. 湖南平野における水利組合事業の特徴

1. 湖南平野の在来水利施設

朝鮮総督府の調査によれば、湖南平野を流れる万頃江と東津江は、流域面積がそれぞれ約1,600km^{2}と約1,000 km^{2}であった。朝鮮総督府は、1927年「朝鮮河川令」にもとづいて23の総督府「直轄河川」を定めた。両河川ともに直轄河川に指定されている。直轄河川のなかでは、両河川は小規模であった[14]。直轄河川のうちで流域面積が1,000～2,000 km^{2}の河川は、両河川を含めて6河川であった（図表7-4）。流域面積に占める耕地比率および畓比率を比較すると、万頃江と東津江は他の4河川よりもいずれも大きな値を示している。とくに東津江の数値が大きい。両河川の中下流域には平野地帯が発達し、近代以前から耕地開発とくに畓開発が進展した。その結果、水源林が縮小した反面、用水需要が増大したために、用水不足が恒常化するようになった。

後に述べるように、両河川は、水系を異にする隣接河川（錦江・蟾津江）をそれぞれ水源とする水利事業に取り組むことになる。図表7-4に示したよう

図表 7-4　直轄河川（流域面積 1,000 ～ 2,000 平方 km）の流域面積と流域内耕地面積

河川名	流域面積 (km^2)（a）	耕地面積（町歩）			耕地比率 (c/a)	畓比率 (b/a)	河口所在道
		畓（b）	田	合計（c）			
安城川	1,722	32,994	18,710	51,704	30.0%	19.2%	京畿 / 忠南
揷橋川	1,619	37,846	18,546	56,392	34.8%	23.4%	忠南
万頃江	1,602	44,507	13,423	57,929	36.2%	27.8%	全北
兄山川	1,167	19,137	15,504	34,641	29.7%	16.4%	慶北
安辺南大川	1,162	6,236	26,407	32,643	28.1%	5.4%	咸南
東津川	1,034	36,744	11,009	47,754	46.2%	35.5%	全北
（参考）							
錦江	9,886	152,261	105,077	257,338	26.0%	15.4%	全北 / 忠南
蟾津江	4,897	63,512	31,779	95,291	19.5%	13.0%	慶南 / 全南

出所：朝鮮総督府『朝鮮河川調査書附表』1929 年、1158 頁より作成。

に、この 2 つの河川は、万頃江・東津江両河川のそれの数倍の流域面積を有している。これら 2 河川の耕地面積比率・畓比率ともに万頃江・東津江の値を大幅に下回っており、水源に相対的に余裕があったことが窺える。逆に、万頃江・東津江における耕地（畓）開発の進捗度の高さがここからも確認できる。

河川水源の不足を補うために、湖南平野には溜池（堤堰）が発達していた。1916 年時点で、全羅北道の堤堰総数は 538 であったが、そのうち万頃江流域に位置する益山郡・沃溝郡にはそれぞれ 68 と 30、東津江流域に位置する金堤郡・井邑郡にはそれぞれ 118 と 62 の堤堰が築造されていた[15]。4 郡あわせて 278 であり、全北全体の 64%を占めていた。同年の全北畓総面積 12 万 3,579 町歩に対して 4 郡の合計は 5 万 7,746 町歩（全北畓総面積の 46.7%）であった[16]。畓面積シェアに比べて堤堰数シェアが上回っており、万頃江・東津江流域では、全北の他の地域に比べて堤堰の「密度」が高かったことが分かる。金堤の碧骨堤、古阜の訥堤および益山の黄登堤（別名：腰橋堤）は、古代に築造された「皿池」型の大規模貯水池であり、「湖南三堤」と呼ばれて広く知られていた（図表 7-3 参照）。ただし、朝鮮時代には冒耕（貯水池内で耕作すること）や堤防崩壊などによって機能低下が進行していた。

他方で、河川からの引水施設である洑の築造も進展していた。具体的な個数を挙げることはできないが、両河川中流域に設置された洑としては、犢走項洑（万頃江）と萬石洑（東津江）が、それぞれ代表的な潅漑施設であった（図7-3を参照)。17世紀に築造された前者の施設は、1840年代に至って王妃の外戚であった閔泳翊の所有となり、耕作者は用水使用料（水税）を支払った。閔が失脚・亡命した後、その施設は荒廃した[17]。後者は、粛宗期（17世紀後半～18世紀初）に諮議を務めた金濵が築造した施設である（別名・光山洑)。1892年に古阜郡守・趙秉甲が農民を動員して改修（龍山洑と改称）して水税を徴収しはじめたために、反発を買って農民抗争を引き起こした[18]。この抗争は、甲午農民戦争の引き金となったことでよく知られている。

2. 朝鮮における水利組合の制度

1906年、韓国政府は「水利組合条例」を制定した。13条からなる簡素な規約であるが、受益地の「買有者」（所有者）を組合員として規定したところ（第2条）に要点がある。この法令以後、借地権者（小作農）は水利組合の運営から疎外される。1908年には「水利組合要領」が制定される[19]。上記「条例」には規定されていなかった水利組合の設立要件が示されている。すなわち、まず、組合員たることを得る者5名以上の請願ないし組合事業に関係ある土地の財務署長または財務監督局長の稟状により度支部大臣が組合区域を確定してそれを認可する（第1条・第2条)。ついで、設立委員が設けられ、そこが組合規約案を作成し、総会（関係者が50名を超える場合は総代人集会）において関係者3分の2以上の出席・過半数の賛成により規約を議決する（第5条)。その後に、度支部大臣が組合設立を認可する。この「要領」制定以後、湖南平野を中心に水利組合の設立が盛んになっていった。設立要件が具体的に示されたことによる効果であると考えられる。とくに、少数者による請願によって組合設立申請が可能になったことで、事業申請が容易になったといえる[20]。

これら2つの法令は、朝鮮総督府の下で1916年に制定された「朝鮮水利組合令」に取って代わられる。この法令においては、組合員（組合区域内土地等の所有者）の2分の1以上および組合区域総面積の3分の2以上を所有する組合員の同意を以って設立要件とすることが明記された（第3条)。土地を所有しない耕作者の利害は無視された。また、小土地所有者（中小地主・自作農民）の利害を軽視しつつ水利組合事業を推進することができる法的な根拠となってゆく。ただし、前掲「要領」の設立要件の場合は、総会（あるいは総代人集会）の場で実質的には組合員（総代人）の3分の1の同意が得られれば設立が可能であったのと比べれば、それよりは多くの同意が求められることになったといえる。

1920年に始まる「産米増殖計画」および1926年からの「産米増殖更新計画」は、補助金と低利資金融資の提供によって水利事業を推進した。水利組合事業がその最大の受け皿となっていった。昭和恐慌の影響を受けて「更新計画」は34年に中断され、以後水利組合事業は停滞期にはいるが、1939年の大旱魃と戦時体制下での食糧需給逼迫により、1940年には「増米計画」の一環として水利組合事業推進政策が復活する。

3. 全羅北道における水利組合の特徴

図表7-5に示したように、1945年時点で朝鮮全体の水利組合受益面積は約32万9,000町歩であった。全北のそれは約4万1,000町歩で、黄海道（5万4,000町歩)、平安南道（4万5,000町歩）に次いで、朝鮮13道中第3位（面積シェア12.4%）であった。時期ごとのシェアに着目すると、「産米増殖計画」以前（1919年まで）の時期には全北のそれは50%近い値であり、「産米増殖計画」期においても27%と比較的高い値となっている。しかし、「更新計画」期以降、一転して全北のシェアは低下する。植民地初期における集中的展開が全北における水利組合事業の特徴であったといえる。

1941年末時点での水利組合の受益面積別分布をみると[21]、総計373水利組

図表7-5　朝鮮における設立年次別水利組合受益面積の推移

単位：町歩

	～1919	1920～25	1926～34	1935～39	1940～45	合計
朝鮮全体（a）	27,712	82,299	102,631	5,496	110,792	328,930
全北（b）	13,041	22,031	857	370	4,393	40,692
b/a（%）	47.1%	26.8%	0.8%	6.7%	4.0%	12.4%

出所：宮嶋博史ほか『近代朝鮮水利組合の研究』日本評論社、1992年、より作成。

合の受益面積29万4,000町歩のうちで、受益面積1万町歩以上を有する9組合だけで13万8,000町歩（47.0％）を占めていた。受益面積3,000〜1万町歩の8組合の受益面積3万4,000町歩まで含めると、受益面積上位17組合（総組合数の4.6％）だけで58.6％のシェアとなる。逆に、受益面積300町未満の小規模組合は、組合数（256組合）においては68.6％を占めているのに対して、受益面積に占めるシェアは10.2％にとどまる。300〜3,000町歩の中規模組合（100組合・26.8％）の受益面積は9万1,000町歩（31.1％）を占めていた。

全北の場合は、総27組合・総受益面積4万5,267町歩のうち1万町歩以上の2組合（すなわち、全北水利組合と東津水利組合）の受益面積（3万7,570町歩）だけで道全体のそれの83.0％を占めており、3,000〜1万町歩の1組合（古阜水利組合、4,615町歩）を加えたシェアは、93.2％に達する。朝鮮全体の数値以上に大規模水利組合のシェアが大きい。300町歩未満の組合は23組合（85.1％）・2,561町歩（5.7％）であった。300〜3,000町歩の組合は1組合・491町歩（1.1％）にとどまっている。全北の水利組合は、大規模組合と小規模組合の両極に分布が集中していることが、その特徴であったといえる。

図表7-6には、湖南平野に設立された水利組合における1931年時点での朝鮮人所有面積比率および50町歩以上所有者所有面積比率を示してある。沃溝西部は、ほかの5組合（臨益・全益・古阜・益沃・東津）に比べて、朝鮮人所有面積比率が高く、逆に50町歩以上所有者所有面積比率が低くなっている。朝鮮人中小地主主導の運営がなされていたと考えられる。比較対象のために朝鮮全体の水利組合の数値を挙げると（1931年）[22]、朝鮮人所有面積比率は55.9％（1,000町歩以上組合53.0％、1,000町歩未満組合68.0％）、50町歩以上所有者所有面積比率は35.7％（1,000町歩以上組合40.4％、1,000町歩未満組合16.2％）であった。後者5組合は、いずれも受益面積1,000町歩を超える中・大規模組合であったが、朝鮮人所有面積比率では1,000町歩以上組合の平均をいずれも大幅に下回っており、50町歩以上所有者所有面積比率では逆に1,000町歩以上組合の平均をいずれも大幅に上回っている。これら5組合においては、日本人（および法人）大地主の主導の下で組合が設立・運営されていたことが窺える。

図表 7-6　湖南平野における水利組合一覧

組合名	組合設置年・月	事業計画（設立時）			事業計画（1927 年度末現在）			初代組合長	1931 年	
		受益面積（町歩）	事業費（1,000 円）	1 町歩当り事業費（円）	受益面積（町歩）	事業費（1,000 円）	1 町歩当り事業費（円）		朝鮮人所有面積比率	50町歩以上所有者所有面積比率
沃溝西部	08年12月	327	2	7	490	14	28	金相熙	60.3%	11.7%
臨益	09年2月	3,021	327	108	3,343	236	71	藤井寛太郎	19.5%	62.8%
臨益南部	09年12月	2,792	245	88				大倉米吉		
全益	10年11月	1,100	15	14	1,445	19	13	黒田二平	23.8%	61.0%
東津北部	*10年3月	3,940	130	33						
東津南部	*10年？月	1,740	42	24						
東津江	*11年3月	3,433	170	50						
臨沃	11年4月	2,780	120	43				宮崎佳太郎		
古阜	16年5月				4,323	715	165	北尾栄太郎	21.3%	63.8%
益沃	20年2月				9,420	3,673	390	藤井寛太郎	13.1%	71.5%
東津	25年8月				14,560	7,248	498	亥角仲蔵	35.5%	57.3%

注 1：事業計画（設立時）の数値のうち、沃溝西部水組のものだけは実績値。
注 2：*は、組合設立申請の年・月（設立されず）。
出所：大橋清三郎ほか『朝鮮産業指針：完』開発社、1915 年、近藤康男『農業経済論』時潮社、1934 年、全北農地改良組合『全北農組 70 年史』1978 年、朝鮮総督府土地改良部『朝鮮土地改良事業要覧』1927 年度版、1931 年度版。

Ⅲ. 初期段階における湖南平野における水利組合事業

1. 万頃江流域における水利組合の設立と組合間の分水関係

前述のように、湖南平野では日本大地主による土地集積が進んだ。その代表的な一人である藤井寛太郎は、他の日本人に先駆けて日露戦争開戦直後に土地買収に着手した。そして、万頃江流域における水利組合事業において主導的な役割を果たしていった。藤井は、1905 年に万頃江流域を対象として独自に水源調査を実施している。その際に、腰橋堤を「発見」し、その改築工事を計画したが、他の日本人地主の反対により実施には至らなかった[23]。

その後、前述のように、1906 年に「水利組合条例」が制定される。この法令にもとづいて、1908年に、朝鮮で最初に設立されたのが沃溝西部水利組合であった。この組合は、その水源を、在来の堤堰である米堤と船堤に求めている（米堤のみ前掲図表7-3に示した）。両堤堰は、韓末には荒廃して貯水能力を低下させていたが、水利組合設立直前に道庁の事業によって修築工事が施されていた[24]。当初の受益面積は300町歩強と、後に設立されるこの地域の水利組合に比べると小規模である。また、組合長は朝鮮人であり、前述のように、朝鮮人の所有面積比率も湖南平野の他の水利組合に比べると高かった。

1909年には、全益水利組合の設立が申請され、翌10年に設立されている。前述のように万頃江中流域（参礼面）には閔泳翊が所有する洑の施設があったが、それを組合が買収して改修を行った。旧熊本藩主・細川農場がこの地域に土地を集積しており、熊本農場管理者・黒田二平が初代組合長を務めた。先の沃溝西部水利組合と併せて、ごく初期に設立されたこれら2つの事例では、既存の施設と組織を水利組合に再編したという色彩が強いといえる。図表7-6に示したように、湖南平野にこの後に設立された水利組合に比して、両組合の1町歩当り事業費は格段に低額になっている。既存水利施設の改修が主たる事業内容であったという特徴が反映している。

1909年、勧業模範場技師三浦直次郎が全州平野の「水利計画案」を発表し、さらに「日本人農事経営者の有志」がそれにもとづいて「全州平野西半分」の水田約1万町歩に対して、① 万頃江上流よりの自然流入（2,540町歩）、② 腰橋堤の貯水＋万頃江からの冬期引水（1,900町歩）、③ 揚水機による錦江からの汲み上げ（5,500町歩）という事業計画を立てている[25]。1909年に申請・許可された臨益水利組合は、この事業計画の ② 案にもとづいている。前出の藤井寛太郎が組合長に就いた。腰橋堤の改修・拡張工事と参礼からの引水路設置工事を経て、1911年に竣工された。同じく09年には、それに隣接して臨益南部水組の設立が申請・認可されている。その事業は、前掲三浦技師案での ① 案に相当する。参礼付近から万頃江の河川水を引水するための用水路が新規に整備され、11年に、受益面積2,384町歩で水組運営が開始された。沃溝郡の大地主である大倉米吉が初代組合長となった。

さて、三浦技師案に依れば、錦江からの引水を前提にしなければ、全州平野約1万町歩うち、臨益・臨益南部両組合の受益面積を除いた約5,800町歩に対する水源は確保できない。しかし実際には、その引水事業は施行されなかった。万頃江の限られた残存水量を利用して、臨沃水利組合が1910年に設立申請、11年に認可を受けて設立された（益山郡大地主・宮崎佳太郎が組合長）。そして、隣接する臨益南部水組から毎年11月から翌年3月にかけて剰余水の供給を受ける分水契約を結んだ（供給報償代金は年3,000円）。その用水を組合の水路に貯溜して、2,780町歩の苗代・田植水に利用した[26]。

受益面積に比して供給可能な水量が不足していたことに対応するために、上記の分水契約以外にも、水利組合間でいくつかの契約が結ばれている。全益水利組合と臨益水利組合との「覚書」では、毎年10月1日より翌年3月30日まで、前者は後者にたいして「無償ニテ永久ニ分水ス」ることを認めている。ただし、取水口と腰橋堤との間の水路工事の際には、「沿線ノ水利及既得ノ権利ニ支障ヲ及サヾル範囲ニ於テ施行スヘシ」といった規定が盛り込まれている。また、臨益水利組合と臨益南部水利組合との契約には、後者の要求によって補償契約にもとづいて分水することができる、という条項が盛り込まれている。さらに、臨益南部水利組合と全益水利組合との間でも「契約書」が交わされている。その中には、前者が水路を敷設する際に、後者の既存の水路を保全するための措置を前者の費用負担によって実施することを主旨とした条項が設けられた。また、「全益水利組合ハ…従来ノ慣習ニヨリテ其灌漑区域ニ渇水セル程度ニ於テ堰止工事ヲナスヿヲ得／但シ前項堰止メ工事ハ土俵ヲ以テ締切ルニ止マルモノトス」という条項が掲げられている。

以上の4つの分水契約から、二つの特徴点を読み取ることができる。ひとつは、新規水利施設の設置に際して、慣行水利権の保全に対する配慮がなされている点である。とくに、全益水利組合の水利権が相対的にもっとも強い権利として互いに了解されている。それは、開発の歴史が古いことと、取水口がもっとも上流にあることに因っていると考えられる。ふたつには、逆に、慣行水利権者にとっての余剰水については、新規水利用者の利用権が確認されている。分水をめぐる水利組合相互の関係は、それぞれの水利組合事業を主導した日本人大地主のあいだでの利害対立と妥協にもとづいた合意形成を通じて成立していったといえる。後に見るように、朝鮮人利害関係者は、この合意形成の場から排除された。

2. 東津江流域における水利組合事業の挫折

木村東次郎[27]の回顧によると、1909年に、東津江流域に貯水池47箇所を新設し、かつ「金堤邑内大貯水池」[28]を浚渫して、東津江から引水・貯溜することで、9,389町歩に滝漑を行う水利組合事業が計画され、設立願書が度支部宛てに提出されている。しかし、その後、東津江上流域地主のなかから、下流域地主と同一組合を組織するのは、「天恵を無視するもの」という反対意見がでた。群山駐在の勧業模範場技師三浦直次郎の「裁断」によって、東津北部水利組合と東津南部水利組合とに二分割することになった[29]。

1910年3月には「東津北部水利組合設立認可申請」が、また同年（月は不明）には「東津南部水利組合設立認可申請」がそれぞれ提出されている[30]。両水利組合設立認可申請を受けて、全州財務監督局長須藤素は、度支部次官荒井賢太郎に対して、1910年5月に「水利組合設立ニ関スル件」という「副申」を提出している。その中で須藤は、① 両組合の合同が望ましいという自分自身の判断にもとづいて、両組合代表者に合同を説示したものの、南部組合の反対によって合同に至らなかった、② 合同に代えて、両組合が「契約覚書」に調印した、③「契約覚書」の条項が南部組合の水利権の優位[31]を認めているために、北部組合区域への水供給が不足する恐れがある、④ 旱害によって生じる損害は平年作の増収で以って補って余りあると両組合が主張しており、また、両組合のあいだでの紛争は当局の監督によって防ぐことが可能である、という指摘を行って認可が適当であるという結論を導き出している（454～455頁）。

1910年8月、度支部大田黒技師が、「東津江水利組合事業調査報告」を作成している。その中では、① 東津江が事実上唯一の水源であるので、ふたつの組合を分離して設立するのは不合理である、② 両組合合わせて6,000町歩を滝漑する水量が東津江にはない、という2点を指摘し（491～492頁）、旧慣にもとづく滝漑地域3,600町歩のみを受益地区とする水利組合設立を提案している（499頁）。

1911年4月には、木村東次郎ほか14名発起人（日本人9名、朝鮮人5名）の連著により「東津江水利組合設立認可申請書」が提出されている。前掲大田黒技師の調査報告ののち、勧業模範場技師三浦直次郎、同技手貴島一に依頼して申請書を補修した、という経緯が記されている（432 頁）。龍山洑と竹山洑（図表 7-3 を参照）の改修を主たる水源工事とし、受益面積として 3,432.8 町歩を想定する（438 頁）など、大田黒技師の提案にほぼ沿った事業計画となっている。

しかし、この認可申請は、総督府から計画変更が求められることになる。1913 年 7 月、内務部長官から全羅北道長官宛てに「東津江水利組合設立認可申請ノ件」という照会がなされている。「水量トノ関係及地域内ノ地勢ニ照シ」工事計画を変更すべきであるという判断から、申請者に再考を求めるものであった（320〜321 頁）。すなわち、① 申請者が想定する潅漑面積約 3,500 町歩に対して、東津江水量が潅漑できる面積は 800 町歩にとどまること、② 碧骨堤内への冬春期流水瀦溜をすれば、所定の 3,500 町歩にくわえて堤内外 2,400 町歩の植付用水が供給可能となること、③ 碧骨堤内瀦溜により竹山洑は撤廃することが可能となること、が唱えられている（322〜328 頁）。

この照会に対して設立請願者総代は、1914 年 2 月に「東津江水利組合設計変更ニ付答申」という回答を行っている。そこでは、碧骨堤の堰止および竹山洑の廃止は、いずれも、「関係地主」が反対であることから賛同できないことを伝えている（304 頁）。後述のように、1921 年には、水利組合事業とは別途に、竹山洑の改良工事が実施されている。その後、総督府当局と設立申請者との間で文書のやり取りがあったものの、結果的に東津江水利組合は設立に至らなかった。

ところで、以上述べてきた東津江本流域での水利事業設立が挫折した時期に、その支流である古阜川を水源とする古阜水利組合が設立されるに至っている。1910 年代に限れば、東津江流域において設立された唯一の水利組合となる。1913 年に古阜郡守が関係地主を招集して水利組合設立を促し、その後、受益地内の最大地主であった東拓が主導して水利組合が設立された（1916 年）。初代組合長は、石川県農業(株)管理人の北尾栄太郎であった。技術的には、貯水池（興徳貯水池）を新設する一方で、蟹洑（図表 7-3 を参照）という在来の洑を引水施設として改修利用している点が特徴的である[32]。

前掲図表 7-6 に示したように、湖南平野において 1910 年代に計画あるいは実際に設立された水利組合の中では、4,000 町歩を超える古阜水利組合の受益面積は最大であり、さらに、1町歩当り事業費でも他の組合を大幅に上回っている。ほかの水利組合が既存の水利施設の改修によって水源を確保していたのに対して、古阜水組は新規に貯水池を設置したことが、1町歩当り事業費の差となって反映しているといえる。

Ⅳ. 新規水源開発と水利組合事業の進展

1. 万頃江上流における新規水源開発

(1) 益沃水利組合の設立

万頃江流域を対象とした初期の水利事業計画では、下流域での水不足を解消するために錦江からの引水という解決策が提示されていたが、実現されなかった。それに代わる水源として、1920年代以降、大雅貯水池と夷川貯水池というふたつの大規模貯水池が高山川上流に設置され、万頃江下流域の水利開発が大きく進展してゆくことになる（図表7-3参照）。

1918年、臨沃水組の宮崎佳太郎組合長と組合内大地主である熊本利平・島谷八十八は、臨益水組の藤井寛太郎組合長を訪ねて、腰橋堤貯水池を拡張して臨沃水組に分水する工事の実施を依頼した。その案に代えて藤井は、当時総督府が万頃江水害防止工事の一環として調査中であった大雅貯水池事業を臨益南部・臨沃両水組の新たな水源工事として採用する計画を提案した[33]。

藤井の主導のもとで、臨益南部・臨沃両水組の合併交渉と事業計画が進められた。20年に合併が認可され、組合名は益沃水利組合とされた。初代組合長には、藤井が就任した（臨益水組組合長と兼任）。前掲図表7-6に示したように、益沃水組の設立事業は、総額に関しても1町歩当りで見ても、前節で述べた1910年を前後する時期に設立された水利組合の事業規模と比べて、格段に大規模なものとなっている。第一次大戦期の米価高騰による事業費負担能力の嵩上げおよび1920年産米増殖計画の開始にともなう補助金・制度融資の拡充という二つの条件が、それを可能にしたといえる。

技術的には、この事業は、二つ点で特徴的である。すなわち第一に、新水源の大雅貯水池は、専門技術者の設計によるコンクリート・石造の大規模なアーチ型堰堤である[34]。第二に、大雅貯水池からの放水をいったんは高山川に流入させ、8キロメートルほど下流にある於牛里の取水口から導水渠を経て旧臨益南部水路に配水するという方式を採っている。この導水渠は、在来洑（於牛里洑）を拡張したものであった（図表7–3参照）。あわせて、参礼にあった旧臨益南部水組の取入堰を改良して、高山川を流下してくる放水を、再度取水する仕組みを作った[35]。

1933年には、臨益水利組合がアースロックダム・夷川貯水池を高山川上流部に建設して新水源とする事業を開始した。旧水源であった腰橋堤は干拓され、益沃水組の受益地面積は4,840町歩に増加した（37年完工）[36]。夷川貯水池からの放水もまた、一旦高山川を流下した後に益沃水組の於牛里洑から取水され、益沃水組の導水渠を経由して臨益水組受益地に供給された。

1910年前後の万頃江流域における水利組合事業は、基本的には在来施設の修築事業であった。それに対して、大雅・庚川貯水池は、東津江の古阜水利組合を先例としつつも、近代的土木技術にもとづく大規模水源開発という点で、時代を画するもであった。ただし、その一方で、両者ともに、用水路に関しては自然河川に依存したものとなっている。このように、ふたつの対照的な技術体系が併用されている点が、1920〜30年代の万頃江流域水利組合事業において特徴的な技術的特性であるということができる。

⑵　全北水利組合の成立

益沃・臨益両水利組合の大型ダムから高山川に放流された用水は、於牛里洑から取水され、幹線用水路を経て組合受益地に供給された。その幹線用水路が設けられたのが参礼鳳東地区であった。丸紅商店の創業者として知られる伊藤長兵衛は、この地域における大地主でもあった。伊藤は、この地区の水利に関して次のように述べて在来水利施設が発達していることを強調している。

> 由来鳳東地区ハ益沃水利組合大雅貯水池臨益水利組合庚川貯水池ヲ設ケタル高山川上流水ヲ先有シ　地区自体モ地下水、湧出水等ニ富ミ地区内大小自然水路ノ多キコト…明カナル全鮮（ママ）的ニ稀ナル水郷ニシテ　古来美田ヲ養ヒ来レル処ナリ[37]

他方で、益沃水利組合が作成した資料は、参礼鳳東地区の幹線用水路に関して以下のように記述している[38]。

高山川ヨリ導水スルニ当リテハ於牛里洑ハ在来ノ儘護岸工ヲ施シ従来ノ灌漑ニ支障ナキヲ期セシメ又全益水利組合地域及於牛里洑以下参礼ニ至ル本組合地区外ノ灌漑ハ必要水量ヲ自由ニ使用セシムルモノナルガ故ニ従来挿秧季旱魃ノ為七月ニ入リテ植付ヲ為スガ如キ事無キニ至リ従来ニ比シ頗ル完全ナル水利ヲ得ルコトトナルベシ右ノ如ク本計画ハ地域外ノ水利ヲモ安全ナラシムル…

益沃水利組合の取水口・用水路の設置に際しては於牛里洑および於牛里から鳳東を経て参礼にいたる地域における灌漑施設に対して、その従来からの利用秩序に影響を及ぼさないように留意したこと、そして、大雅貯水池築造にともなって、「地域外」すなわち参礼鳳東地区の在来水利施設へ用水供給が以前よりも潤沢になることが期待できることが指摘されている。にもかかわらず、参礼鳳東地区にとって、大雅・庚川貯水池建設はメリットばかりではなかった。先に引用した伊藤長兵衛の陳情書には、次のような記述がある。

…貯水池ノ為メニ自由ヲ取ラレ損スル場合アルヘキヲ思フナヘキナリ　例ヘハ雨ノ降リ方落水ノ方法等ニ依リ鳳東地区ノ欲シキ水ハ溜メラレ欲シカラサル時ニ落水セラレ生来ノ水ヲ受ケス　即チ鳳東地区生来ノ耕耘植付除草生育用水ノ便ヲ取ラレ　生来ニ於テナカリシ減収労苦ヲ見ル場合アルヲ知ルヘキナリ…

…或ハ其洑ヲ漸次減シ　特ニ昭和□□(ママ)年臨益水利組合庚川貯水池設置ニ伴ヒ　共用セントスル右益沃導水路改造ノ要生ジ　其改造経費節約ト組合側水ノ支配権確得ノ為メ　其迄ノ在来洑ヲ制水門式コンクリート洑ニ改造ノ際　在来五六十箇所アリシ洑ヲ僅カ二十箇所程ニ統制シタル結果　其時廃洑トナリタル地域ハ　時ニ場所ニ依リ直接導水路ヨリ灌漑ヲナシ得サルニ至リ地域内ニ於テ昼夜水ノ分配ヲ要スルコトトナリ　或ハ田越畓ヲ生シ農民ナラデハ真ニ判ラサル労苦不便不利ヲ蒙リ居レリ

すなわち、旧慣の尊重という益沃・臨益水利組合の方針にもかかわらず、実際には、参礼鳳東地区の用水利用秩序は、改編を迫られていたのである。1939年に朝鮮を襲った大旱魃に際しての益沃・臨益水利組合の対応に対する伊藤長兵衛の批判からは、用水利用秩序改編の一側面が明瞭に読み取れる。すなわち、伊藤は、前出の陳情書のなかで、…用水期ニハ貯水量ノ如何ヲ問ハス放水ヲナシ上流ヨリ順次灌漑スヘキカ本則ナルニモ不拘　遂ニ放水セサリシハ不法ニシテ　斯カル支配権ヲ認ムルコトナレハ貯水池設置当時鳳東地区ニ左様ナル諒解ヲ求ムヘキモノニシテ　斯カルコトナカリシハ真ノ組合法適用ノ精神ニアラスト信ス

と述べている。旱魃時に貯水を放流しても上流の参礼鳳東地区だけに用水が占有されてしまうことを恐れて放流しなかった益沃水利組合の判断に対して、参礼鳳東地区の慣行水利権を否定するものであり、それを「不法」と批判しているのである。

1939年の大旱魃は、参礼鳳東地区もふくめた万頃江右岸の4水利組合を統合するという計画の契機となった。1939年6月に開催された益沃・臨益水利組合合同評議員会の席上、旱魃対策として、当時「全北農工併進」政策の一環として計画されていた錦江水力発電所ダムの余水を水源として高山川に取り入れる旨の請願を行うことが決定されている[39]。20世紀初に発案された後に立ち消えになっていた錦江からの引水計画が、戦時という状況下で復活したのである。水電ダム建設に先立って、参礼鳳東地区は、1940年7月に益沃水利組合に編入され、その後に、41年4月に4水利組合が合併して、受益面積1万8,500町歩に及ぶ全北水利組合が成立した[40]。

全北水利組合への合併に対する地区内土地所有者の同意率（それぞれ人数比・面積比）を合併前水利組合ごとに見てみると、臨益（97%・94%）と益沃（85%・92%）が高い数値を得ていたのに対して、全益（61%・75%）の数値はそれらを下回っている[41]。参礼鳳東地区の数値は、それぞれ53%・68%と全益よりもさらに低かった[42]。より上流域に位置して既存の水利権が強い地域ほど、合併に対する合意が得にくかったことが分かる。とくに参礼鳳東地区の場合は、伊藤長兵衛の主張に示された当該地域土地所有者・農民の益沃・臨益水利組合による水利事業に対する反発意識がその数値に表れている。

2. 東津水利組合の成立

朝鮮総督府作成の報告書によれば、1915年に朝鮮13大河川を対象に実施された治水・水利調査において、蟾津江に関して、その上流部に貯水池を設けてトンネルを通じて東津江流域7,500町歩に用水を供給する計画が立てられている。この事業にあわせて水力発電事業も計画されている[43]。他方で『東津農地改良組合五十年史』の記述によると、1917年に、朝鮮総督府および全羅北道の技師が現地調査を行い、航空踏査という新しい手法を用いて、東津江とは水系を異にする蟾津江に貯水池を築造して水源とし、東津江に引水するという計画を作成した、と説明されている（水力発電計画もあわせて立てられている）[44]。この２つの水利事業計画の関係性は不明であるが、以後、蟾津江からの引水による水利組合設立が具体化してゆくことになる。

1918年２月に地主28名と金堤・井邑両郡守と郡技手および金堤・井邑郡内面長が集まって、水利組合設立に向けて討議が行われた。その際、井邑郡側からは現在水利の不便を感じておらず、組合費負担を平等にすることには賛同できないという主張がなされた。負担額に相当の等級を設けることで、その場は納められた[45]が、その後、設立作業は一時停滞した[46]。1920年に創立事務が開始され、1921年には、東津水利組合の基本計画が完成している[47]。

しかし、この時点では、組合は設立されなかった。常設委員に就いていた日本人大地主のあいだで意見が対立したためである。すなわち、1922年の資料によると、「東津水利組合ノ設立ハ組合費賦課率ニ対スル常設委員間ノ意見一致ヲ欠ケル為目下行悩ミノ状態ニ在リ…東京ニ於ケル常設委員会ニ於テハ…設立ノ進捗ヲ中止スヘキ旨決議スルニ至レリ其ノ原因ハ畢竟既成畓ノ所有者ト未墾地所有者トノ間ニ受益ノ厚薄ニ付意見ヲ異ニシ組合費負担歩合ノ強調困難ナル為」[48]であるという。同じ時期の新聞報道によれば、上流地域の農地を所有する熊本利平が組合費の等級賦課制を主張したのに対して、下流地域を所有する多木粂次郎が均一賦課制を主張して激しく対立した模様である[49]。

組合費賦課率案に関しては、常設委員でもある「東拓、石川、阿部、多木、熊本ノ五農場（其ノ区域内所有面積約七千町歩）ニ於ケル既往五カ年間ノ小作料実収ヲ基礎トシ」[50]て、施工前後での増収を算出し、それにもとづいて等級別に算定している。図表7-7は、1922年事業計画資料に掲載された組合費等級別の受益面積分布である。常設委員を務める５農場はいずれも受益面積が1,000町歩を超えており、引用文中にもあったようにその合計は7,000町歩に達している（総受益面積の48.5％）。５農場の等級別受益面積に着目すると、熊本農場においては畓１等級の比率が相対的に大きいのに対して、多木農場は

図表 7-7　東津水利組合における組合費等級別面積構成比

単位：町歩

		総受益面積	5大農場					5大農場以外
			東拓	阿部農場	多木農場	石川県農業	熊本農場	
受益面積		14,500	1,909	1,954	1,070	1,061	1,041	7,465
等級別構成比	畓特等地	3.6%	0.2%					7.0%
	畓一等地	8.4%	7.8%	0.6%		1.8%	24.6%	10.5%
	畓二等地	14.6%	19.5%	2.0%	2.5%	26.3%	17.9%	16.3%
	畓三等地	35.5%	55.4%	5.3%	4.1%	62.6%	49.1%	37.1%
	畓四等地	22.1%	16.1%	3.6%	72.2%	7.9%	7.8%	25.3%
	田	0.3%						0.6%
	荒蕪地	2.9%	1.0%	2.2%	11.8%	1.4%	0.5%	2.8%
	池沼	0.1%						0.1%
	干潟地	12.5%		86.3%	9.3%			0.3%

出所：「東津水利組合規約」（韓国国家記録院所蔵文書 CJA0006595 所収史料）、702 頁より作成。

畓 4 等級、阿部農場は干拓地という劣等地の比率が大きいことが分かる（東拓と石川県農場は両者の中間）。熊本農場は、朝鮮進出時期が早く、既存水利施設が分布する東津江上中流域での土地集積が可能であった。それに対して、多木・阿部農場の場合はそれよりも遅かったために、下流域の水利不安定地ないし未墾地での土地集積を行わざるを得なかったといえる。事業計画においては、劣等地ほど期待される増収額が高く見積もられ、それに応じて組合費賦課額も大きかった。これが、組合費賦課率をめぐる常設委員同士の利害対立の要因となったのである。

なお、多木は、郵便料金が一律であることを例に挙げて、単位面積当使用水量一定＝組合費均等賦課を主張した。さらには、使用水量を多く確保しうる上流のほうがむしろ組合費を多く負担すべきことを主張した。同様に、普通畓以上に水を必要とする干拓地の組合費も原則としては重くすべきであることを主張している（安定的な収穫を得るまでに年数がかかることに考慮すべきことも併せて指摘している）。こうした多木の主張に下流地域に土地集積した地主たちが同調したために、設立にむけての合意形成が困難になり、1924 年 2 月に、組合設立は延期されている[51]。

設立延期決定の後、1924 年の大旱魃によって、東津江流域は大きな被害を受ける。隣接地域の水利組合地区においてはむしろ増収を達成しているのを目の当たりにして、東津江流域の地主は水利事業実施の緊要性を痛感した。全羅北道庁は、1924年度収穫期に想定受益地区1万3,500余町歩2万余筆に対する収穫量調査を実施し、その結果を基礎にして組合費等級に関する基準案を作成した[52]。そのうえで、1925年1月、亥角全北知事が議長となり、大地主・農場管理者によって構成される14名の創立実行委員会を発足させている（日本人11名、朝鮮人3名）。同年3月には、東洋拓殖裡里支店長・渡辺得司郎を委員長に22名（日本人12名、朝鮮人10名）からなる創立委員会が設立されている[53]。同年7月に設立申請を行い、8月に認可を受けた。亥角が、知事を辞職して組合長に就任した。受益面積は、1922年事業計画時よりも拡大されて1万4,500町歩となっている。また、22年事業計画時に6等級（うち畓は5等級）であった組合費等級は、9等級（うち畓は8等級）に増やされている。上述の、一筆調査にもとづく収量の正確な把握にくわえて、組合等級を細分化することによって、組合費のより「合理的」で「公正」な賦課が実現し、それが、水利組合設立に向けての大地主のあいだでの合意形成を促したということができる[54]。

組合設立後の1925年9月に工事が開始され、コンクリート・ダム（雲岩貯水池）、雲岩隧道および幹線・支線水路工事などの完工により、28年4月に灌漑用水供給が開始されている。図表7-6に示したように、受益面積・1町歩当事業費ともに益沃水利組合設立時を上回っており、総事業費は益沃水組の2倍に達している。植民地期を通じて朝鮮で最大規模の事業となった。翌29年には、東津水組と南朝鮮電気株式会社との間で、雲岩貯水池を利用した水力発電事業に関する契約が結ばれた（その後、後者の権利は、この事業経営のために新設された南朝鮮水力電気株式会社に譲渡）。31年に発電事業が開始され、裡里・群山・江景方面に供給された[55]。

V．水利組合設立に対する朝鮮人の反対運動

これまで見てきたように、湖南平野における水利組合事業においては、新規

水源開発および配水（取水・分水）システムの改編をともなった点が技術的な特徴であった。慣行水利権者と水利組合事業者とのあいだに利害対立が生じた所以である。これまでの分析においてはおもに日本人大地主のあいだでの利害対立に着目した。東津水利組合設立過程においては、朝鮮人が関与していたことが名簿から確認できるが、彼らが組合設立に具体的にどのような態度で関わったのかは不明である。朝鮮人地主・農民の動向に関して言及してこなかったが、実際には、水利組合事業者とのあいだでしばしば利害が対立してきた。以下では、いくつかの代表的事例を紹介していきたい。

まず、新規水源開発に対して朝鮮人地主・農民が反対した事例を取り上げる。第1に、臨益水利組合の事例を挙げる。同水組が水源として腰橋堤改修を実施しようとしたのに対して、1911年5月に、堤内冒耕地を所有していた京城在住の沈宜甲が「相当な時価」による土地買収を朝鮮総督に対して訴えている。また、益山郡巳悌面他3面の「人民代表者」3名（いずれも朝鮮人）が、同じく1911年5月に、朝鮮総督に対して「毎斗落損害金」を算出根拠に冒耕地に対する正当な賠償を請願している。同水組は、約600町歩の冒耕地の4分の1に該当する冒耕地所有者に対して土地収用令を適用することで対抗した[56]。

第2に、益沃水利組合・大雅貯水池が築造された際に、東上面大雅里地域住民が離散してしまった事例を挙げることができる。貯水池敷地計画に対して当該地住民は、土地売却によって生活が不安定化することを憂慮して、組合に対して代替地確保を希望した。しかし移住民に対する補償は行われず、同水組は行政官庁の支援を受けつつ土地買収を行った。このために大雅里住民は耕作地を失い、破産するものも多かった[57]。

第3は、東津水利組合・雲岩貯水池築造に対して地元地主・農民が反対した事例である。1919年、雲岩貯水池築造のための現地測量に際して、任実郡雲岩面の最大地主であった洪淳院を中心に反対運動が起こった。一方では、洪淳院が朝鮮総督府に陳情書を提出し、他方では測量を実施しようとする者に対しては地元住民が実力を以って抵抗した。総督府は、警察を大量動員して強圧的に住民の抵抗を鎮圧し、その主導者を拘束した[58]。

つぎに、慣行水利権を根拠に水利組合事業に対して反対した事例に着目する。第1に取り上げるのは、益沃水利組合による堤防・堰の設置にともなう飲用水枯渇問題である。1922年、万頃江左岸の金堤郡白鴎面長は、飲用水枯渇に苦しむ各里代表者からの請願を受けて、益沃水利組合長に対して井戸設置を提案した。この提案は実施されず、1924年には、5,000名の地元住民が道庁に向けて示威行進をおこない、警察と衝突するという事件に発展した。その後も、住民は、鍬を手に組合に抵抗し、さらに、水路や閘門破壊活動も継続して行なった[59]。

第2に、全益水利組合と既存洑受益者との対立の事例を挙げる。1931年に、全州郡参礼面旧瓦里では、農民が築造した洑を全益水利組合が撤去したために、苗代が枯れる事態となった。当該農民は、この洑を数十年間使用してきたと主張して、全州郡に救済の陳情を行った。全州郡守が組合に対して、これまでの実例に徴して農民に便宜を図るように通告した。にもかかわらず、組合が再度当該洑を毀損して植付水の確保が困難となったために、当該農民は郡に対して再度陳情を行った。郡は、組合に対して、前例に倣って引水を認めるように再度通告している[60]。

第3の事例は、東津水利組合・雲岩貯水池築造に因る既存洑被害の事例である。これは、先に述べた新規水源開発がもたらした対立という性格も有する。雲岩貯水池築造のための蟾津江堰止め工事にともなって、その下流域である任実郡徳峙面廻文里では、約300年前に造られた洑（受益面積38町歩）からの引水が不可能になった。洑の代替水源工事を求めて、1926〜27年に、小作農を含む地元農民が道当局と東津水組に対して繰り返し陳情を行っている。組合の不誠実な態度に対して、水組事務所前に集団で野宿して抵抗の意思表示することもあった[61]。

第4には、既設水利施設受益地区の農地所有者が組合費賦課を不当として組合費不納運動を展開したケースである。井邑郡泰仁面の平野地帯（居山平野）は、東津水利組合設立前から水源が豊富で旱魃被害のない地帯であった。にもかかわらず、東津水組の組合費は特等ではなく3・4等ないし6・7等という過酷な等級が割り当てられた。これを不服とする関係者は、1929年に「地主会」を開催して組合費の「不納同盟」を結成した。そして、道当局および東津水組に対して組合費等級の見直しを陳情している[62]。この陳情の結末は不明である[63]。

Ⅵ. まとめにかえて

これまで、湖南平野における水利組合の設立過程を、万頃江流域と東津江流域との異同に留意しつつ分析してきた。両流域における共通点として以下の2点を挙げることができよう。第一に、初期段階での事業計画が、それぞれの流域に土地を所有する日本人地主および統監府（総督府）日本人技術者の双方によって提案された。前者の提案は実行に至らなかったが、後者による提案がその後の事業の方向性を規定していった。

第二に、組合設立過程においては、日本人大地主が議論を主導した（沃溝西部組合を除く）。その際、日本人大地主間の意見対立が争点となった。基本的には、用水配分をめぐる上－下流域間での利害対立（それは慣行水利権を有する耕地所有権者と新規水利権獲得者との利害対立でもある）がその要因であった。大規模ダム開発による新規水源の確保が、こうした利害対立を緩和する技術的なきっかけとなった。なお、大規模ダム開発計画は、両流域ともに植民地権力が策定した治水計画の一環として発案されている。

他方で、相違点もある。万頃江流域では1910年代に水利組合が複数設立されたのに対して、東津江流域では計画段階での挫折を繰り返し、本格的な水利組合は1925年東津水利組合設立を待たなければならなかった。万頃江に比べて東津江の流量が乏しく、それだけ上－下流域間での分水をめぐる利害対立が激しくならざるを得なかった。この利害対立が日本人大地主間での意見対立として表面化し、組合設立のための合意形成を困難にさせたと考えられる。なお、東津北部・南部両水利組合設立申請を受けて須藤・全州財務監督局長は「頃来勃興ノ機運ニ際会セル水利事業ニ一頓挫ヲ来シ延テハ当国政府ノ農政方針上ニ及ホスヘキ影響モ少ラサルヘク候」[64]と述べている。個別水利組合事業の成否が植民地農業政策の評価にまで影響を及ぼし得るという観点から、植民地権力は申請事業の可否を判断していたことが窺える。1910年代東津江流域における事業申請に対して、当局が慎重な態度で臨んだ所以である。

ところで、本文最後で紹介したように、朝鮮人地主・農民が、湖南平野の水利組合事業に対して反対し、対抗する事件が頻発した。水源地開発にともなう所有農地（小作農にとっては耕作農地）や宅地の喪失および用水配分システムの変更にともなう慣行水利権の毀損がその原因であった。多くの事例が水利組合設立後に表面化している点を、その特徴として指摘することができる。すなわち、組合設立に向けての合意形成は一部の日本人大地主の主導の下に行われ、朝鮮人地主・農民がそれに参画する余地はなかった。朝鮮人地主・農民は、自分たちの意志とは関係なしに設立された組合に対して、自分たちの利害関係に関する意思を表明することとなったのである。その意思表明は、しばしば、地域住民の集合行為としての「運動」という形態を取った。こうした意思表明に対して、植民地権力と水利組合は、警察などの実力を以って介入したり、あるいは土地収用や強制執行といった法的強制力を起動させることで対処していったのである。

「公共財」としての農業用水の（再）配分を巡っては、慣行水利権受益者／新規水利権受益者および農地所有者／農地耕作権者などさまざまなステークホールダー間の利害調整が不可欠である。植民地権力の下で導入された水利組合の法制度および日本人大地主による土地集積という２つの条件が、湖南平野をして水利組合発達地域せしめた要因であったといえる。この２条件ゆえに、上述の利害調整のための取引費用を節約（より正確には、日本人大地主の利害以外の利害関係を無視）することが可能となったのである。換言すれば、植民地支配は、「公共財」としての農業用水（最）配分に関する利害調整をめぐって朝鮮社会のなかにすでに歴史的に蓄積され、さらに将来にわたって蓄積されたであろう多様な経験とその可能性を切り捨てて、植民地支配にとって好都合な制度のみを朝鮮社会に押し付けたのである。

注

1　朝鮮での水田の意。なお、朝鮮での「田」は畑の意。

2　朝鮮において1939～41年平均作付面積がその前の期に比して大幅に減少しているが、これは、1939年の大旱魃に因るところが大きい。

3　今村奈良臣ほか『土地改良百年史』平凡社、1977年、129・136頁。

4　坂下明彦「北海道における地主制と土功組合」『農経論叢』、第45号、1989年、9頁。

5　以上、今村奈良臣ほか前掲書、136頁。

6　植民地朝鮮においては、1927年「朝鮮河川令」附則によって、日本国内「河川令」と同様の慣行水利権が規定されている。

7　박명규（パク・ミョング）「일제하 수리조합의 설치과정과 그 사회경제적 결과에 대한 연구—전북지방을 중심으로」『성곡논총』、第20号、1989。이경란（イ・ギョンラン）「日帝下水利組合과 農場地主制—沃溝・益山지역의 사례—」『学林』、第12・13合輯、1991年。

8　松本武祝「植民地朝鮮における農業用水開発と水利秩序の改編—万頃江流域を対象として—」『朝鮮史研究会論文集』、第41号、2003年。

9　禹大亨「일제하 만경강 유역 수리조합 연구」『東方学志』、第131号、2005年。

10　許粋烈（庵逧由香訳）『植民地初期の朝鮮農業　植民地近代化論の農業開発論を検証する』明石書店、2016年。

11　임혜영（イム・ヘヨン）「동진수리조합의 설립과정과 설립주체」『전북사학』、第33号、2009年。

12　鄭勝振「湖南 지역사회 속의 東津水利組合—장기사적 관점에서의 연구서설」『大東文化研究』、第94集、2016年。

13　パク・ミョング前掲論文は、万頃江流域水利組合に加えて古阜水利組合と東津水利組合もあわせて分析している。ただし、流域の違いという観点は分析に反映されていない。

14　23の直轄河川のうち、流域面積の広さでは、万頃江19位、東津江22位であった。

15　朝鮮総督府全羅北道『大正五年朝鮮総統府全羅北道統計年報』、1918年、213頁。

16　同上書、3頁。

17　鄭勝振前掲論文、293頁および全北農地改良組合『全北農組70年史』、1978年、176頁。

18　東津農地改良組合『東津農地改良組合五十年史』、1975年、37頁。

19　湖南平野の水利事業において中心的な役割を果たした藤井寛太郎（この点、後述）の回顧によると、藤井が韓国財政顧問・目賀田種太郎との面談において水利事業奨励を陳情したところ、目賀田は水利事業のための法令制定を書記官に命じたという（「藤井貫太郎自叙伝」友邦協会、3の（2）～（4）頁）。藤井は、これによって「水利組合条例」が制定されたと記述している。面談の年次が1907年、条例制定の年次が1908年と記されていることから、藤井は、「水利組合条例」と「水利組合要領」とを混同したと思われる。

20　チュ・イクジョンは、この「要領」が交渉費用を節約して組合設立を容易にした反面で、多数地主の反対にもかかわらず設立が可能となることから、むしろ紛争発生の確率を高める可能性が高かったことを指摘している（주익종（チュ・イクジョン）「일제하 수리조합사업 再考—거래비용적 접근—」『経済史学』、第28号、2000年、50～51頁）。

21　下記の数値は、宮嶋博史ほか前掲『近代朝鮮水利組合の研究』及び朝鮮総督府『朝鮮土地改良事業要覧』、1942年度版を参照した。

22　以下の数値は、朝鮮総督府『朝鮮土地改良事業要覧』、1931年度版より算出。

23　李圭洙「후지이 간타로（藤井寛太郎）의 한국진출과 농장경영」『大東文化研究』、第49集、2005年、291頁。

24　以上、イ・ギョンラン前掲論文、121・123頁。

25　（著者不明）「全州平野の水利事業」『韓国中央農会報』、第4巻第3号、1909年、42頁。

26　大橋清三郎ほか前掲『朝鮮産業指針：完』、720-721頁。

27　木村は、後に東津北部水利組合、東津江水利組合および東津水利組合の設立委員を務めている。東津江流域における水利組合事業の中核的人物の一人である。北海道大学農科大学予科を卒業後、1906年に朝鮮に渡り、勧業模範場（水原）勤務を経て、金堤郡で地主経営（畓10数町歩）を開始した（柴藤義雄『朝鮮始政二十年史』朝鮮商工新聞群山支社、1930年、775頁）。湖南平野の日本人地主のなかでは小規模地主であった。

28　碧骨堤のことを指していると推察される。

29　以上、松岡琢磨編『東津江流域』実業之朝鮮社、1928年、69・72・76頁。

30 「東津江水利組合設置認可ニ関スル件」(韓国国家記録院所蔵文書 CJA0006536 所収資料)。以下、本節において、この資料からの引用箇所は本文中（　）内に表示する。

31 たとえば、「契約覚書」の第2条には、「龍山洑ヨリ引タル用水ハ東津南部水利組合区域内水用ニ損害ヲ及ボサヾル限リ東津北部水利組合ノ要求ニヨリテ之レヲ下流ニ流下セシムル事」と記されている（471頁)。

32 以上、パク・ミョング前掲論文、185-186頁。

33 前掲『全北農組70年史』、270頁を参照（1919年2月「臨沃水利組合評議会」での藤井の発言)。

34 益沃水利組合『益沃水利組合之事業』、1923年、13頁を参照。なお、その設計に対してはアメリカ人技師ピーターソンや東京帝大・上野英三郎が関与している（同28頁を参照)。

35 藤井寛太郎・山田盛彦「全羅北道の部／益沃水利組合」『朝鮮農会報』、第20巻第11号、1925年、121頁。

36 前掲『全北農組70年史』、142頁。

37 伊藤長兵衛「鳳東地区益沃水利組合合同ニ関スル陳情ノ件（1941年3月20日)」(全州歴史博物館所蔵）より引用。

38 前掲『益沃水利組合之事業』、8頁。

39 前掲『全北農組70年史』、330-331頁。

40 全北水利組合の成立にもかかわらず、錦江水電ダムは建設されなかった。

41 以上の数値は、前掲『全北農組70年史』、347頁より算出。

42 「同意書調印未調印一覧表」益沃水利組合「昭和十五年度区域変更（新編入ノ分）土地所有者別集計表」(旧全北農地改良組合所蔵資料）所収。

43 以上、朝鮮総督府『治水及水利踏査書』、1920年、64-65頁。

44 東津農地改良組合『東津農地改良組合五十年史』、1975年、68頁。

45 「毎日申報」1918年2月19日付記事。

46 東津水利組合の設立を巡って日本人地主のあいだで意見対立が再燃していた時期、先述のように、橋本央が日本人地主を糾合して竹山契を組織し（1919年)、竹山洑水門を新設している（1921年）(許粋烈前掲書82-83頁)。橋本は、東津北部・東津江水利組合の創立委員を務め、さらに、この後1924年には東津水利組合の創立委員を務めている。この時期に橋本は、個人の影響力が及ぶ範囲において水利事業を推進しようとしていたと推察される。

47 宇津木初三郎『湖南の宝庫金堤発達史』、1934年、52頁。

48 「大正十一年三月現在東津水利組合ノ組合費賦課率ノ件」(韓国国家記録院所蔵資料 CJA00006595 所収史料)、592頁。制作者は不明であるが、朝鮮総督府便箋に記された手書き文書であり、総督府官僚による報告資料であると思われる。

49 「毎日申報」1922年7月27日付記事。(　) は本文のまま。別の資料に依れば、常設委員のうち阿部市次郎も水利組合費案に反対の立場を取っていたことがわかる（「収受電報大正11年1月25日宛名矢島課長発信人大久保創立委員長」(韓国国家記録院所蔵資料 CJA00006595 所収史料)、654頁。

50 前掲「大正十一年三月現在東津水利組合ノ組合費賦課率ノ件」、594頁。

51 以上については、イム・ヘヨン前掲論文、222-223頁。

52 以上、前掲『東津農地改良組合五十年史』、72頁。

53 同上書、74-77頁。

54 この際にも、多木は、組合費賦課案に反対した。多木が組合設立に同意したのは、申請直前の1925年5月であった（イム・ヘヨン前掲論文、224頁)。

55 前掲『東津農地改良組合五十年史』、277-278頁。

56 以上、前掲『全北農組70年史』、117-119頁。

57　イ・ギョンラン前掲論文、130-131 頁。

58　パク・ミョング前掲論文、202-203 頁。

59　イ・ギョンラン前掲論文、130-132 頁、松本武祝前掲論文 156 頁。

60　イ・ギョンラン前掲論文、130-32 頁。「河川流水の利用に関する件」1931 年 6 月（全益水利組合『重要書類綴』（旧全北農地改良組合所蔵資料）所収）。全益水利組合が設立されて 20 年後に、このような問題が発生した理由は不明である。

61　パク・ミョング前掲論文 205 頁、『東亜日報』、1927 年 9 月 7 付記事。

62　『東亜日報』、1929 年 1 月 22 日・1929 年 2 月 3 日・1929 年 4 月 10 日付記事。

63　井邑郡宝林面の東津水組組合員による組合費不納に対しては、組合は差押で対抗している（『東亜日報』、1929 年 10 月 16 日付記事）。組合費不納に対して組合は強硬路線で臨んだと推察される。

64　前掲「東津江水利組合設置認可ニ関スル件」454 頁。

参考文献

東津農地改良組合（1975）『東津農地改良組合五十年史』。
박명규（パク・ミョング）（1989）「일제하 수리조합의 설치과정과 그 사회경제적 결과에 대한 연구―전북지방을 중심으로」『성곡논총』、第 20 号。
禹大亨（2005）「일제하 만경강 유역 수리조합 연구」『東方学志』、第 131 号。
이경란（イ・ギョンラン）（1991）「日帝下水利組合과 農場地主制―沃溝・益山지역의 사례―」『学林』、第 12・13 合輯。
李圭洙（2005）「후지이 간타로（藤井寛太郎）의 한국진출과 농장경영」『大東文化研究』、第 49 集。
임혜영（イム・ヘヨン）（2009）「동진수리조합의 설립과정과 설립주체」『전북사학』、第 33 号。
全北農地改良組合（1978）『全北農組 70 年史』。
鄭勝振（2016）「湖南 지역사회 속의 東津水利組合―장기사적 관점에서의 연구서설」『大東文化研究』、第 94 集。
朝鮮銀行調査部（1948）『朝鮮経済年報』。
주익종（チュ・イクジョン）（2000）「일제하 수리조합서업 再考―거래비용적 접근―」『経済史学』、第 28 号。
臺灣省行政長官公署統計室編（1946）『臺灣省五十一年来統計提要』。
今村奈良臣ほか（1977）『土地改良百年史』平凡社。
宇津木初三郎（1934）『湖南の宝庫金堤発達史』。
益沃水利組合編（1923）『益沃水利組合之事業』。
大橋清三郎ほか（1915）『朝鮮産業指針：完』開発社。
近藤康男（1934）『農業経済論』時潮社。
坂下明彦（1989）「北海道における地主制と土功組合」『農経論叢』、第 45 号。
紫藤義雄（1930）『朝鮮始政二十年史』朝鮮商工新聞群山支社。
全羅北道（1927）『全羅北道道勢一班』。
朝鮮総督府（1920）『治水及水利踏査書』。
朝鮮総督府（1929）『朝鮮河川調査書附表』。
朝鮮総督府『朝鮮土地改良事業要覧』各年度版。
朝鮮総督府『農業統計表』各年度版。
朝鮮総督府全羅北道（1918）『大正五年朝鮮総統府全羅北道統計年報』。
東津水利組合（1926）『東津水利組合資料』（国際日本文化研究センター所蔵）。
農林統計研究会編（1983）『都道府県農業基礎統計』。
藤井寛太郎・山田盛彦（1925）「全羅北道の部／益沃水利組合」『朝鮮農会報』、第 20 巻第 11 号。

許粹烈（庵逧由香訳）（2016）『植民地初期の朝鮮農業　植民地近代化論の農業開発論を検証する』明石書店。
松岡琢磨編（1928）『東津江流域』実業之朝鮮社。
松本武祝（2003）「植民地朝鮮における農業用水開発と水利秩序の改編―万頃江流域を対象として―」『朝鮮史研究会論文集』、第41号。
宮嶋博史ほか前掲（1992）『近代朝鮮水利組合の研究』日本評論社。
（著者不明）（1909）「全州平野の水利事業」『韓国中央農会報』、第4巻第3号。
（著者不明）「藤井貫太郎自叙伝」友邦協会、（出版年次不明）。

第8章
タイにおける水と人とのかかわり
—その多様性と多義性をめぐって—

高城　玲

Ⅰ．はじめに

現代タイには、日本企業がこぞって進出し多くの生産拠点が設けられている。2011年の洪水被害時に、現地で組み立てられたばかりの日本の有名メーカー自動車が、冠水した状態で何百台と並んでいた写真は印象的であった。かつてチャオプラヤー川の流域に広がっていた一面見渡す限りの水田は、工業団地に変貌を遂げ、そこを洪水が襲ったのである。タイ中部で洪水に飲まれた日本車の写真は、特に1980年代後半以降に加速度を増す開発によって、かつて「農業国」と言われたタイが「工業国」へと転換したことを一望の下に象徴的に示していたとも言えるだろう。

しかしながら、そうした変貌を遂げたと言われるタイを、現時点の現象のみで捉えるだけでは、表層的理解に止まってしまいかねない。2011年に洪水被害に見舞われた工業団地は、かつてその洪水の水を利用した水田が広がっていた地域とも重なっている。工業団地が開設されてまだ半世紀もたっておらず、それまでは洪水による水や灌漑による水を活かした稲作が長く行われていたのである。

タイは、近年急激な変貌をとげる以前、長く「稲作社会」[1]として歴史的な展開を見せてきた。そこでは、水が最も重要で、恵みをもたらし、社会を規定する必要不可欠な資源として捉えられてきた。日常生活や信仰の中にも水が深く根付いているのである。特に、灌漑を中心とする水資源の管理は、経済的側面以外に、タイの社会組織や秩序形成にも大きな影響を与えてきた。他方で、2011年の大洪水のみならず、水は時に災害や公害として生活に甚大な被害をもたらすものとしても認識されている。つまり、タイ社会において水は、多様な側面にわたって大きな影響を及ぼす基層あるいいは基盤として位置づいてきたと言えるだろう。この重要性は、近年変貌をとげたと言われる現在においても、生き続けている。であるならば、水という要素の影響を受けて形成されてきたタイ社会という特徴を、現時点の現象にとどまらず、歴史や信仰、文化などの底流も含めて広く検討しておく必要があると言えるだろう。

本章では、タイ社会における水と人とのかかわりをその基層や基盤まで含めて多角的に検討し、かかわり方の多様性や多義性を考えてみたい。以下では、水と人とのかかわりで底流となる重要な側面、即ち、日常生活、信仰、稲作などの諸側面に関して、歴史を含めて概観するとともに、時に社会に決定的な影響を与える災害や公害における水と人との関係にも焦点を当てて検討していきたい。

Ⅱ．日常生活における水と人

まずは、日常生活における水と人のかかわりについて、基層としての文化的な側面を水に関わる言葉の問題と、気候や河川など地理的な側面から概観しておきたい。

タイ社会において水がどれだけ重要な要素として位置付いてきたのかに関しては、水に関連するタイ語がどれだけ豊富であるかにも反映されている。日本で最多の収録語数を誇る『タイ日大辞典』（冨田 1997）をひもといてみると、*nam* という水に関連する言葉だけで10頁弱にも及んでいる。例えば、川は *mae nam* というが、*mae*（母）と *nam*（水）が組み合わされており、「水の母（母なる水）」が生業を支える川という意味になる。他にも、涙は *nam ta*（目の水）、トイレ・浴室は *hong nam*（水の部屋）、基本となる調味料の魚醤は *nam pla*（魚の水）など、生活と水を関連づける基本的な言葉の多くに *nam* が使われている。

また、タイ語の *nam*（水）は、上記にとどまらず、心的な状態を表す言葉にも使われる。*nam cai* は直訳すれば「心の水」であるが、転じて「思いやり、誠意、慈悲心、心意気」などの意味となり、タイ社会においてプラスの価値評価をもって使われることが多い。逆に *nam cai* がないという評価は「誠意や慈悲心がない、薄情である」として、強いマイナスの批判的要素を含む表現となる。

nam（水）という語が、歴史的にどれだけの重要性をもって語られていたかは、13世紀のスコータイ王朝時代[2]の碑文とされるラームカムヘーン王碑文[3]にも端的に示されている。この碑文に関しては、19世紀につくられたものであるとの説もあるが、今日のタイ社会の歴史的基礎となるタイ最古の碑文として長らくその重要性が指摘されてきた。その中には、「水中に魚あり、田に稲あり」という有名な文言が含まれており、ここでも *nam*（水）という単語が特徴的に使われている。スコータイ王朝は、現在の地にタイ族が最初に建てた王国として、ナショナルヒストリーの始点とされることが多く、その根拠となる碑文で当時の豊かさを示す文言としてまず水が言及されている。つまり、水中の魚と田の稲が豊かさの象徴とされており、この象徴はナショナルヒストリーの強調などを通じて、現代にも生きている。水の中には魚が豊富で、その水を利用した田には稲穂が実っている風景の基盤には、豊かな水があるという心象風景が、繰り返し喚起されてきたのである。

次に日常生活において、水と人がどのように関わっているのか、気候と河川・運河での生活の側面から概観しておきたい。タイの気候は、基本的に雨が降るか降らないかによって、雨季（5月から10月頃）と乾季（11月から翌年4月頃）に大別される。そして、この雨の水が稲作農業のサイクルを規定してきた。灌漑設備が整えられてきた現代では、雨の天水以外に、乾季においても水を蓄え管理して効率的に農業を営むことが可能になったとはいえ、天水に依存して雨季作を主とせざるを得ない地域はいまだに多く存在する。特に灌漑が不十分な場合、雨がいつどれだけ降るかによって、人々の日常生活や時にはその生存さえもが左右されてきたのである。

人間の日常生活が水と切っても切り離せない関係にあるということは、どの社会にも当てはまることであろう。それ以上に、タイの日常生活が、歴史・文化的に水と密接に関連して営まれてきたということは、良く指摘される。特に、人間が居住するスペースが、陸上交通の便のみならず、河川や運河という

写真 8-1　20 世紀初頭のバンコク近郊における運河沿いの住居

出所：Karl Döhring（1999：70）。

水上交通の便を考慮して配置されてきた。タイ中央を貫流するチャオプラヤー川の下流では、20 世紀初頭までに運河網が張り巡らされ、当時は運河沿いに家屋が多く建てられていた。家屋の正面も、運河に面して設計され、陸上ではなく小船を使って移動する様子が、当時の古写真からも見て取れる（写真 8-1 参照）。首都のバンコクを指して「東洋のヴェニス」と称することがあるが、イタリアのヴェニス（ヴェネツィア）と同じように運河が街中に巡らされ、生活の中心となっていることを西欧側の視点から表現した呼称である。その後、陸上交通網が発達するにつれ、運河は埋め立てられていくが、現在に至るまで中心街にもいくつかの運河が残されており、渋滞を回避する交通手段としても日常的に使われている。

タイの観光資源のひとつに位置づけられている水上マーケットは、かつて水上を中心に日常生活が営まれていたことを示す好例である。現在、観光資源となった水上マーケットは、その大多数が日常的に使われているわけではないが、運河網が張り巡らされていた時代には、小船に野菜や食材、雑貨を積んで商いをし、時には小船で食事を提供していた。まさに水の上が日常生活の表舞台となっていたのである。

さらに、首都を中心とする都市部のみではなく、特に中部の農村において、

図表 8-1　タイ中部農村の村落概念図

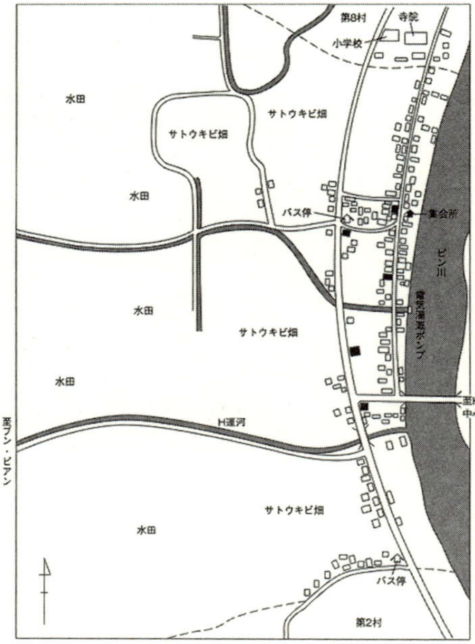

出所：高城（2014：65）。

集落は河川の大小を問わず、その沿岸に沿って形成される列状村の形態も多く見受けられる。図表 8-1 は、あるタイ中北部農村の村落概念図である。この村はピン川に沿って形成され、陸上の道路が建設される以前は、川を主たる交通路としていた。歴史的な村の形成過程を聞き取ると、古くからある家屋や寺院は主に河川沿いに存在していたという。加えて、この村の名前は「カオリアオ（*kao liao*）」と言うが、元来は「9 回曲がる」という意味であり、近隣の中心的な街から河川を 9 回曲がったところに位置していることから名付けられているのである。

これらのように、言葉における文化的な側面、気候的な側面、そして歴史的な側面からみた日常的生活においても、タイでは水や河川、運河を主として、その基盤の上に人間の生活が繰りひろげられてきたことの一端が見て取れるであろう。

Ⅲ．信仰における水と人

タイ社会における水と人とのかかわりを基層や基盤から考えるとき、信仰の側面を捨象することはできないだろう。ここではその一端を確認しておきたい。

水に関連するタイの民俗的な儀礼で広く一般にも知られているのは、ソンクラーン（*songkran*）であろう。ソンクラーンはもともとバラモン教起源と言われ、４月中旬のタイの旧暦正月を祝う水かけ祭りである。新年を祝う年中行事となっており、この時期に実家に帰省し、親族や村落で水を掛け合う（写真8-2参照）。

上座部仏教徒の割合が95％とも言われるタイでは、各村落に存在する寺院などで僧侶の手や肩に水を注ぐという宗教的儀礼が各地で行われる。加えて、親族どうしでも特に高齢者に対して水を注ぐという行為が行われてきた。僧侶や親族の高齢者に水を注ぐことで、その水を介して敬意や祝福を表し、多幸を祈るのである。

それが特に近年では、宗教的儀礼のみならず、大々的に水を掛け合う水掛け合戦的な要素が強くなっている。祭りとして観光資源となってきたこともあいまって、巨大な水鉄砲や桶で水をぶつけ合う娯楽余興としても位置づけられるようになっている。いずれにせよ、ここでは新年という生活サイクルの区切りとなる年中行事的な儀礼において、水という要素が特徴的に大きな役割を果たしていることがうかがえるだろう。

写真8-2　タイ中部農村における郡主催のソンクラーン

出所：筆者撮影。

信仰における水の事例としてもうひとつ、中部ナコンサワン県の農村で行われた上座部仏教の結婚式における水に注目してみたい。特に村落部においては、妻方の実家で僧侶を招いて結婚式の宗教的儀礼が行われることも多い。例えば、2010年に中部の農村で行われた結婚式の宗教的な儀礼では、水が重要な役割を果たしていた。まず、僧侶が読経をしている最中に、新郎新婦が花瓶のような壺から別の器に少しずつ水を移しかえるという行為を行った。これは、水を移しかえることによって、その水を介して、新郎新婦が行ってきた良き行いや功徳が両親や先祖に転送されることを意味しているという。

この結婚式では、別の場面でも、水が更に重要な役割を果たしていた。僧侶の読経が終盤を迎えた際、器に汲まれている水に竹籤のほうき状のものを浸し、そのほうき状のものを新郎新婦や参列者に向けて何度か振ることで、水を振りかけるという行為が行われたのである。この水は「聖なる水（*nam mon*）」と呼ばれ、僧侶がパリットと呼ばれる護呪経典[4]を唱えることで、水に厄よけの威力を吹き込んで作られるとされるものである。この聖なる水を儀礼の最中に人やモノに振りかけることによって、災いを祓い、祝福をもたらすとされる。この聖なる水は結婚式のみならず、他の多くの仏教的儀礼においても広く見られるものでもある。

ここで示した結婚式の事例では、宗教的な儀礼において、水が功徳の転送や厄災祓い、祝福をもたらす存在として重要な意味を帯びているということが見て取れるだろう。ソンクラーンの事例と合わせて、タイの信仰では、水が祝福や力を媒介するという特徴的な意味合いをもっているのである。

Ⅳ．稲作における水と人

本節では、これまでタイの生産基盤となってきた稲作において、水と人との関係がどのようになってきたのか、特にその関係が密接にあらわれる灌漑に焦点を当て、歴史的な背景と現代的な事例を含めて検討してみたい。

1. 灌漑の歴史的背景

灌漑という水の管理は、それによって生産基盤や人の生存を左右することに直結し、古代から必要不可欠な重要事項として位置付いてきたと言えるだろう。タイにおける稲作と歴史の関係に着目した石井（1975）は、稲作と水、そして国家との関わりを軸としてタイの歴史を整理している。そこでは、タイの歴代王朝や国家は、その中心地域が、山間の盆地から次第にチャオプラヤー川デルタ氾濫原に移動し、さらに新デルタへと移行していく歴史的な過程が示される。加えて、中心域の移動に応じて、水力統治が主軸であった古代国家から、海運と内陸とをつなぐ商業的な国家の性格が強まり、その後は米を中心とする近代的輸出農業を基盤とする国家へと転換していく過程が指摘される。ここで、歴史的に商業や輸出農業へと国家基盤の重心が移ってきたことが示されているが、いずれを通しても重要となっているのは、生産基盤としての稲作、そして、稲作を可能とする灌漑や水の管理の問題でもあると言えるだろう。この石井による編著では、タイを「稲作社会」として捉え、その全体像の解明を試みているのである。

そこで、特に基盤となっている灌漑と国家や社会組織、秩序形成との関係について、主に近代以降に関する研究を紹介しながら簡単に整理してみたい。

友杉（1966）は、デルタの自然地理的な分析を背景として、国家による灌漑・運河開発の展開を社会経済史的な発展過程の中に位置づけ、その重要性に着目した。その後田辺（1973a、b）は、タイの一次史料を中心に、灌漑、中でも王朝や国家による運河開発の歴史的な展開過程が、社会の基盤となる生産力発展を可能とし、社会変容を方向づけてきたことを究明した。特に 19 世紀末のラーマ 5 世王期[5]には、西欧諸国への輸出米需要に応えるために、運河開削による耕作面積の拡大が計画的に追求されるようになったとして、王朝や国家、その歴史的な展開過程における灌漑・運河の重要性に着目している。

その後、第 2 次世界大戦後には、チャオプラヤー川下流の灌漑を効率化するために、世界銀行の援助を受けながら、中北部で大規模なダムの建設や開発が行われた。1964 年に完成したプミポンダムや 72 年に完成したシリキットダムがその代表例であるが、これらのダムに国王や王妃の名前が冠されていることも、国家と水管理との関係性を想起させる。これらダム建設や灌漑の整備に関しては、発電とともに米の乾季作付面積拡大が国家によって意図されていたことなどが指摘されている（手計 2008、森田・小森・川崎 2013）。

他方で、特に水の管理が重要となる山間の盆地における灌漑と国家、王朝や社会秩序との関係に関しては、歴史的な研究や現地調査にもとづく研究が重ねられてきた。前述の編著の中で石井（1975）は、北部のチェンマイ盆地ラーンナータイ王朝[6]による灌漑への関与から、国家形成の生態的背景を論じている。田辺（1978）も、ラーンナータイ王朝における盆地の用水事業展開を歴史的に整理し、国家権力による用水支配の実証分析を行った。

これら歴史的な研究に加え、田辺（1976）では、チェンマイ盆地における灌漑体系を現地調査に基づいて描き出している。そこでは、灌漑が堰・用水路の築造による河川がかりという形態をとることによって、その運営、管理・維持を巡る慣行的秩序とそれらを担う社会組織の形成が見られる点に注目し、地域社会における堰組や堰長の形成を指摘している。いわゆる灌漑が、村落社会そのものやその秩序と密接に関係することが明らかにされていると言えるだろう。

その後、中島（1992）では、灌漑とその管理システムの重要性が、従来から比較的水が稀少であった北タイ盆地のみならず、中部チャオプラヤー・デルタにおいても、近年の開発にともなって乾季の水需要と水管理の必要性が増しているとする。中部デルタ地帯でも水資源管理の社会的システムを形成するインセンティブが高まっているとして、タイ社会における灌漑と水管理がさらに重要性を増していることを指摘しているのである。

このように、水と人との関係を灌漑における歴史的な背景から概観してみると、王朝や国家、地域社会が水資源の管理といかに関わり、灌漑を通してそれぞれのレベルで社会組織や秩序がどのように形成されてきたのかという点がひとつの注目点となっていると言えるだろう。そこで次には、現代において、国家を軸とする水資源管理や灌漑が、地域社会においてどのように展開しているのか、具体的な現地調査の事例から検討してみたい。

2. 資源としての水とその管理

ここでは、中部ナコンサワン県の農村において行われた郡の農業協同組合事務所所長らによる潅漑設備を利用している村民に対する研修の具体的事例を取りあげたい[7]。この村では、農業協同組合省の郡事務所による指導のもとで、電気灌漑ポンプが設置され、住民による利用者委員会が設立されていた。注意しておきたいのは、タイにおける農業協同組合が、住民らの必要性から組織されたものというより、国家側が組織する官製の要素が強いという点である。従ってこの事例は、いわば、電気灌漑ポンプ利用者委員会を通じた水資源管理への国家側からの働きかけと捉えることができるだろう。

会場となった村民代表委員長の自宅には、40名ほどの村民が集まり、郡事務所長の話を聞く研修会となった。内容としては、農業協同組合事務所によって定められた管理、運営上における細かな規約の説明が主であった。次に引用する発話は、事務所長が利用者委員会の役員を選ぶ意義について説明する場面のものである。事務所長は立ち上がり、身振りを加えながら、向かい合って座っている村民に語りかけていく。

> 事務所長：「従って、農業協同組合がうまくいくか、いかないかは皆さんにかかっています。私にかかっているのではありません。皆さんにかかっているということは、どういうことなのでしょうか。うまくいくのは、皆さんが皆さんのために働いてくれる管理役員を選ぶからこそなのです。もし、皆さんの役員が良ければ、農業協同組合もうまくいくでしょう。そう、もし、皆さんが良い役員を選べば、農業協同組合も良い仕事ができるでしょう。そうです。わかりましたか。分かったら、手を挙げてください。」

集まった村民のほとんどが、手を挙げる。中には両手を挙げるものもいる。

ここで、政府行政末端の役人でもある事務所長の発話にはいくつかの特徴が見られる。まず、発話の中に「うまくいく」という語や、「かかっている」という言い回しが繰り返して使われている。しかも、「うまくいく」、「かかっている」という語を自分で発したすぐ後に、繰り返してその語の意味を問いかけ、説明して見せている。まさに研修という場にふさわしく、反復によって内容をかみ砕き、それを自問自答を演じることで注意を引きつけながら伝えている。

また、ここでは繰り返しかみ砕き、ゆっくりと教え諭すテンポで発話がなされている。他にもこの発話には、「分かりましたか。分かったら手を挙げてください」にも見て取れるように、教室での教師と生徒のやりとりを想起させるような契機がうかがえる。この発話から、村民は教室でのやりとりをすぐに思い浮かべ、事務所長を住民ら生徒に対する教師という卓越化された特別な存在として認識していくことになっていく。

また他方では、「良い役員を選ぶ」という言葉も繰り返され、その重要性が強調されている。「良い役員」、「良い仕事」、「良い組合」と反復されてはいるが、そこで「良い」が具体的に何をもって「良い」なのか、その具体的意味は棚上げされて、説明されない。しかし、言葉が繰り返されることで、その「良い」という評価、レッテルが一人歩きしていくことになる。こうして、いつのまにか肯定的意味合い、評価が組合の仕事、役員に付与され、何よりもそれを主導する事務所長やその背後にある国家統治の善良性が、そこには喚起されていくことになるのである。そうした善良性はまた、教室を思い起こさせるやりとりの中で、事務所長や国家から住民に対して一方向的に付与されるものとして呈示されるかたちを取っている。

こうした研修以外の日常生活の中で住民が組合について語るとき、「農業組合は良い仕事をする（*sahakon tamngan di*）」、「良い組合（*sahakon di*）」という言葉が知らぬ間に口をついて出てくる場面が頻繁に見受けられた。確かに、灌漑設備を整備してくれ、その管理を手伝ってくれる農業組合事務所は、この時の住民にとって、特に問題もなく、水不足を解消してくれる評価されるべき存在であったと言えよう。しかし、他にも数ある評価の言葉の中で、住民が使ったのはやはり「良い」という研修の場で度々繰り返された言葉であった。そこには、国家から与えられた「組合＝善良」というレッテルが、無意識のうちに模倣され、正当なものに成っていく過程が見て取れると言えるだろう。つまり、国家統治の一部となっている組合の「良さ」自体は、具体的な内容が語られず空虚なままで、「良い」という評価のみが一人歩きしていくのである。

ここで取りあげた事例は、水を灌漑で利用する村落内の住民委員会において、農業協同組合という国家が、村民に対して具体的に働きかける場所の事例と考えられる。このように、国家が村の一部になるほどまでに働きかけを強めてきたことに関しては、開発政策全般などを題材にした先行研究で「村の中の国家（the state in the village）」と表現される（Hirsch 1989）。村の中において、それだけ国家の存在が際立っていることを形容した指摘である。この研修は国家と国民が水資源管理を巡って村の中で直に対面する最前線の接触面ともなっているのである。

さらなる注目点は、この研修で「良き組合」という評価が内実を伴わないまま一人歩きしていき、善良という国家への表象も、同時に形成されていくという点である。こうして、この研修の場所は、国家の善良性を背景にした地域社会の秩序が形成されるひとつの場所ともなっていくのである。水資源管理という灌漑は、このような各村における研修を通して、国家統治と秩序を浸透させるひとつの政治的な資源としても位置付いていくと考えられるだろう。

V. 公害・災害における水と人

前節までは、タイ社会における水と人との関わりについて、基盤や基層として水がいかに位置付いてきたのか、日常生活や信仰における側面、稲作、特に灌漑における側面から概観してきた。そこでは、多くの場合、生活や社会を支える基盤として水の重要性が際だっていたが、他方で、タイにおける水は、時に災害や公害として生活に大きな被害をもたらすものとしても認識されてきた。近年の事例で言えば、2011年に甚大な被害をもたらした大洪水などが想起されるだろう。それ以外にも、水が汚染源となった公害被害や、2004年末の津波災害なども、地域社会に大きな傷跡を残している。本節では、こうした側面における水と人との関係を検討してみたい。

1. 公害としての水

最初に取りあげるのは、タイ西部カンチャナブリ県のミャンマー国境にも近い山地少数民族のカレン族[8]村落の事例である[9]。この村は、幹線道路からの公共交通機関がなく、未舗装道路を四駆自動車で2時間近くも山間に入ったところに位置している。電気は一部を自家発電でまかなっているが、生活に必須な水に関しては永く渓谷の水を飲料や生活用水に利用して来た。渓谷を流れる水は比較的豊富で、水資源が豊かだったことがこの地に定住を決めたひとつの理由だったとして村民は説明してくれた（写真8-3参照）。

写真 8-3　カレン族の村落を流れる渓流で遊ぶ子ども

出所：筆者撮影。

しかしながら、1990年代末ころから、村民らが体調の不良を訴え、さらには何らかの障害を持って生まれてくる子供も目につき始めたという。当初は原因が不明で、交通の不便さや経済的負担もあって、病院で治療してもらうということもほとんどなかったが、現地の新聞に取りあげられたことや、研究者やNGOなどの支援もあって、その後は原因究明が進められ、支援の輪が拡がっていった。その過程で、体調不良や障害の原因が、鉛物質に汚染された村を流れる渓流の水にあることが明確になっていく。汚染源も、渓流沿いにある鉛鉱山工場からの排水にあるとされたことで、NGOや研究者、マスコミを巻き込んだ住民らの反公害社会運動として、裁判係争も含めて展開することとなった。

ここでは、かつて、そして現在に至るまで渓流の水を糧に生活を営んできた人々が、他方で、その水によって健康被害を訴え、生命の危険にさえさらされてしまったのである。そうした苦難を経験してきた人々が、水をどのように認識しているのか、その語りの一部を紹介したい[10]。

子供たちは、「私たちの渓谷の水は、村人が飲み、水浴びをし、皿を洗い、そして作物を育てる欠かせないものである」として、声を揃えて語る。村民の男性も「もちろん恐ろしいが、たとえ川の水がきれいでないと知っていても、水なしで生きていくことはできない」、「渓谷の川は村に唯一で、『村の心』でもある」とする。「私たちは川の水がきれいになることを望むだけ」、「村に留まるか、出て行くか村人に尋ねたところ、多くの村人は留まることを望んだ。何故なら、ここは我々の先祖が死ぬまで生きて生活してきた土地だから。ここで食べ物を栽培して生きてきた土地だから」と語る。

ここでは、水が自らの身体に危険を及ぼす恐ろしいものと、身をもって認識、経験させられながら、たとえそうであっても、これまでの生活を基盤として支えてきた唯一の渓谷の水を「村の心」として表現し、そうした水と共に生きて行かざるを得ないという状況と決意があらわれていると言えるだろう。渓谷の水は、それによって生活を支え、またそれによって苦難を経験した村人にとって、アンビバレントで相反する意味と思いを同時にあわせもって捉えられているのである。

2. 災害（津波）としての水

次に、地震に伴う津波として水が人々に災害をもたらした事例を取りあげたい。2004年12月26日に発生したスマトラ島沖の地震によって、タイ南部西海岸を初めとするインド洋沿岸地域を大津波が襲った。タイ国内では、南部のプーケット島などアンダマン海沿岸に大規模な被害をもたらし、タイだけでも死者・行方不明者が8,000名以上にのぼっている（Asian Disaster Preparedness Center 2006)。

ここでは、水による災害である津波被害にあったタイ南部クラビ県ピピ島の子供たちがどのように被災の経験を捉えているのか、回想して描かれた絵と手記から検討してみたい。

図表8-2は、当時小学4年だった女の子が津波を描いた絵である。左側から盛り上がっている固まりが津波で、家々や隊列をつくって逃げまどう人々に襲いかかろうとしている場面である。波の中には既に飲み込まれた人も描き込まれているが、ここで注目したいのは、波に飲み込まれようとしている一番左側の人が叫んでいるのが「水 *nam*」という言葉で吹き出しに書き込まれている点である。その右隣の人は「走れ」と叫んでいる。タイにおいて当時「津波」という言葉は一般的に認識されておらず、その現象さえ十分に知られていなかった。今では、スマトラ島沖

図表8-2　津波災害に被災した子どもが描いた絵

出所：ヤートホン・ブーンナピン編（2005：52)。

津波によって日本語のままTSUNAMIとして広く認識されているが、当時の津波は現地の人にとって、「水」だったのである。巨大な水の固まりが、身近な人々の命を奪った恐ろしい存在として子供たちの記憶に残り、絵に描かれているのである。

次に紹介するのは、同じピピ島で被害に遭遇した小学2年生の男の子の手記である（図表8-3参照）。

「その日僕は部屋までお兄ちゃんを探しに走りました。それから山に走って登りました。お兄ちゃんはいなくなりました。お兄ちゃんは見えなくなってしまいました。お母さんが走って僕を探しに来てくれました。お母さんは僕を連れてお兄ちゃんを探しに行ったけど、会えませんでした。津波（TSUNAMI）苦しみ。魚が死んだ。津波（TSUNAMI）死。」（ヤートホン・ブーンナピン編 2005：47）

手記の最後では、兄の命を奪った巨大な恐ろしい水を、初めて知ったTSUNAMIという言葉で認識し、「苦しみ」、「死」という言葉で締めくくっている。死という最大限の苦しみをもたらす災いとして、津波という水が捉えられているのである。

他方、タイの津波災害の後、世界各地からの支援を受け入れていく過程で、支援が逆に被災地に混乱を引き起こしかねないことも報告されている（佐藤 2007）。例えば、支援物資や金銭の受給をめぐって不正が見受けられる場合や、不均衡に配分される支援物資によって、村落社会の政治経済社会的な構造が変化していきかねない弊害を揶揄して、「第二の津波」とも指摘されるのである。

さらに、本来は水の自然災害である津波が、地域社会の文化的、宗教的な文脈で意味づけられ、多様な側面における影響が見られることも報告されている（小河 2013）。津波が襲ったタイ南部地

図表8-3　津波被害に被災した子どもの手記

วันนั้นผมวิ่งไปหาพี่ที่ห้องแล้ววิ่งขึ้นเขาแล้วพี่ก็หายไปผม
ก็ไม่เห็นพี่แล้วผมก็เห็นแม่วิ่งขึ้นมาหาผมแม่ก็พาผม
ไปหาพี่แล้วก็หาไม่พบ

TSUNAMI เดือดร้อน

ปลาตาย

TSUNAMI ความตาย

出所：ヤートホン・ブーンナピン編（2005：47）。

域は、上座部仏教徒が大多数の他地域とは異なり、イスラム教徒が多く居住する地域である。そうした地域をおそった津波を、村落社会のイスラム教復興運動の指導者は、「不信仰者に対するアッラーからの罰」であり、「警告」であるとして、アッラーの恐ろしさと偉大さを強調する事例が見られたという。結果、それまではほとんど実施されていなかったアッラーへの祈願や願掛けが、津波後に広く村落で行われるようになっているという。ここでは、津波を契機として新たな宗教的な実践が誕生しているとされるのである。

このように、津波という水の災害が、災害時にとてつもなく大きな影響を人々に及ぼし、心的な傷跡を残すのみならず、その後の復興過程も含めて、村落社会や人々に与える影響は甚大であり、かつ、社会、経済、政治、宗教と多方面にわたる多様なものでもあると言えるだろう。

3. 災害（洪水）としての水

最後に水の災害として、2011年の洪水を取りあげたい。本章の冒頭でも言及したように、2011年の雨季、7月から10月の近年まれに見る多雨により、タイ北部から中部にかけての多くの地域で洪水となり多大な被害を被った。死者813人、被災者約950万人、世界銀行の被害損失見積もりで約1兆4,250バーツ（約400億ドル）（CRED 2013）とされている。さらに、近年の開発で建設されていたアユタヤからバンコクにかけてのチャオプラヤー川流域に位置するサハ・ラタナナコン、ロジャナ、ナワナコンなどの工業団地が冠水し、日本企業のサプライチェーンにも大打撃を与えた。

確かに、2011年の洪水は近年まれにみるもので、1942年以来の大規模なものであった。しかしながら、タイのチャオプラヤー川流域では、その大小を問わなければ、洪水は毎年発生する現象でもある。かつてチャオプラヤー川の下流デルタ地域では、洪水を利用した氾濫原農業を行っていた歴史もあり、稲作と灌漑に関する4節でも概観したように、19世紀末、輸出米需要に応えるために運河網が整備された地域でもある。こうした観点からすれば、かつての洪水やそれによってもたらされる水は、害という側面だけではなく、稲作を可能とする農耕に必要不可欠な資源でもあった。そこでの洪水は、稲作という恵みをもたらすという一面があったということもできるのである。

それが、特に1980年代以降のバンコク近郊における急激な開発によって、環境が大きく変化し、水田が工業団地へとなっていくことによって、甚大な被害をもたらすこととなったのである。2011年の洪水で浸水した工業団地がある地域は、その多くが、古代から氾濫を繰り返してきた低湿地（*tung*）と呼ばれる場所にあたっており、その自然環境を活用して歴史的に稲作が行われてきた地域に該当することも認識しておく必要があるだろう。

2011年の大洪水に関しては、玉田・星川・船津編（2013）や中村・小森他（2013）など、既に日本でもその実態や今後の課題を分析した研究がなされている。これまでの研究でも、洪水と水資源管理組織との関係や、ダムの治水操作に関する検討、産業・企業への影響など多方向から分析がなされているが、ここでは、特に洪水という自然災害が、政治社会的な問題と関連づけられていく過程に関して概観しておきたい[11]。

2011年の洪水という自然災害とそれへの対応が、当時の政治・社会的な対立と混乱の中で、ある意味で政治化されていった側面も見られる点に注目してみれば、例えば、「チャオプラヤー川が赤シャツに罰を下した」との視聴者からのSNSメッセージが、公共のメディア上でも繰り返して流されたという事例が指摘されている（玉田 2013：124)。ここで言う「赤シャツ」とは、当時政権の座についていたインラック[12]政権側の政治勢力を指している。インラック首相の兄が、かつて首相をつとめたタクシン・チナワット[13]である。2006年にタクシンがクーデターで政権を追われて以降、タクシンを軸とするタクシン派と反タクシン派の対立の構図が生みだされ、国内に大きな亀裂と混乱を引き起こす状況となっていた。そうした背景の中で、タクシン派のインラックが首相となったその年に大洪水が発生したことを、政治的な対立の文脈の中で捉え、敵対する勢力がタクシン派「赤シャツ」への「罰」として意味づけ喧伝しているのである。洪水という自然災害が、政治の中で利用されていく事例と考えられるだろう。

さらに、その後の洪水への対応策さえもが当時の政治的な対立の中で、大きな影響を受けることとなっていく。人々の生命がかかっている洪水対策において、本来は国とバンコク都が一致協力してことにあたるべきであるが、この時は、インラック政権側とバンコク都との関係の中で政治化されてしまった側面も指摘される。政権についたタクシン派のインラック政権に対して、当時のバンコク都知事は民主党のスクムパン・ボリパット[14]であり、反タクシン派であったのである。

特にスクムパン都知事のバンコク都庁は、上流から流れてくる水をバンコクを迂回して放水することでバンコクを死守するという基本方針で、都内の運河も利用しながら排水を行うという政府側の洪水対策とは相容れない側面も見られた。こうした方針の違いが、特にバンコクとその周辺地域との間で、具体的な対立として表面化したことも指摘されている[15]。例えば、都庁側が水門を閉め土嚢で水の流入を防ごうとしても、政治的な効果をねらった政治家によって、その外側の住民に水門を開けさせたり土嚢を壊させたりした例もあったという。自然災害対策さえもが政治的な対立の中で政治化されていったと考えられるのである。

加えて、反タクシン派の民主党スクムパンの都側は、バンコクの周囲にめぐらされた国王提唱による堤防（kings dike）を境として、その内側の特に中心部を守るべき地域として固執した。そうした輪中化対策もあって、図表 8-4 に

図表 8-4　2011 年洪水におけるバンコク周辺の被害状況

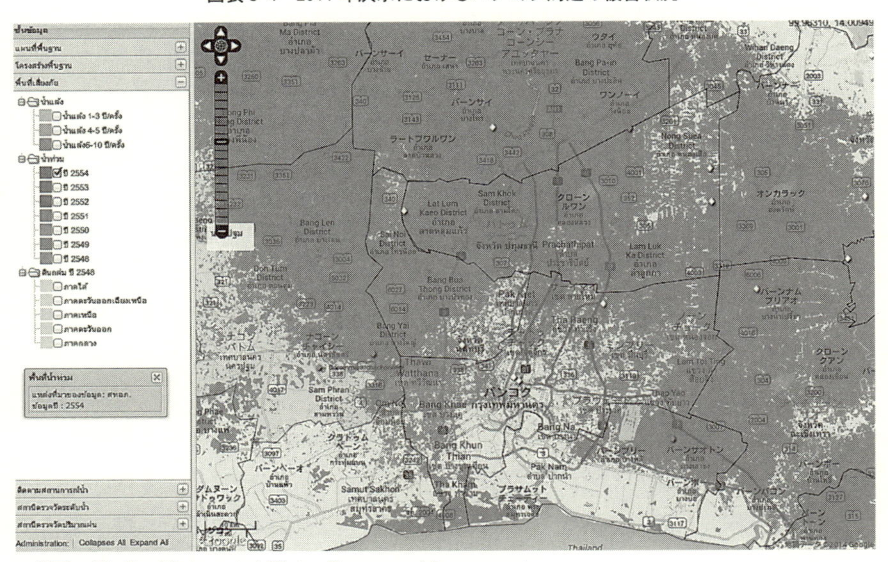

出所：Thailand Integrated Water Resources Management.

みるようにバンコク中心部は大きな被害をまぬがれている。他方で、この対策によって、守るべき内側の王都中心と、洪水の犠牲になってもよい外側の地域とが、まさに堤防を境界線として明確に可視化されることにもなっていく。民主党側のバンコク中心王都が国王堤によって守られ、一方でその外側のバンコク中心部から遠いタクシン派赤シャツ系住民がより多い地域は、更なる洪水被害に見舞われていくという文脈の中で捉えられ、政治的な対立図式として読み換えられていったのである。だからこそ、土嚢や水門の開閉をめぐる攻防が政治的な対立の中で生じているのであり、また、洪水が「赤シャツへの罰」であるとのメディア上の喧伝も生まれてきたのであろう。

洪水やその後の対策が政治化されて捉えられていく事例として、もうひとつメディア上での発言を取りあげておきたい。それは、「タイの洪水は、小学校の理科で習うように高いところから低いところへと流れているわけではなく、政治的な力の強いところから弱いところへと流れている」[16]という新聞上での投稿である。ここでは、「政治的な力の強いところ」がバンコクを中心とする反タクシン派の中上流階層を含意しており、「弱いところ」がバンコクの外、農村部を中心とする中下流階層のタクシン派赤シャツを含意している。洪水対策において、バンコク中心部以外の洪水被害が悪化し、バンコク中心部が守られていく状況を、政治的な文脈で解釈し、揶揄と批判を込めて発信している事例であろう。

Ⅵ. おわりに

本章では、タイ社会における水と人とのかかわりに関して、表層の現象のみにとどまらず、その基層や基盤まで含めて多角的に検討してきた。特に、水と人とのかかわりで基層や基盤となる重要な側面、即ち、日常生活、信仰、稲作などの諸側面に関して、歴史を含めて概観すると共に、時に甚大な影響を与える災害や公害における水と人との関係にも焦点を当てて検討してきた。

最後に、あらためてそれぞれの側面における水と人との関係を、振り返っておきたい。まず、2節の言語における文化的な側面、地理的な側面、そして歴史的な側面からみた日常的生活において、タイでは水や河川、運河を主として、その基盤の上に人間の生活が繰りひろげられてきたことの一端が明らかになった。3節の信仰における側面の結婚式の事例では、水が功徳の転送や災厄祓い、祝福をもたらす存在として重要な意味を帯びているということを紹介した。合わせて、民俗的な年中行事となっているソンクラーンの事例においても、タイの信仰で水が祝福や力を媒介するという特徴的な意味合いをもっていることを示した。

続く4節の稲作における水と人との関係では、灌漑という水の管理が、それによって生産基盤や人の生存を左右することに直結し、古代から必要不可欠な重要事項として位置付いてきたことを、歴史的な側面と現代の事例から検討した。そこでは、王朝や国家、地域社会が水資源の管理といかに関わり、灌漑を通してそれぞれのレベルで社会組織や秩序がどのように形成されてきたのかという点がひとつの注目点となっていた。特に、現代では、国家を軸とする水資源管理という灌漑が、地域社会における研修を通して、国家統治を浸透させ、社会的な秩序を形成していくひとつの政治的な資源としても位置付いていく事例を検討した。

最後の5節では、タイにおける水が、時に災害や公害として生活に甚大な被害をもたらすと認識されてきた側面にも注目した。鉛に汚染された水の公害被害の事例では、渓谷の水が、それによって生活を支えてきた「村の心」であり、またそれによって苦難を経験した村人にとって、相反する意味と思いを同時にあわせもって捉えられていた。津波災害の事例では、回想して描かれた絵や手記において、津波という認識がなかった当時はそれを「水」として認識していたこと、また、死という最大限の苦しみをもたらす災いとして、津波という水が捉えられていたことを示した。加えて、水の自然災害である津波が、地域社会の文化的、宗教的な文脈で意味づけられ、新たな宗教実践を生みだすなど、多様な側面における影響が見られることも紹介した。最後の洪水災害の事例では、洪水という自然災害とそれへの対応が、当時の歴史的な政治・社会的な対立と混乱の中で、ある意味で政治化されて意味づけられていった側面を検討した。

以上のような本章の検討で意図してきたことは、タイにおける水が、社会の基層や基盤として、欠くことのできない、そして時には災害として社会に決定的な打撃を与える非常に重要な意味を持っているということである。この意味では、水がタイをつくってきたと言っても、あながち誇張ではないだろう。

加えて、タイにおける水と人とのかかわりを、表層の現象のみならず、その底流まで掘り下げて考えてみた場合、上記で見てきたように、単純な一面的理解では把握しきれない、様々な側面をもっている多様で、かつ、多義的であるということが明らかになったと言えるだろう。しかも、上記で概観した各側面における水と人とのかかわりは、それぞれに大きな問題であり、現地での人々の生活を決定づけるリアリティを持っている。タイ社会における水と人とのかかわりは、その表層の一面を論じるのみではなく、多角的な側面からその多様性、多義性を考慮に入れて検討する必要があると言えるだろう。

注

1　石井編（1975）では、「稲作のあり方は、単に経済の基礎であるにとどまらず、タイの社会組織や国家の歴史的形態までをも大きく規定しているのではないか」（石井編 1975：1）とし、タイを「稲作社会」としている。

2　スコータイ王朝は、1240年頃から1438年にアユタヤ王朝に併合されるまで続き、タイ族最初の王朝とされる。

3　ラームカムヘーン王はスコータイ王朝の3代目の王にあたり、在位は1279年頃から98年頃とされる。また、ここで使われた文字が現在のタイ文字の原型をなすものとされている。

4　経典中の特定の一節を読誦することで、仏陀のもつ威力が働き、祝福を得て、危険や災いから身を護ることができると考えられている。

5　1868年から1910年在位。チュラーロンコン王として知られ、チャクリ改革と呼ばれる一連の近代化政策を行った。

6　ラーンナータイ王朝は、13世紀末から19世紀末までの約600年間、北部のチェンマイを主たる都とした王朝である。バンコクの王朝とは一線を画していたが、最終的には19世紀末のラーマ5世王期にバンコクの王朝に編入されることとなった。

7　この事例は1998年8月28日開催の研修で、高城（2014）でも記載、検討している。

8　カレン族は、平地のタイ族とは異なるチベット・ビルマ語族に属し、主に北部から西部の山地に居住する山地民である。タイ国内での少数民族であるが、山地民の中では最大の民族集団である。

9　主に2013年3月の筆者調査によっている。

10　タイの英字紙Bangkok Postが制作した村民へのインタビュー映像と2013年3月の筆者調査による。

11　ここでの議論は、高城（2015）でも紹介、検討している。

12　2001年から2006年まで首相を務めたタクシン・チナワットの末の妹で、1967年生まれ。タクシン財閥の中心企業である携帯電話会社の社長を経て、2011年総選挙に出馬、初の女性首相に選ばれ、2014年まで首相を務めた。

13　1949年チェンマイ県生まれ。警察官僚を経て、通信業界で財閥を築いた後、政界に進出する。2001年から2006年まで首相を務めたが、2006年クーデターで追われ、海外生活を余儀なくされている。2006年のクーデター以降は、タクシンを軸とする政治社会的な対立と混乱が引き起こされている。

14　1990年代にはバンコク選出の民主党下院議員をつとめ、2009年の都知事選でバンコク都知事となった。

15　玉田（2013：127-144）を参照。

16　*Prachathai* 14 Nov. 2011、玉田（2013：131）を参照。

参考文献

石井米雄編（1975）『タイ国―ひとつの稲作社会』創文社。

石井米雄（1975）「歴史と稲作」石井米雄編『タイ国―ひとつの稲作社会』創文社。

小河久志（2013）『自然災害と社会・文化―タイのインド洋津波被災地をフィールドワーク』風響社。

佐藤仁（2007）「財は人を選ぶか―タイ津波被災地にみる稀少材の配分と分配」『国際開発研究』16（1）。

高城玲（2014）『秩序のミクロロジー―タイ農村における相互行為の民族誌』神奈川大学出版会。

高城玲（2015）「タイの政治・社会運動と地方農村部―1970年代から2014年までの概観」『神奈川大学 アジア・レビュー』2。

田辺繁治（1973a）「Chao Phrayaデルタの運河開発に関する一考案（1）―Ayutthaya朝よりRatanakosin朝四世王治世まで」『東南アジア研究』11（1）。

田辺繁治（1973b）「Chao Phrayaデルタの運河開発に関する一考案（2）―19世紀末葉における変容過程」『東南アジア研究』11（2）。

田辺繁治（1976）「ノーンパーマンの灌漑体系―ラーンナータイ稲作農村の民族誌的研究（1）」『国立民族学博物館研究報告』1（4）。

田辺繁治（1978）「Lannathai（北タイ）の水利形態に関する考察」加藤泰安・中尾佐助・梅棹忠夫編『探検・地理・民族誌―今西錦司博士古希記念論文集』中央公論社。

玉田芳史・星川圭介・船津鶴代編（2013）『タイ2011年大洪水―その記録と教訓』アジア経済研究所。

玉田芳史（2013）「洪水をめぐる対立と政治」玉田芳史・星川圭介・船津鶴代編『タイ2011年大洪水―その記録と教訓』アジア経済研究所。

手計太一（2008）『タイ王国の水資源開発―歴代為政者たちの水資源政策』現代図書。

冨田竹二郎（1997）『タイ日大辞典』日本タイクラブ。

友杉孝（1966）「Chao Phrayaデルタのかんがい排水開発の歴史的発展過程」『東南アジア研究』6（1）。

中島正博（1992）「タイ国チャオプラヤー・デルタにおける水利秩序の形成と発展」『東南アジア研究』29（4）。

中村晋一郎・小森大輔他（2013）「2011年タイ王国チャオプラヤ川洪水における水文及び氾濫の状況」『水文・水資源学会誌』26（1）。

森田敦郎・小森大輔・川崎昭如（2013）「チャオプラヤ川の学際踏査調査その3―流域社会と灌漑システムの変遷に関する予備的考察」『生産研究』65（4）。

ヤートホン・ブーンナピン編（2005）『みんなのピピ島』The Children of Phi Phi Island。

Asian Disaster Preparedness Center（2006）*Regional Analysis of Socio-Economic Impacts of the December 2004 Earthquake and Indian Ocean Tsunami*, Asian Disaster Preparedness Center.

CRED（Centre for Research on the Epidemiology of Disasters）（2013）*EM-DAT The International Disaster Database*, CRED.

Hirsch, P. (1989) "The State in the Village: Interpreting Rural Development in Thailand",

Development and Change 20.
Karl Döhring（1999）*The Country and People of Siam*, White Lotus.
Prachathai 14 Nov. 2011.

参考 URL

国土交通省　タイの洪水被害について　https://www.mlit.go.jp/river/shinngikai_blog/koukikakuteibou/dai7kai/dai7kai_siryou_ref2.pdf（2017 年 11 月 11 日閲覧）
Krom Chonprathan, Thailand（タイ王国灌漑局）http://kromchol.rid.go.th（2017 年 11 月 11 日閲覧）
Lead Contamination in Klity Creek（Bangkok Post）http://www.youtube.com/watch?v=ZS8GuSHrtbM（2017 年 11 月 11 日閲覧）
Thailand Integrated Water Resources Management　http://www.thaiwater.net/web/index.php/jp.html（2017 年 11 月 11 日閲覧）

第9章

ミエン・ヤオ族の儀礼における水の功能

—中国・ベトナム・タイ広域比較分析の取り組み—

廣田律子

I．はじめに

本章では儀礼での水の役割についてミエン・ヤオ族の儀礼を取り上げ明らかにしようと考える。

ヤオ（ザオ）族と民族分類されている人々は、文化的には多様な民族集団から構成されている。ヤオ語系のミエン語を話すミエン・ヤオとヤオ語系のキン・ムン語を話すランテン・ヤオが代表として挙げられる。

大半は中国南部地域からベトナム北部・ラオス北部・タイ北部など東南アジア大陸部に居住し、一部は1970年代のインドシナ難民としてアメリカなどにも移住分布する。

中国南嶺山脈から、ヒマラヤからのびる東南アジア大陸部北部の隆起山脈にかけて分布し、中国には約270万人（2010年国勢調査）、ベトナムには約75万人（2009年国勢調査）、タイには約4.5万人（2003年チェンマイ山岳民族博物館資料）、ラオスには推定約2万人（1995年）と報告されている。

移動を繰り返し広範囲に分布することになった主な原因はミエン・ヤオ族が山を利用し農耕を営む、焼畑耕作を生活の糧としていたことが挙げられる。焼畑耕作とは、森林を伐採し、焼くことによって耕地を得、その灰を肥料とし、一定期間作物（陸稲・雑穀・イモ類・豆類など自給作物および果樹・ケシ・ハッカク・油桐など換金作物）を栽培し、地力が衰えると放棄し、別の場所に移動しまた開墾することを繰り返す農法である。この焼畑耕作を続けるライフスタイルが移動を引き起こすことに繋がってきた。移動は家族を単位として行われ、タイのグループが所持している先祖代々の墓の位置を記した祖図からも移動経路が分かるとされる。

山を移動して利用するミエン・ヤオ族の生活は、1950年代以降各国の同化政策により定住化が進められたことに加え、森林保護政策により焼畑が禁止されたことで大きく変化した。

定住化するようになったミエン・ヤオ族は棚田による水稲耕作や植林による林業を営んできた。近年では社会の変化により、現金収入を得るため、多くの地域で山から大都市にさらに別の国にまで出稼ぎに出る者の増加が顕著である［吉野 2001, 2003, 2010b, 2014b］。

ベトナムサパ県では、ミエン・ヤオ族の培ってきた薬草に関する知識を生かし、薬草成分を含んだ入浴剤を生産する工場を作るなど、新たな動きも見られる。

神話に見える移動と祭祀

ミエン・ヤオ族の間には、長年にわたる移動を示す内容の共通する漂洋過海神話という伝承がある。この伝承は、漢字を用いて記述され、テキスト（経典）として大切に伝えられている。神話伝承は重要な儀礼において掲示されたり、読誦され節を付け歌唱されたりする。

この漂洋過海神話では、かつてミエン・ヤオ族が海を渡り移動しようと試み遭難した際、ビエンフン（盤王・盤皇）を代表とする三廟聖王に救いを求め、願を掛け、無事に上陸できたので、約束を果たす祭祀を行うようになったとされる[1]。神々とミエン・ヤオ族との契約関係は現在に至っても引き継がれ、救世主ビエンフンに象徴される祖先神は、子孫の祈願の対象であり続け、大願成就の願ほどきの祭祀が続けられてきたのである。

大願成就の祭りは、広い意味での祖先への祭祀である。この祭りにおいてこの漂洋過海神話は歌唱される。ほかにも神話叙事および歴史叙事である『大歌書（ポンゾンソォウ）』（いわゆる『盤王大歌（ビエンフンゾン）』）が詠唱される。そうすることでミエン・ヤオ族自民族の起源や出自にかかわる伝承を再確認し、祖先をたたえ、綿々と継続されてきた祭祀契約とその履行の実践である祭祀の意義が伝えられる。

先祖への祭祀儀礼を続けるために、ミエン・ヤオ族の男性は、必ず祭司となる通過儀礼を経なければならないとされる。通過儀礼は灯明をともすことでそのレベルが表され掛灯（クワタン）と称されるが、最初の段階では、３灯明がともされ、次に５灯明、７灯明、最高は12灯明がともされランクアップが図られる。姓や地域によって灯明の数は異なる。最初の段階の３灯明をともす通過儀礼では、祭司としての名である法名が与えられ、祭司としての法術が伝授され、祖先を祭る権利が付与され、同時に法名が祖先の名が連ねられ記述されている家先単に記され、死後祖先として祀られる権利を有することになる。

この通過儀礼は中国から移動を繰り返した結果今ではタイ・ベトナムに分散して居住するに至ったミエン・ヤオ族の間にも継承されている。ミエン・ヤオ族にとって祭司者となることつまり祖先祭祀を継続することがいかに重要な意味をもつかが現われている［吉野 2013］。

ミエン・ヤオ族の神の世界は、儒教・仏教・道教と単独の宗教の名を付して表現することはできないものの、父系出自や父系祖先祭祀を重視するイデオロギーや儀礼の内容に儒教と道教そして民間の道教ともいえる法教との影響関係が色濃く見られる。ミエン・ヤオが古来より時をかけて出会い自分の信仰の対象としてきた神々が重層的に習合して存在する。

Ⅱ．儀礼水に関するこれまでの研究

ミエン・ヤオ族の儀礼と水の使用に影響を与えたと考える道教や漢族の儀礼における水の使用についてこれまでの研究論考から抜粋する。

山田明広は「台湾の道教儀礼に見られる「水」」（『文化交渉による変容の諸相』2010年３月31日,53-74頁）において台湾の道教儀礼で使用される「水」について、その使用方法、入所作成方法、功能、作用について考察するが、以下にまとめる。

水は汚れを浄化する［山田 2010：56］。噀水で浄化し、命令を発する。五龍の法水（我水非凡水、五龍真炁之水）［山田 2010：67］により浄壇する。五龍とは東方青帝青龍君、南方赤帝赤龍君、西方白帝白龍君、北方黒帝黒龍君、中央黄帝黄龍君である［山田 2010：70］。浄化の法力を増強させる場合、浄水は、五方龍神がもたらしたとされる。浄化の方法としては、五龍浄水により汚穢をすすぎ祓う作用と、九鳳の破穢の力を用いる方法がある。また水は地獄を象徴させるために使用されるとしている。

水のもつ力については、守屋美都雄が『荊楚歳時記』（東洋文庫 324 平凡社 1978 年）の 3 月水浜の禊祓の訳注［守屋 1978：122-126］において解説を加えている。それによれば第 1 に水は物を洗い清める力をもつ。第 2 に万物の生育に不可欠であり、癒やしの水であり、辟邪の水である河川は生命の源泉と認められるとしている。

霊魂を招く場に水を置くのは、水が冥界に通じる通路であると考えられており、さらに水に霊魂を招く霊力があるからであるという考えは、各氏の論考に見える。

劉枝萬は『中国道教の祭りと信仰』下（桜楓社 1984 年）において、「幽明両界は水を隔てて対峙しているから、生魂の還陽には、どうしても水に溺れてこの障礙を突破せねばならぬということは、いいかえれば、とりもなおさず陽界の水は冥土に続いている」［劉 1984：314］とし、3 月上巳は水辺で祓禊し、不祥を除き招魂続魄する古俗［劉 1984：19］とし、民間信仰の『鬼霊は遥けき水の彼方よりこの世を訪れる』の考えは「春に霊が水の彼方より人間界にやって来るという根強い信仰を下地にしてこそ、みそぎばらいという水をかぶる行為によって、汚れを清め、同時にまた水の彼方へ散逸したかも知れない己れが霊魂を体内に回収し、招魂続魄の目的も達せられる」と述べている［劉 1984：322］。

浅野春二は、台湾道教儀礼の水にかかわる儀礼について取り上げ、論考を加えているが「水が冥界に通じる通路の一つだと考えられている」とし「水自体に霊魂を呼び寄せる力が期待されているのかも知れない」とする［浅野 2003：93-95］。

西岡宏は、中国古代祓禊における水の霊力について癒やしの水、蘇りの水、命の源であった水としている［西岡 2002：96, 446］。

グラネーは「川を渡ることは雨を降らしたり清めをしたりするのに役立つものであり、同時にそれは霊魂を喚び降すものであるとも信じられて居り、且つ性的な儀禮にたづさはる前に、沐浴をすることの有効であったことは言ふまでもない」としている［グラネー 2003：241］。

同じ考え方は日本の事例からの検討にも見られる。小川直之は、「「若水」から聖水信仰論へ」(『國學院雑誌』114巻10号,2013年,85-110頁)において、折口信夫の「若水の話」(『折口信夫全集』第2巻,中央公論社,1965年,110-137頁)や井之口章次の「末期の水」(『仏教以前』古今書院,1954年,34-35頁)を再検討しながら招魂の水、霊威や神威を発現させようという水について論じている[小川 2013:100-101]。

Ⅲ. ミエン・ヤオ族の儀礼

1. ミエン・ヤオの儀礼概要

本稿では中国湖南省藍山県湘藍村のミエン・ヤオ族祭司趙金付氏が執り行った通過儀礼における水の使い方を見ることで水の功能・作用について考えたい。タイ ナーン県ムアン郡ナムガオ村及びベトナム ラオカイ省バサット県トンサイ社ラオブァンチャイ集落の通過儀礼の水の使用について事例を挙げることでミエン・ヤオ族地域間に共通する普遍性と差異についても考えていきたい。

藍山県の宗教職能者が行う儀礼ですでに調査を行った儀礼には、通過儀礼として還家願(ジャビャオユン)儀礼(宗教職能者になるための3灯明をともす儀礼および願ほどきの儀礼)、度戒(トサイ)儀礼(宗教職能者の最高位を得るための12灯明をともす儀礼)のほか、日頃行われる儀礼として治病のための儀礼、葬礼、符を授ける儀礼、儀礼の祭壇に掛ける神画に魂入れを行う儀礼、除災招福を目的とする年中行事の送船儀礼がある。そのほか建築の日取り等吉日を選ぶ場面にも出会った。時期にもよるが、宗教職能者の家で聞き書き調査を行っていると日に

図表 9-1　中国藍山県還家願儀礼

注：儀礼項目洗浄　祭壇前　祭司による祭場浄化。
出所：筆者撮影。

何回も儀礼を依頼する電話がかかってくる状況である。

ミエン・ヤオ族の儀礼は、その規模の大小にもよるがテキスト（経典）の読誦と口頭による唱えごと、発行される文書、マジカルなステップ（罡歩）、マジカルな手の表現（手訣）、占い、呪術的な文字を描く、水を噴く（吩水）、符の作成、舞踏等を重要な構成要素として成立している。

藍山県の代表的な手訣に老君訣・発兵訣・五雷訣・蔵身訣・竜訣・虎訣・白鶴訣・馬訣・刀訣・斧訣・棒訣・槍訣・陰陽合訣がある。罡歩には、七星罡・祖師罡・邪師罡・呑鬼罡・五雷罡・断路罡・番鬼罡・破禁罡・蔵身罡がある。跳舞には、謝師父跳や拝師父跳が挙げられる。剣に水を付け呪術的な文字を描く剣画には二十八宿（霻）と出口令（[illegible]）がある。また裏表の出方で看る2枚で1セットの卜具の筶（チャオ）で占い（出方は陰陽、陰陰、陽陽）を行う。符は安産の祈願を例にすると、平安符が授けられるが、呑鬼符・安魂定魄符・蔵身符の3枚の符からなる。

儀礼で使用される儀礼テキストには、通過儀礼に関する写本、儀礼の式次第を記した写本、儀礼に用いる文書類の凡例を収めた写本、神々を崇拝する神歌に関する写本、神々の呪文に関する写本、符・罡歩・手訣を解説する写本、吉日を選ぶ暦、宗教職能者の受礼の状況を記したもの等が含まれ、内容からは賞光書・伝度書・請聖書・意者書・歌堂書・超度書・暦書等のジャンルに分類できる。

2. 還家願儀礼

中規模の儀礼として、藍山県所城郷幼江村の盤家（大盤）[2] において2011年11月16日～11月21日（旧暦10月21日～26日）実施された還家願儀礼を事例として儀礼の概要を説明する。盤家の跡継ぎである盤栄富氏とその妹婿の盤明古氏、そして盤栄富氏の父の妹の夫である盤林古氏（故人）とその子で栄富氏にとってはいとこである盤継生氏・盤認仔氏・盤新富氏の3兄弟、計6名が受礼者となり祭司となる法名を得、家を継ぎ先祖の祀りを行い、自分も祖先の法名が連ねられる家先単に法名が加えられ祀られる資格を得るために行われる三灯をともす儀礼が中心となる。状況としては盤家では1930年代に流行病によって7人が亡くなる不幸があり、そのときに願を掛けたがその後ずっと願ほどきをできない状態が続いていた。2011年になり条件が整い、願ほどきの儀礼を行うことが約束され、実現された還家願儀礼では、願掛けが成就したことに対する願ほどきの儀礼、さらなる願掛けの儀礼、さらに盤王を祀る儀礼も行われた。この盤王を祀る儀礼項目「唱盤王大歌（バアビエンフンヅォン）」において『大歌書』が曲節を付け読誦された。

還家願儀礼では3人の祭司が程行師・招兵師・還願師・賞兵師・掛灯師と称される役割を分担し、その弟子たちと共に祭祀を行う。そのほかに供物を準備し、儀礼の段取りを取り仕切る主厨官、文書作成を担当する書表師、歌を担当する歌娘、若い男女3名ずつの三姓単郎と三姓青衣女人、はやし方の笛吹師・鑼鼓師、祭壇に線香を供える香燈師等の役割がある［神奈川大学大学院歴史民俗資料学研究科 2012：23-116］。

祭場は盤栄富氏宅の庁堂において行われ、入り口を入って正面右側に盤栄富氏の先祖を祀る常設の祭壇（家先壇）がある。祭儀の前半には、中央に祭壇[3]がしつらえられ、壁には元始天尊の左右に道徳天尊、霊宝天尊を配し、この三清を中央とし、左に聖主・太歳・十殿・李天師・地府・大海番・海番張趙二郎・把壇師、右に玉皇・総壇・張天師・三将軍・天府・鑒斎大王の神像の描かれた軸（神画）17種22軸が掛けられた[4]。

祭儀の進行に従って、先祖を祀る祭壇には紅紙の切り紙が掲げられたり、七星姐妹等を祀る祭壇や開天門の儀礼を行うための祭場等が加えられた。祭儀の後半の盤王を祀る儀礼の祭壇は前半と一変し、神画は外され、正面に盤王を象徴する紅紙を切り抜いた紅羅緞が貼られ、丸ごと豚1頭が供物として並べられ、その上にちまきが置かれ、切り紙の花旗が挿された。この祭壇前で複数の祭司により、『大歌書』の読誦が進められた。

Ⅳ. 儀礼における水の使用

1. 還家願儀礼における水

藍山県で行われた通過儀礼の還家願儀礼の儀礼の実践における水の使用の状況を見ていく。藍山県湘藍村の趙家において2017年1月12日～17日（旧暦

12月15日～12月20日）に実施された還家願儀礼を事例とする。儀礼を構成する主な項目を列挙すると1月12日は、落兵落将（ルオペンルオゾン）、昇香（スィンフン）、1月13日、請聖（ツィンスィン）、許催春願（ホウツゥイツンニュン）、洗浄發角（サイジンファゴ）、東听意者（トンティンイズィ）、安途落馬（ワントンルオマァ）、掛三盞明灯（クウアサンザンミンドン）、還催春願（ジャツゥイツンニュン）、上光（ファージュワン）、1月14日は、上光、招兵願（ザイペンニュン）、昇五谷（スウェンウグウ）、招五谷家兵（ザイウグウビャオペン）、上光、上兵（ファーペン）、還招兵願（ジャザイペンニュン）、上光、大運銭（ポンウォンツィン）、1月15日は、還元盆願（ジャユンプンニュン）、上光、小運銭（フィウォンツィン）、盤王願（ビエンフンニュン）、請王（ツィンフン）、点男点女（ディンナンディンニュウ）、1月16日は、請王、流楽（リュルオ）、唱盤王大歌、還盤王願（ジャビエンフンニュン）、1月17日は、拝師（バイサイ）、拆兵（ツェイペン）、装馬（ヅォンマア）、散袱（ザンフウ）で儀礼は進行された。

還家願儀礼の儀礼項目の中で、儀礼の実践が水に関係する内容であるものを取り上げ、以下に説明する。

⑴　儀礼項目「洗浄發角」での水の使用

儀礼項目「洗浄發角」（1月13日1時半頃から）は、賞兵師を担当する盤万古（法名法旺）祭司が担当し、儀礼の場の祓い清めが行われ祭壇の置かれる庁堂と供物が準備される厨房の穢れが聖水で清められる。祭司には正装した弟子が付き添う。祭司が正面祭壇前で水の入った碗（蓮花）を老君訣という中指と薬指を折る手訣を結んだ左手の上に載せ、剣（楊柳）を右手にもち、剣を上げ下げし、口誦（後出経文）を続ける。このとき時計回りに回りながら行う。この後水を聖水に変える勅水を行う。まず、七星罡歩というマジカルなステップを行い、水碗の水を剣に付けなめる（吩水）、そして剣で水に出口令という マジカルな文字を描く。

祭司は筶という卜具で占った後、再び水碗の水を剣に付けなめ、剣で水に出口令を描く。この間口誦を続け、足は七星罡歩の最後の動きを止めたままで進める。

祭司は再び筶で占った後、剣を碗の上に置き、七星罡歩を行い、右手に筶をもち水につけ吩水を行い、筶で水の上に出口令を描いた後、筶で占う。陽陽が出た後、祭司は筶を水につけ吩水し、さらに水上に出口令を描く。再び占う。次に剣に水を付け、撒くような動作を行う。この間口誦を続ける。占い、再び剣で水を撒く動作をし、口誦を続ける。身を回転させながら四方に撒く動きを続ける。筶で占い陰陰が出た後、再び剣に水を付け、撒く動きをし、さらに筶で占い陰陰が出た後、かまどに移動する。このとき洞中呪（後出A-16b経典経文67行～70行）を節をつけて口誦する。

次にかまど前に移動し、祭司は水碗、剣をもち口誦し、かまどに紙銭をくべ、筶で占う。水碗の水を剣に付け撒く動きをし、口誦を続け、また筶で占う。さらに水を剣に付け撒く所作、筶での占いを繰り返す。このとき口誦を続ける。次に戸口外に移動し、口誦（後出A-16b経典経文79行～91行）を続けつつ、水碗の水を剣に付け外に向かって数回撒く所作をする。次に室内に入り入り口扉を閉め、扉に剣でマジカルな文字を描く。この文字は魁か罡（二十八宿）が描かれる。閉めた扉のところで筶で占う。正面祭壇方向に向き直り、碗をもち、剣を水に付け周囲に撒くような動作をし、節をつけ口誦（後出経文92行～）を続け、正面祭壇に向かって歩く。正面祭壇前で節をつけ口誦を続け時計回りに回りつつ水を撒く所作を続ける。碗と剣が祭壇に置かれる。節をつけた読誦が続けられ、角笛（牛角）が吹き鳴らされ、發角儀礼に移行する。弟子は儀礼の間中ドラを叩きつつ祭司に付き添い続ける。

⑵　儀礼項目「掛三盞明灯」での水の使用

儀礼項目「掛三盞明灯」（1月13日16時半頃）では、掛灯師を担当する趙金付（法名法明）祭司が家先壇前で家先壇から水碗を降ろし、剣をもつ。碗と剣をもって七星罡歩した後筶で占う。勅水（水を浄化させる行為および唱えごと）し吩水し、剣で水碗にマジカルな文字出口令を描く。口誦を続ける。水を封斎水（ブンヅェイウォン）に勅変（ツエベン・物を変化させる行いおよび唱えごと）する。水碗の水（封斎水）を受礼者に飲ませ。筶で占う。これ以降受礼者は封斎の状態となり、肉食をつつしみ、女性とは言葉を交わさない等禁忌を守って過ごす。

その後招兵師を担当する盤宝古（法名法旗）祭司が水碗をもち、剣を碗の上で上げ下げし、七星罡歩を行う。口誦をする。剣を碗の水の中で回す。さらに水碗をもち、剣を碗の上で上げ下げする。七星罡歩を行う。口誦を続ける。剣で水に出口令を描く。さらに水碗と剣をもち七星罡歩を行い、水に剣でマジカルな文字出口令を描く。七星罡歩を行う。経典「伝灯用・勅変水碗」（後出）の頁を読誦する。水碗の水に剣を付け、上げ下げする。水碗をもち、剣で祭壇下の箱の中の米等を勅変する。筶で占う。剣でマジカルな文字出口令を描くようにし、椅子を勅変する。このとき盤万古祭司は経典を開いてもち「打欖甲用」[5]の頁を読誦する。盤宝古は続けて椅子の上に置かれた衣の上に剣で出口令を描き勅変する。筶で占う。七星罡歩を行う。ひざまずき祭壇下の箱の中を剣で出口令を描き勅変する。筶で占う。口誦を続ける。筶で占う。椅子の上に置かれた衣の上に剣で出口令を描き勅変する。筶で占う。受礼の道具を勅変し浄化する。

⑶　儀礼項目「昇五谷」での水の使用

儀礼項目「招兵願」に含まれる小儀礼項目で、戸外で実施される「昇五谷」（1 月 14 日 12 時半頃）において家の五穀豊穣を願い、盤宝古祭司は左手に水碗右手に剣をもち、五穀の魂が付くとされる笹に粟穂をつけた五穀幡を剣に付けた水で勅変し、収瘟を行い穀物を害す虫等の祓い清めを行う。さらに開天門儀礼の台のところで祭司は左手に水碗、右手に剣をもち、剣を碗の水に付けながら七星罡歩を行った後、しゃがんで筶で占う。その後戸口で粟の束等を竿秤に付けたものを家の中に向かって立つ受礼者に背負わせる。祭司は左手に水碗、右手に剣をもち、剣に碗の水を付け、受礼者の後ろから剣で出口令を描く。その後筶で占う。再度剣で勅し、手訣を行い、筶で占いを行う。これは受礼者が背負った物を吉祥物に変化させ、浄化するためとされる。

⑷　儀礼項目「唱盤王大歌」での水の使用

儀礼項目「唱盤王大歌」（1 月 16 日 12 時頃）において趙金付祭司は家先壇前で、左手に水碗、剣をもち、口誦をし、ひざまずき筶で占う。その後左手に碗、右手に剣をもち、剣を水に付け出口令を描き、水を開斎水（クァイヅェイウォン）に勅変する。筶で占う。祭司は受礼者を集め、碗の水（開斎水）を飲ませ、鶏を 1 羽ずつわたす。これで封斎から解き放たれることになり、精進や女性と言葉を交わしてはならない禁忌を守らなくてよくなる。

2. 水を使用する儀礼での所作

⑴　水を使用する儀礼での所作の広域比較

ベトナムにおける浄化儀礼（洒浄、浄壇と記述される）は、ラオカイ省の祖先を祭る正月儀礼や新しい祖先壇を作る儀礼等で行われるのを拝見している。祭壇正面で、まず剣を水碗に向け振り、その後左手で中指のみ折る老君訣をし、水の入った碗を載せ、右手で剣をもち剣で出口令を描き、口誦（彌羅呪）を行い、七星罡歩を行い、勅水し、水碗の水を口に含み勢いよく吩水する。左手で水碗をもち、右手は下げ剣を振り、唱えごとを続ける。ときどき吩水し、筈で占う。吩水をし罡歩を行い、剣を水に付け祭壇正面に向かって何度も撒く。その後四方に水を撒く所作をする。聖水は老君功徳水とされる。入り口扉に水を付けた剣で[illegible]か[illegible]か[illegible]という文字を描き、災いを祓い清める。扉に描かれる文字は中国の場合魁や䨻とされるので異なる。

さらに2017年2月にラオカイ省バサット県トンサイン社ラオヴァンチャイ集落の羅家で実施された七灯儀礼の浄壇の所作から見てみる。祭壇正面で祭司は経典を読誦しつつ進めるが、弟子は鈴を振りつつ立ち並ぶ。祭司は左手で水の入った碗をもち、右手で剣の先を神画に向けもち読誦をし、水を口に含み、剣先を神画に向け振った後吩水する。傍らの人物がもった経典を読誦し続ける。祭司は左手で水碗をもち、剣で水を撒く、剣をもつ手を上下させて振る。これを何度も繰り返す。祭司は左手で碗をもち右手で剣を上下させつつ正面祭壇から戸口に移動する。このときも読誦を続ける。弟子は鈴を鳴らしつつこれに続く。戸口で閉められた扉に向かい祭司は剣で文字を描く。その後また剣を振りつつ正面祭壇に戻る。角笛を吹く場面へ移行する。祭場を祓い清める所作には共通点が多く見いだせるといえる。儀礼の実践での身体的表現の斉一性が保たれているといえる。

タイのナーン県ムアン郡ナムガオ村三灯儀礼（2014年1月鄧家実施）における浄化儀礼（洒壇と記述される）での所作は、経典を見つつ読誦し進められた。祭司は祭壇正面で後ろと前で手を合わせる手訣の後、経典を左手で水碗を右手でもち、水を口に含み思い切り吩水すると同時に右足を強く踏む。これを繰り返す。右手に剣、左手に水碗をもち、剣に水碗の水を付け祭場の各所で撒く所作を行う。戸口では扉を閉めず空で水碗の水を付けた剣で[illegible]の文字を描く。その後経典を人にもたせてそれを読誦する。祭司は正面祭壇に戻り、吩水と罡歩を行い、剣に水碗の水を付け撒く所作を続ける。弟子は鈴を鳴らし、ドラと太鼓も鳴らされる。その後角笛を吹く場面へ移行する。

タイの祭司は経文を暗記していないため、経典を左手にもち右手に碗をもたなければならない状況が生じており、この点で中国やベトナムとは異なる。しかし手訣、罡歩、吩水、浄水散布、入り口扉に除災の文字を描く、経文を見ながらも呪文を唱える点をすべて網羅しており、身体表現での共通性が見られるといっても過言ではない。

⑵　儀礼における水に関わる所作の意味

以上「洗浄發角」あるいは「浄壇」と称される儀礼の意味するところは、儀礼の最初の段階で儀礼の行われる場を聖なる浄水を撒くことで清める、浄化することに尽きると考えられる。このとき水を聖なる浄水に変化させるのに必要な言葉である呪文、手訣、罡歩、剣画といった呪術的な所作が駆使されているといえる。これは中国だけでなくベトナム、タイでも同様の意味で行われているといえる。

中国の儀礼で受礼者が飲まされる封斎水及び開斎水に関する所作から考えると、受礼にあたり聖水（封斎水）を飲み、受礼者自身浄化され、受礼者の魂が特別な儀礼空間に入ることができる特別な状態になると考えられる。受礼を終え、儀礼項目の「唱盤王大歌」において、祭司達によって『大歌書』が節をつけ読誦されるが、テキストの三段満曲の部分にいたると、受礼者は聖水（開斎水）を飲まされる。これで魂が通常の状態に戻ると考えられる。

これは最高位の祭司となる通過儀礼の度戒儀礼においても封斎、開斎［神奈川大学大学院歴史民俗資料学研究科 2011：33］が行われ、受礼者が受礼をする特別な状態となる区切りとなる。度戒では受礼者にとって試練となる儀礼項目（度水槽、度勅床）［神奈川大学大学院歴史民俗資料学研究科 2011：26-29］があり、このとき受礼者は陰界に行ってまた戻る体験をするが、この世に戻るために水を噴き掛けられたりする。

ベトナムの正月に行われる祭司となる青年を選ぶプトン儀礼では、青年たちが身体を震わせ飛び跳ね集団でトランス状態に入るのだが、このトランス状態から戻される際は祭司によって青年たちに向かって聖なる水に変じられた特別な水が噴き掛けられる。つまり水は魂が特別な状態に入るとき、また通常に戻るときに欠かせないと考えられている。

3. 水を使用する儀礼で使用されるテキスト

⑴ 儀礼実践で使用された中国テキスト文面

儀礼項目「洗浄發角」の洗浄部分および「掛三盞明灯」の勅水部分で読誦あるいは口誦されるテキストの文面を検討する。

寧遠県九嶷山紫荊村盤万古祭司所有のテキストで、ジャンルは請聖書に属し、タイトルは『請聖書乙本』、全132頁からなるテキスト（ヤオ族文化研究所文献番号 A-16b）の70頁から91頁部分である。このテキストは1929年に盤啓玉氏により抄写されている。儀礼項目「洗浄發角」で読誦された経文を以下に記し、訳す。※●は不明字、○は同音の異字、？は訳不能個所に付した。以降同様。

<table>
<tr><td>1</td><td>洗浄(法)角（70頁）</td><td>洗浄發角霊歌</td></tr>
<tr><td>2</td><td>霊歌　父母大壇衆聖　上壇兵馬　下壇兵将　請神一便　請神二便</td><td rowspan="5">父母大壇衆聖、上壇兵馬、下壇兵将、請神1回、請神2回、ようようと車を回し戻り降りる。馬を右に並べ、童子を1名呼び洒浄發角させ、急ぎ香門を浄化させる。また1人の童子を呼び馬頭意者を出させる。左手を上げ、老君功徳水をもち、右手に楊柳枝をもち、罡歩を踏み、手訣を結び、弥羅呪を口誦する。</td></tr>
<tr><td>3</td><td>禄禄回車帰降　排馬　右辺　旦聴一名童子　洒浄(法)角　急浄</td></tr>
<tr><td>4</td><td>香門　旦徳一名童子　請出馬頭意者</td></tr>
<tr><td>5</td><td>左手接起一碗老君功徳水　右手接起一條楊柳枝</td></tr>
<tr><td>6</td><td>脚踏金罡　手接訣　口中常唸陀羅弥</td></tr>
<tr><td>7</td><td>謹請　東方甲乙木　青帝青龍将軍</td><td rowspan="4">つつしんで請う。東方甲乙木、青帝青龍将軍、青衣を纏い、青馬に乗り、青雲山上に住まい、腰に双刀の宝剣を帯び、万兵が守り従う。青龍よ、我水中に水を運び、邪を除き解穢せよ。祭壇内を浄化せよ。急ぎ浄化せよ。付霊清浄。</td></tr>
<tr><td>8</td><td>身着青衣　騎吾青馬　住在青雲山上　腰帯双刀</td></tr>
<tr><td>9</td><td>宝剣　万兵扶従　青龍　運水入吾水中　除邪解穢</td></tr>
<tr><td>10</td><td>来　洒香壇里内　急々洗霊清浄　付霊清浄</td></tr>
<tr><td>11</td><td>謹請　南方丙丁火　赤帝赤龍将軍　身着赤衣</td><td>つつしんで請う。南方丙丁火赤帝赤龍将軍、赤衣を纏い、赤馬に乗り、赤雲山上に</td></tr>
</table>

12	騎(吾)赤馬　住在赤雲山上　腰帯双刀宝剣　万兵扶	住まい、双刀宝剣を腰に帯び、万兵が守り従う。赤龍よ、我水中に水を運び、祭壇内を浄化せよ。急ぎ浄化せよ。付領清浄。
13	従　赤龍　運水吾水中　洗香壇里内　急々洒	
14	霊清浄　付領清浄	
15	謹請　西方庚(辛)金　白帝白龍将軍　身着白衣	つつしんで請う。西方庚申金、白帝白龍将軍、白衣を纏い、白馬に乗り、白雲山上に住まい、双刀宝剣を腰に帯び、万兵が守り従う。白龍よ、我水の中に水を運び、邪を除き解穢せよ。祭壇内を浄化せよ、急ぎ浄化せよ。付霊清浄。
16	騎(吾)白馬　住在白雲山上　腰帯双刀宝剣　万兵	
17	扶従　白龍　運水入吾水中　除邪解穢　来洗	
18	香壇里内外　急急洗領清浄　付霊清浄	
19	謹請　北方壬癸水　黒帝黒龍将軍　身着黒	つつしんで請う。北方壬癸水、黒馬に乗る、黒帝黒龍将軍、黒衣を纏い、黒馬に乗り、黒雲山上に住まい、双刀の宝剣を腰に帯び、万兵が守り従う。黒龍よ、我水中に水を運び、邪を除き解穢せよ。祭壇内を浄化せよ、急ぎ浄化せよ。
20	衣　騎(吾)黒馬　住在黒雲山上　腰帯双刀宝剣	
21	万兵扶従　黒龍　運水入吾水中　除邪解穢来	
22	洗香壇里内　急急洗領清浄　付霊清浄	
23	謹請　中央戊己土　黄帝黄龍将軍　身着黄	つつしんで請う。中央戊己土、黄帝黄龍将軍、黄衣を纏い、黄馬に乗り、黄雲山上に住まい、双刀の宝剣を腰に帯び、万兵が守り従う。黄龍よ、我水中に水を運び、邪を除き解穢せよ。祭壇内を浄化せよ、急ぎ浄化せよ。
24	衣　騎(吾)黄馬　住在黄雲山上　腰帯双刀宝	
25	剣　万兵扶従　黄龍　運水入吾水中　除邪解	
26	穢来洒香壇里内　急急洒霊清浄	
27	付霊清浄	付霊清浄
28	謹請　東／南方水源童子　西／北方水源童子　中央	つつしんで請う。東方南方水源童子、西方北方水源童子、中央五方五位水源童子、五色の衣を纏い、五色の馬に乗り、五雲山上に住まい、双刀の宝剣を腰に帯び、万兵が守り従う。五龍よ。我水中に水を運び、邪を除き解穢せよ。祭壇を浄化せよ、急ぎ浄
29	五方五位水源童子　衣着五色之衣　騎	
30	吾五色之馬　住在五雲山上　腰帯双刀宝	

31	剣　万兵扶従　五龍　運水入吾水中　除邪	化せよ。付霊清浄
32	解穢　来洗香壇里内　急急洒領清浄	
33	付霊清浄	
34	此水不是非凡之水　天中取来雲霧之水　地中	この水は非凡ならざる水にして、天中から取り来た雲霧の水、地中から取り来た九龍の水、山中から取り来た楊柳の水、江中から取り来た長流の水、塘中から取り来た養魚の水、井戸から取り来た人を養う水、東方から取り来た青龍の水、南方から取り来た赤龍の神水、西方から取り来た白龍の水、北方から取り来た黒龍の神水、中央から取り来た黄龍の神水である。碗中に取り来たりて仏前の老君功徳の水と化し、弟子が勅変し、解穢の神水とする。これは、金鶏が鳴かぬうちに、玉犬が鳴かぬうちに、仙人が目覚めぬうちに、玉女が化粧をせぬうちに、取り来た水で、千年万年かかっても手に入れられない。我師が 37 人の兵を派遣し、我が左右を固め、この水は香を１回焚くと天師が勅変し、香を２回焚くと地師が勅変し、香を３回焚くと、三元将軍が神水に勅変し、神水に変え、清らかなること蓮花のごとく海の水のごとく輝き、道法は多くなくとも、南辰貫北何？只１字を用いてこの世から魔を一掃し、速く変水させよ。速く。不陰卦。靇（二十八宿） 吾太上老君を奉じる。律令のごとく急げ。
35	取来九龍之水　山中取来楊柳之水　江中取来	
36	長流之水　塘中取来養魚之水　井中取来	
37	養人之水　東方取来青龍之水　南方取来赤	
38	龍神水　西方取来白龍之水　(白)方取来黒龍	
39	神水　中央取来黄龍神水　碗中取来化為仏	
40	前老君功徳之水　弟子勅変解穢神水来是	
41	金鶏未啼　玉犬未吠　仙人未起　玉女未梳粧　千年	
42	不去　万年不回　吾師當差三七領兵扶吾左右	
43	此水過香一巷　天師勅変　過香二巷　地師勅変	
44	過香三巷　三元将軍勅変　勅変神水造変	
45	神水　清如蓮花　亮如海水　道法不須多	
46	南辰貫北何　只用一字　掃退世令魔速化速	
47	変速変速化　靇　　下陰卦	
48	吾奉太上老君急急如律令	
49	此剣不是非凡之剣　化為太上老君殺之剣　入爐	この剣は非凡な剣にあらず、太上老君が鬼を殺す剣と化し、炉に３回入れ、生鉄を打

50	三便　(未)打是生鉄　出炉三便　打了変成剣　一揩	ち、炉から3回出し、剣に打ったもので、一振りで天が崩れ、二振りで地が裂け、三振りで人は長寿、四振りで鬼が滅びる。吾太上老君を奉じる。律令のごとく急げ。陰卦を用いる。
51	天崩　二揩地列　三揩人長生　四揩鬼成(亡)　吾奉	
52	太上老君急急如令勅令　下卦用陰卦	
53	[illegible]　法水上天　五雷転殿　法水洛地　百草長生	出口令、法水は天に昇り五雷は殿を移り、法水は地に落ち百草を伸ばし、法水は祭場を明るくし、どの神がどの鬼に応ずるのか、水は洋々として一面に吉祥をもたらし、一つ撒けば天は崩れ、二つ撒けば地は裂け、三つ撒けば人は長生し、四つ撒けば悪は滅亡する。天師は来たらず、地師は来たらず、解穢童子、破穢将軍がまずやって来る。天師が行わなくとも、地師が行わなくとも、解穢童子、破穢将軍はまず行う。この水を撒くと、闇雲に撒くのではなく、人六甲鬼六甲猫や鶏や犬六甲？
54	法水堂堂　万里吉光　何神敢対　何鬼敢当	
55	発水洋洋　万里吉祥　一洒天崩　二洒地列　三洒人	
56	長生　四洒鬼滅亡　天師未到　地師未到	
57	解穢童子　破穢将軍先到　天師未行	
58	地師未行　解穢童子　破穢将軍先行	
59	此水発発　不是洒何中洒何様	
60	人六甲　鬼六甲　猫兒鷄犬六甲　不敢吹散　金銀	金銀財宝を吹き散らしたくはなく、祭場を祓い清めたい、学法壇廟の前に、穢れがあれば、九龍清水を撒き、千年の香炉万年の水で祭場を祓い清める。もし穢れがあれば、九龍清水で祭場を浄化し、碗、杯、酒、料理を供物とし、もし穢れがあれば、九龍の清水で浄化する。これは題目。
61	財錦　不敢吹散　要来洒過香烟里内学	
62	法壇院廟前　有穢　将我九龍清水洒浄	
63	千年香炉　万年水碗　有穢　将我九龍清水洗浄	
64	進壇　蓮花洒盞　谷花米酒　小花小菜盤席	
65	相用　有穢　将我九龍清水洒浄　此是題(日)	
66	照見堂内物建都要洗完　洒厨房	堂内のものを照らしてみる。すべて浄化された。台所の浄化をする。何を唱えるか？洞中呪の呪文を唱える。
67	問　何物玄去　答　洞中玄去　唸呪進	
68	洞鐘玄去　光郎大神　此方穢上　水穢邪精	洞鐘玄去、光郎大神、此方穢上、水穢邪精、霊宝司命、普護九天、今日入吾堂壇、

69	霊宝司命　普護九天　今日入吾當壇請聖	請聖不得留停、火急甲、急来霊
70	不得留停　火急甲　急来霊	
71	[illegible]　天師未到　地師未到　解穢童子　破穢将軍	出口令、天師は来ず、地師は来ず、解穢童子、破穢将軍は先に来る。天師は行わず、地師は行わず、解穢童子、破穢将軍は先に行う。この水を撒くと、闇雲に撒くのではなく、祭場を浄化する。東方西方南方北方五方五龍司命君、五方すべて浄化せよ。浄化を終え、呪文を唱え、祭壇に功曹土地がおり、神はすべて知り、天に通じ地に達し、出入と名を、成功の日を文書で上奏する。本日祭祀を行うにあたり解穢し、留めない。早急に命じる。急ぎ来臨せよ。門を出て外で吩水し、邪を収める。
72	先到　天師未行　地師未行　解穢童子　破穢将軍	
73	先行　此水発発　不是洒何中　不是洒何様	
74	要来洒過　深房里内　東／西方　南／北方　五方五龍司命灶	
75	君　此是題目　五方都請到一身洒完　唸呪出	
76	壇前　功曹土地　神知　流霊　通天達地	
77	出入修名　有功之日　文書上請　今日	
78	入吾當壇解穢　不得留停　火急甲　急来臨	
79	出門外吩水収邪	
80	邪師来到法下　三魂七尽帰天　手中執訣	邪師は法壇の下に訪れ、三魂七魄は天に戻り、手中に訣を結ぼうと結ぶまいと、口誦しようとしまいと、もし、破邪が私を破ろうとすれば、我師は罡歩しお前の頭を砕く。尽皆遊（？）門前に山も水も高く、邪神悪鬼が騒ぎ、黄龍が三江口を出、鯉魚が四江灘を出、我が兵は我が祭壇に入る。我が兵は我が祭壇に入ろうとしないのではなく、一壇を破り十壇を戻す。十壇を破り我に千や万の壇を戻す。悪人は赤面、好人は白面、前門に刀を飾り、後門に剣を立てる。
81	不成訣　口中念法不成言　若有邪師破我吾	
82	師罡　斬断你頭尽皆遊　門前高山水也高	
83	邪神悪鬼閙冑冑　黄龍出得三江口　鯉魚出得	
84	四江灘　是我郎兵　入我郎壇　不是我郎兵　不	
85	敢入我郎壇　打破一壇　還我十壇　破我十壇　還	
86	我千千万万壇　悪人面赤　好人面白　前門	我に2人の先峰に使わし、鬼門をふさげ、官所は大きく、学堂は小さい。門を変化さ

87	(庄)刀　後門立剣　差我二位先峯　間塞鬼門	せる。左門は左麒麟を描き、右門は右麒麟を描く。左門は左獅子が描かれ、右門は右獅子が描かれる。さっさとしろ、吾は太上老君を奉じる。勅令のごとく急げ。
88	界大是官庁　小是学堂　化門　左門画為左麒	
89	麟　右門画為右麒麟　左門画為左獅子　右門	
90	画為右獅子　速化速変速変速化	
91	吾奉太上老君急急如令勅令	
92	天上双刀打落地　地下双刀飛上天	天上の双刀は地に落ち、地下の双刀は天に飛び上がる。麒麟獅子は2頭立つ、邪師は祭場に入ろうとせず、天上の双刀は地に落ち、地下の双刀は天に飛び上がる。麒麟獅子は2頭立つ、邪師は祭場に入ろうとしない。父母大壇衆聖、上壇兵馬、下壇兵将、穢れがあれば、五龍清水で光明をもたらす。福江盤王聖帝、五龍司命、灶君、宅堂土地、宗祖家先、真王神将、仙姑姉妹、扶童小将、部籙衆兵、穢れあれば、五龍清水で光明をもたらす。大廟霊師は門を出、行司官将、唐葛周三将軍、海翻張趙二郎、総壇大将、上壇兵馬、下壇兵将を従え、穢れあれば、五龍の清水で光明をもたらす。三戒弟子は門を出、太道兵馬、三清証盟、高真大道を従え、穢れあれば五龍の清水で光明をもたらす。六名童子、馬頭謹請、陰陽師父、穢れあれば、五龍の清水で光明をもたらす。連州唐王聖帝、行平十二遊師、伏霊五婁聖帝、福江盤王聖帝、厨司五旗聖衆、穢れあれば、五龍の清水で光明をもたらす。本方地主、本洞廟王、元宵大王、元宵弟子、孤寒二郎、土地公公、土地婁、百歳老人、穢れあれば、五龍の清水で光明をもたらす。香炉、水碗、穢れあれば、五龍の清水で光明をもたらす。灯油、紙、穢れあれば、五龍の清水で光明をもたらす。ド
93	麒麟獅子両頭立　邪師不敢入香壇	
94	天上双刀打落地　地下双刀飛上天	
95	麒麟獅子両頭立　邪師不敢入壇前	
96	令哥父母大壇衆聖　上壇兵馬　下壇兵将　有穢着	
97	五龍清水洒光明　福江盤王聖帝　五龍司命	
98	灶君　宅堂土地　宗祖家先　真王真将　仙姑姐妹　扶	
99	童小将　部録衆兵　有穢着　五龍清水洒光明	
100	大廟零師出門　托帯行司宮将　唐葛三将海	
101	番張召二郎　総壇太尉　上聖兵馬　下壇兵将	
102	有穢着　五龍清水洒光明	
103	三戒弟子出門　托帯大堂兵馬　三清証盟	
104	高真大道　有穢着　五龍清水洒光明	
105	六名童子　馬頭謹請　陰陽師父　有穢着	
106	五龍清水洒光明　外里連州唐王聖帝	
107	行平十二遊師　伏霊五婁聖帝　福江盤王聖	
108	帝　厨司五旗聖衆　有穢着　五龍清水洒光明	

<table>
<tr><td>109</td><td>本方地主　本洞廟王　元肖大王　元肖弟子　孤寒二郎　土</td><td rowspan="18">ラ、もち、穢れあれば、五龍の清水で光明をもたらす。碗、杯、穢れあれば、五龍の清水で光明をもたらす。龍憐、財馬、穢れあれば、五龍の清水で光明をもたらす。金花、宝朶、穢れがあれば五龍の清水で光明をもたらす。酒、埠老、穢れあれば、五龍の清水で光明をもたらす。
東／西に穢れあれば、東方西方を解穢する。
南／北に穢れあれば、南方北方を解穢する。
中央に穢れあれば、中央を解穢する。
人生に穢れあれば、番羅長？
鯉に穢れあれば、海に戻す。
家畜に穢れあれば、檻に戻す。
天中に穢れあれば、天に帰す。
地中に穢れあれば、地に帰す。
五方五位をすべて浄化し、五龍清水を祭壇にもたらす。
左手に一碗の功徳水をもち、右手に一本の楊柳の枝をもち、罡歩を踏み、手訣を結び、口中に陀羅弥を唱える。
浄化した、浄化した。烏が白雲山に鳴く</td></tr>
<tr><td>110</td><td>地公々　土弟婁　白歳老人　有穢着</td></tr>
<tr><td>111</td><td>五龍清水洒光明</td></tr>
<tr><td>112</td><td>香炉水碗有穢着　五龍清水洒光明</td></tr>
<tr><td>113</td><td>灯油紙有穢着　五龍清水洒光明</td></tr>
<tr><td>114</td><td>鑼銅鈔餅有穢着　五龍清水洒光明</td></tr>
<tr><td>115</td><td>蓮花酒盏有穢着　五龍清水洒光明</td></tr>
<tr><td>116</td><td>龍憐財馬有穢着　五龍清水洒光明</td></tr>
<tr><td>117</td><td>金花宝朶有穢着　五龍清水洒光明</td></tr>
<tr><td>118</td><td>谷花米酒／香壇埠老有穢着　五龍清水洒光明</td></tr>
<tr><td>119</td><td>東／西方有穢解東方／西方　南／北方有穢解南方／北方</td></tr>
<tr><td>120</td><td>中央有穢解中央　人生有穢番羅長</td></tr>
<tr><td>121</td><td>鯉魚有穢各帰海　畜牲有穢各帰欄</td></tr>
<tr><td>122</td><td>天中有穢帰天位　地中有穢入地蔵</td></tr>
<tr><td>123</td><td>五方五位都潔浄　五龍清水落香壇</td></tr>
<tr><td>124</td><td>左手放下一碗功徳水　右手放下一條楊柳枝</td></tr>
<tr><td>125</td><td>脚踏金罡手執訣　口中常念陀羅弥</td></tr>
<tr><td>126</td><td>清浄了清浄了　烏鴉呌呌白雲山</td></tr>
</table>

である。

儀礼項目「掛三盏明灯」で使用されたテキストの文面を以下に記し、訳す。

ただの水を変じて、受礼に使用する道具類の穢れを落とし清める聖水にするための呪文である。

趙金付氏所有のテキストで、ジャンルは伝度書に属し、タイトルは付されていない、全38頁からなるテキスト（ヤオ族文化研究所文献番号Z-13）の冒頭部分である。

01　伝燈用　勅変水碗

02　一変此水化為酒埠之水　二変此水化為観音

03　楊柳之水　三変此水化為真武之水／四変此水

04　化為五雷殿上之水　五変此水化為八大金

05　剛之水　六変此水化為三望壇之水／蓮化如雲

06　露之水／邪鬼白滅白　吾奉太上老君急急

07　如令勅

訳は、

1にこの水を九歩の水に変じる。2にこの水を観音楊柳の水に変じる。3にこの水を真武（北方水神玄天上帝）の水に変じる。4にこの水を五雷殿上の水に変ずる。5にこの水を八大金剛の水に変じる。6にこの水を三望壇の水に変じる。速く水を雲露の水のごとく変じ、邪鬼を自滅させる。吾太上老君を奉じて急ぎ令のごとく勅す、となる。

(2)　ベトナムテキスト文面

さらにベトナムの祭司が浄化儀礼で使用する経典の経文を記して比較検討を加える。

ベトナムバサット県トンサイン社キコンホ集落趙徳貴氏所有のテキストで、ジャンルは請聖書・意者書に属し、タイトルは『書主盤福珠壹●盤王会●』、全80頁からなるテキスト（ヤオ族文化研究所文献番号V-4）の21頁および47頁～67頁部分である。1987年に抄写されている。

<table>
<tr><td></td><td>水是九龍清水（V-4　21頁）</td><td>水は九龍の清水である。</td></tr>
<tr><td>1</td><td>洒浄起根（V-4　47頁）</td><td>洒浄のはじまり</td></tr>
<tr><td>2</td><td>有茶未曽献　有酒未曽呑　且来酒浄我香壇</td><td rowspan="5">茶はあるがまだ献せず、酒はあるがまだ飲まず、まずは祭場を清める。解穢童子、破穢将軍、夜更けに光を放って浄化する。穢れがあれば我が師が来たりて解穢する。また水原童子を招へいし、水原童子が来れば命令し、解穢童子が祭場に入れば、銅鈴をやめ、邪師はあえて来ず、罡歩を踏み、法を施し、法によって邪悪な鬼共はちりぢりになる。左手を上げ老君功徳水をもち、右手に楊柳枝をもつ、丁罡歩を踏み3歩行</td></tr>
<tr><td>3</td><td>解穢童子　破穢将軍　三更夜浄放毫光　穢</td></tr>
<tr><td>4</td><td>有五師来解穢　又請水原童子来　水原童子</td></tr>
<tr><td>5</td><td>来　赴令　解穢童子入香壇　退下銅鈴　邪師不</td></tr>
<tr><td>6</td><td>敢到　行罡　罡也作念法　法也真邪麼　小鬼走分々</td></tr>
</table>

7	左手執起老君功徳水　右手執起楊柳枝	く、大羅弥を口誦する。
8	却踏丁罡行三歩　口中常念大羅弥	
9	謹請東方甲乙木　青帝(清)龍将軍　身着(清)	つつしんで請う。東方甲乙木、青帝青龍将軍、青衣を纏い、青馬に乗り、青雲に住まい、腰に双刀の宝剣を帯び、万兵が従う。我が龍よ、我が杯中に水を運び、邪を除き解穢せよ。祭壇内を浄化せよ、急ぎ浄化せよ。
10	(依)　騎(吾)(清)馬　住在青雲　身上腰帯双刀宝剣	
11	万兵護従　吾龍運水入吾盞中　除邪解穢来洒香壇	
12	内　急急速令清浄	
13	謹請南方丙丁火　赤帝赤龍将軍　身着赤衣	つつしんで請う。南方丙丁火、赤帝赤龍将軍、赤衣を纏い、赤馬に乗り、雲山に住まい、腰に双刀の宝剣を帯び、万兵が従う。我が龍よ、我が杯中に水を運び、魔を除き解穢せよ。祭壇内を浄化せよ。急ぎ浄化せよ。
14	騎(吾)赤馬　住在雲(身)上　腰(代)双刀宝剣　万兵護	
15	従　吾龍運水入吾盞中　邪(麼)解穢来洒香壇内　急	
16	急速(流)清浄	
17	謹請西方庚(辛)金　白帝白龍将軍　身着白(依)　騎	つつしんで請う。西方庚申金、白帝白龍将軍、白衣を纏い、白馬に乗り、白雲山上に住まい、腰に双刀宝剣を帯び、万兵が従う。我が龍よ、我が杯中に水を運び、邪を除き、解穢せよ。祭壇内を浄化せよ、急ぎ浄化せよ。
18	吾白馬　住在白雲(身)上　腰(代)双刀宝剣　万兵護	
19	従　吾龍運水入吾盞中　除邪解穢甲乙丙丁火　来	
20	洒香壇内　急急速令清浄	
21	謹請北方壬癸水　黒帝黒龍将軍　身着黒衣　騎吾	つつしんで請う。西方庚申金、白帝白龍将軍、白衣を纏い、白馬に乗り、白雲山上に住まい、腰に双刀宝剣を帯び、万兵が従う。我が龍よ、我が杯中に水を運び、邪を除き、解穢せよ。祭壇内を浄化せよ、急ぎ浄化せよ。
22	黒馬　住在黒雲(身)上　腰(代)双刀宝剣　万兵護従　吾	
23	龍運水入吾盞中　除邪解穢来洒壇内　急急速	
24	令清浄　謹請中央戊己土　黄帝黄龍将軍　身着	つつしんで請う。中央戊己土、黄帝黄龍将軍、黄衣を纏い、黄馬に乗り、黄雲山上に住まい、腰に双刀宝剣を帯び、万兵が従う。我が龍よ、我が杯中に水を運び、邪を
25	黄衣　騎(吾)黄馬　住在黄雲(身)上　腰(代)双刀宝剣	

26	万兵護従　吾龍運水入吾盞中　除邪解穢来洒香	除き、解穢せよ。祭壇内を浄化せよ、急ぎ浄化せよ。
27	壇内　急急速令清浄	
28	謹請東方水原童子　南方水原童子　西方水原	つつしんで請う。東方水原童子、南方水原童子、西方水原童子、北方水原童子、中央水原童子、五色の衣を纏い、五色の馬に乗り、五雲山上に住まい、腰に双刀の宝剣を帯び、万兵が従う。我が龍よ、我が杯中に水を運び、邪を除き解穢せよ。祭壇内を浄化せよ、急ぎ浄化せよ。
29	童子　北方水原童子　中央水原童子　身着五色之	
30	衣　騎(吾)色之馬　住在(吾)雲身上　腰(代)双刀宝剣　万	
31	兵護従　吾龍運水入吾盞中　除邪解穢来洒香	
32	壇内　急々(伏)　(流)清浄　勅水之法物用	
33	(勅)　[illegible]　此水不是非凡之水　水是勅変太上老君取来　化為功徳	(勅)　[illegible]この水は非凡ならざる水にして、水を勅変し太上老君が取り来た功徳の水と化す。 山中から取り来た交牙石壁の水、江中から取り来た長江の水、塘中から取り来た養魚の水、田中から取り来た稲を養う水、井戸の中から取り来た人を養う水、玉女が担ぎもち帰った、老君功徳解穢の水と化す。金鶏がまだ鳴かぬうちに、玉犬が吠えぬうちに、仙人が行かぬうちに、玉女が化粧をせぬうちに、天師は我が前に、地師は我が後ろにいます。37人の霊兵を使わし我を守る。我が師は左右におわしまして、邪を祓い解穢し、穢れを滅する水を取り来たれり、吾太上老君を奉じ、勅令する。
34	之水　山中取来　交牙石壁之水　江中取来　長流之水　塘中取	
35	来　養魚之水　田中取来　養禾之水　井中取来　養人之水	
36	玉女担帰(店)前　化為老君功徳解穢之水　金鶏未啼	
37	玉吠(来)吠　仙人未去　玉女未梳粧　天師在吾前　地師在吾	
38	後　急差三七霊兵護我　(五)師左右辺　取来除邪解穢	
39	滅穢之水　　(准)我吾奉太上老君勅令	
	——中略——	
40	(同)中呪出辺用	洞中呪
41	同中玄●　光朗神明　斬邪伏邪殺鬼　案吾兵入海	同中玄●　光朗神明　斬邪伏邪殺鬼　案吾兵入海
42	知聞霊宝(符)命　普告九天　魔王小鬼　速降壇前	知聞霊宝(符)命　普告九天　魔王小鬼　速降壇前
43	為吾解穢不得(流)停	為吾解穢不得(流)停

<table>
<tr><td></td><td>――中略――</td><td></td></tr>
<tr><td>44</td><td>東方有穢濁　五龍清水洒清浄　南方有穢濁　五龍清</td><td rowspan="3">東方に穢濁あり、五龍清水により浄化する。
南方に穢濁あり、五龍清水により浄化する。
西方に穢濁あり、五龍清水により浄化する。
北方に穢濁あり、五龍清水により浄化する。
中央に穢濁あり、五龍清水により浄化する。</td></tr>
<tr><td>45</td><td>水洒清浄　西方有穢濁　五龍清水洒清浄　北方有穢濁</td></tr>
<tr><td>46</td><td>五龍清水洒清浄　中央有穢濁　五龍清水洒清浄</td></tr>
</table>

⑶　タイテキスト文面

さらにタイ祭司が浄化儀礼で使用する経典の経文を記して比較検討を加える。

タイナーン県ムアン郡ナムガオ村鄧貴坤氏所有のテキストでジャンルは請聖書・意者書に属し、タイトルは『第一本伸香意者　三清咒一供奏請』で全100頁からなるテキスト（ヤオ族文化研究所文献番号 T-13）の63頁～80頁部分である。このテキストは2000年に抄写されている。

<table>
<tr><td></td><td>敕水洒壇起根（T-13　63頁）</td><td>勅水洒壇のはじまり</td></tr>
<tr><td>1</td><td>有茶未曾献　有酒未存(斟)　且来酒浄(衆)(聖)</td><td rowspan="4">茶はあれどもいまだ献ぜず、酒はあれどもいまだ供えず、まずは衆聖の聖壇内を清める。
穢れがあれば、我が師は九龍清水で光明を注ぐ。左手に老君功徳水をもち、右手に楊柳枝をもつ。丁罡歩を踏み、手訣を結び、陀羅彌を口誦する。</td></tr>
<tr><td>2</td><td>香壇裡内　有穢　在吾師九龍清水洒光明</td></tr>
<tr><td>3</td><td>[illegible]　左手執起老君功徳水　右手接起一條楊</td></tr>
<tr><td>4</td><td>柳枝　脚踏丁罡　手執決　口中常念陀羅彌</td></tr>
<tr><td>5</td><td>[illegible]　謹請東方甲乙木　青帝(青)龍将軍　身着</td><td rowspan="3">[illegible]　つつしんで請う。東方甲乙木、青帝青龍将軍、青衣を纏い、青馬に乗り、青雲山上に住まい、腰に双刀の宝剣を帯び、万兵が守り従う。青龍よ、我が碗中に龍神解穢の水を運び、甲乙木丙丁火、来たりて祭壇内を急ぎ浄化せよ。</td></tr>
<tr><td>6</td><td>青衣　騎(五)青馬　住在青雲山上　腰帯双刀宝</td></tr>
<tr><td>7</td><td>剣　万兵護従　青龍運入吾碗　龍神解穢之水　甲</td></tr>
</table>

<table>
<tr><td>8</td><td>乙木丙丁火　来洒香壇裡内　急々扶⃝流⃝清浄</td><td></td></tr>
<tr><td>9</td><td>唵⃝　謹請南方丙丁火　赤帝赤龍将運⃝身着</td><td rowspan="4">唵⃝　つつしんで請う。南方丙丁火、赤帝赤龍将軍、赤衣を纏い、赤馬に乗り、雲山に住まい、腰に双刀の宝剣を帯び、万兵が守り従う。赤龍よ、我が碗中に龍神解穢の水を運び、甲乙木丙丁火、来たりて祭壇内を急ぎ浄化せよ。</td></tr>
<tr><td>10</td><td>赤衣　騎㊄赤馬　住在雲山　佩帯双刀宝剣　万</td></tr>
<tr><td>11</td><td>兵護従　赤龍運水入吾碗中　龍神解穢之水　甲</td></tr>
<tr><td>12</td><td>乙木丙丁火　来洒香裡内　急々扶⃝流⃝清浄</td></tr>
<tr><td>13</td><td>唵⃝　謹請西方庚辛⃝金　白帝白龍将軍身</td><td rowspan="4">唵⃝　つつしんで請う。西方庚申金、白帝白龍将軍、白衣を纏い、白馬に乗り、白雲山に住まい、腰に双刀の宝剣を帯び、万兵が守り従う。白龍よ、我が碗中に龍神解穢の水を運び、甲乙木丙丁火、来たりて祭壇内を急ぎ浄化せよ。</td></tr>
<tr><td>14</td><td>着白衣　騎㊄白馬　住在白雲山　腰帯双刀宝剣</td></tr>
<tr><td>15</td><td>万兵護従　白龍運水入吾碗中　龍神解穢之水</td></tr>
<tr><td>16</td><td>甲乙木丙丁火　来洒香裡内　急扶⃝流⃝清浄</td></tr>
<tr><td>17</td><td>唵⃝　謹請北方壬癸水　黒帝黒龍将軍身着</td><td rowspan="4">唵⃝　つつしんで請う。北方壬癸水、黒帝黒龍将軍、黒衣を纏い、黒馬に乗り、黒雲山に住まい、腰に双刀の宝剣を帯び、万兵が守り従う。黒龍よ、我が碗中に龍神解穢の水を運び、甲乙木丙丁火、来たりて祭壇内を急ぎ浄化せよ。</td></tr>
<tr><td>18</td><td>黒衣　騎㊄黒馬　住在黒雲山　佩双刀宝剣</td></tr>
<tr><td>19</td><td>万兵護従　黒龍運入吾碗中　龍神解穢</td></tr>
<tr><td>20</td><td>之水　甲乙木丙丁火　来洒香壇裡内　急々扶⃝流⃝清浄</td></tr>
<tr><td>21</td><td>唵⃝　謹請中央戊己土　黄帝黄龍将軍身着</td><td rowspan="4">唵⃝　つつしんで請う。中央戊己土、黄帝黄龍将軍、黄衣を纏い、黄馬に乗り、黄雲山上に住まい、腰に双刀の宝剣を帯び、万兵が守る。黄龍よ、我が碗中に龍神解穢の水を運び、甲乙木丙丁火、来たりて祭壇内を急ぎ浄化せよ。</td></tr>
<tr><td>22</td><td>黄衣　騎㊄黄馬　住在黄雲山上　腰帯双刀宝剣</td></tr>
<tr><td>23</td><td>万兵護　黄龍運水入吾碗中　龍神解穢之水</td></tr>
<tr><td>24</td><td>甲乙木丙丁火来洒香壇裡内　急々扶⃝流⃝清浄</td></tr>
<tr><td>25</td><td>勅水勅水法（T-13　65 頁）</td><td>勅水勅水法</td></tr>
</table>

26	此水不是非凡之水　水是吾師太上老君殿前	この水は非凡ならざる水にして、我が師太上老君の殿前の功徳の水である。山中から流れ来た玉女の水、江中から流れ来た水、玉女が担ぎ殿前にもち帰り、功徳の水と化した。凡人は千年かかっても取ってこられない。我が師が私に37人の霊兵を使わし、取ってこさせた水で、そのとき金（鶏は鳴かず）、玉犬はいまだ吠えず、仙人はいまだ起きず、玉女はいまだ化粧をせず、天師は我が前に、地師は我が後ろにおわし、37人の霊兵が我を守り、我が師は左右におわします。我太上老君を奉じ、急ぎ勅令す。
27	功徳之水　山中流来玉女之水　江中流来之水　玉	
28	女担帰将来殿前　化為功徳之水　凡人去取千年	
29	不来　吾師差我三七霊兵去取之水去時　金	
30	啼玉犬未吠　仙人未起　玉女未梳粧　天師在	
31	吾前　地師在吾後　三七霊兵護我吾師左右身	
32	辺　准我吾奉太上君老急令勅	
	――中略――	
33	同中呪引出	洞中呪
34	洞中玄戲　光浪大神　八万穢汚　洒穢我身	洞中玄戲　光浪大神　八万穢汚　洒穢我身
35	霊宝付命　霊叫天尊　斬妖小鬼　殺鬼万千	霊宝付命　霊叫天尊　斬妖小鬼　殺鬼万千
36	凶穢湯散　道気長存　為吾解穢　不得留停	凶穢湯散　道気長存　為吾解穢　不得留停
37	洒小庁灶邊	かまど回りを浄化する。
	――中略――	
38	出大門画符了　▦	大門に呪符を描く。
	――中略――	
39	洒大庁火邊	庁堂を浄化する。
	――中略――	
40	東方有穢　座都洒浄　吾師九龍清水洒光明　剣	東方に穢れあればしっかり浄化する。我が師は九龍清水で光明を注ぐ。剣刀で水を撒き浄化する。 南方に穢れあればしっかり浄化する。我が師は九龍清水で光明を注ぐ。剣刀で水を撒き浄化する。
41	刀発水洒清浄　南方有穢　座都洗浄　吾師	
42	九龍清水洗光明　剣刀発水洗清浄	
43	西方有穢　在都洗浄　吾師九龍清水洗光	西方に穢れあればしっかり浄化する。我が師は九龍清水で光明を注ぐ。剣刀で水を撒

44	明　剣刀発洗清浄　北方有穢　座都洒浄　吾	き浄化する。 北方に穢れあればしっかり浄化する。我が師は九龍清水で浄化し、剣刀で水を撒き光明を注ぐ。
45	師九龍清水洒浄　剣刀発水洒光明	
46	中央有汚有穢　座都無浄都洒浄　吾師	中央に汚穢あればしっかり浄化する。我が師は九龍清水で光明を注ぐ。剣刀で水を撒き浄化する。
47	九龍清水洒光明　剣刀発水洒清浄	

⑷　テキスト文面広域比較

タイ・ベトナム・中国のテキストの文面を比べてみると、左手に老君功徳水、右手に楊柳枝をもちマジカルなステップの罡歩を踏み、マジカルな手を組む手訣を結び、口誦を行うとある（付下線部）。

碗の中の水は老君功徳水であり、この聖水は老君の功徳の水と解釈されていると分かる。この老君功徳水によって穢れが祓い清められると考えられていたと分かる。

さらに青龍、赤龍、白龍、黒龍、黄龍が運んできた水によって祓い清められると続くが、陰陽五行思想が反映され、木火土金水の五行、方角、十干、色と結び付き、木の東方の甲乙の青龍、火の南方の丙丁の赤龍、土の中央の戊己の黄龍、金の西方の庚辛の白龍、水の北方の壬癸の黒龍とされる等記述がほぼ同じである（中国本7行～25行、ベトナム本9行～26行、タイ本5行～24行）。

その後勅水での文句は、タイ・ベトナム・中国では若干の差が見える。「是水不是非凡之水」（付下線部）の文言から始まる点は共通性が見られる。

中国本の34行～48行の訳は、この水は非凡之水ではないと直訳できるが、これは強調表現と考えられ、ただの水ではない意味と解釈する。さらに続けて訳すと、

この水は非凡ならざる水にして、天中から取り来た雲霧の水、地中から取り来た九龍の水、山中から取り来た楊柳の水、江中から取り来た長流の水、塘中から取り来た養魚の水、井戸から取り来た人を養う水、東方から取り来た青龍の水、南方から取り来た赤龍の神水、西方から取り来た白龍の水、北方から取り来た黒龍の神水、中央から取り来た黄龍の神水である。碗中に取り来たりて仏前の老君功徳の水と化し、弟子が勅変し、解穢

の神水とする。これは、金鶏が鳴かぬうちに、玉犬が鳴かぬうちに、仙人が目覚めぬうちに、玉女が化粧をせぬうちに、取り来た水で、千年万年かかっても手に入れられない。我師が 37 人の兵を派遣し、我が左右を固め、この水は香を 1 回焚くと天師が勅変し、香を 2 回焚くと地師が勅変し、香を 3 回焚くと、三元将軍が神水に勅変し、神水に変え、清らかなること蓮花のごとく海の水のごとく輝き、道法は多くなくとも、南辰貫北何？只 1 字を用いてこの世から魔を一掃し、速く変水させよ。速く。不陰卦。靈（二十八宿）

図表 9–2　文献写真（中国本）

五龍清水洒光明　外裡連刈唐王聖帝
行平十二遊師伏灵五潼聖帝福江盤王聖
帝廚司五旗聖衆有秽着　五龍清水洒光明
本方地主本洞廟王元宵大王肖弟子孤寒二郎土
地公之土弟凄白世老人有秽着
五龍清水洒光明
一香炉水碗有穢着
灯油帋有秽着
銅錢砂餅有秽着
蓮花酒盞有秽着
龍㡚財馬有秽着
金花宝朶有秽着
五龍清水洒光明
五龍清水洒光明

出所：筆者撮影。

吾太上老君を奉じる。律令のごとく急げ。

となる。

これに対しベトナム本の勅水の文句は、同じ始まりでありこの水はただの水ではないと解釈できる。太上老君が取り功徳の水に変じた水であり、江中から取った長流の水であり、塘中から取った養魚の水であり、田中から取った稲を養う水であり、井戸から取った人を養う水である。玉女が運び老君功徳解穢の水に変じたもので、金鶏が鳴かぬうちに、玉犬が吠えぬうちに、仙人が来ないうちに、玉女が化粧をしないうちに、天師は私の前に地師は私の後ろに、多くの兵が私を守り我五師が左右におわします。邪を除き、穢れを清める水を取り来たれり。太上老君を奉じて勅令すとある（33 行〜39 行）。

中国本の文面には東西南北中央の龍の水、また三元将軍の名が見えるほか、清水のパワーの表現等詳しい面があるが、ベトナム本の文面は水の来歴について少し詳しい。多少の差異があるが、これは写本を重ねるうちに生じたものと考えられる。全体的には、文面の共通性がはっきりと確かめられる。太上老君の功徳水が見え、災いを祓い清める究極の聖水と考えられていることが分かる。

湖南省のミエン・ヤオ族の別のテキスト［李 2010：18, 26］では「此水不是非凡之水、水是源中之水、流過山中石壁之水、流過灘中波浪之水、流過江中長流之水、流過井中清浄之水、玉女担帰托出仏前、化為老君功徳解穢之水、啓請天師在吾前地師在吾後、六丁六甲護我左右、吾奉太上老君急急如令敕」、「此水不是非凡之水、水是天上取来雲露之水、地下取来九竜双江之水、山中担帰清泉之水、江中長流之水、井中、塘中養魚之水、田中養禾之水、灘中波浪之水、日頭出山之水、一変二変化為観音楊柳之水、三変化為真武之水、四変化為五雷之水、五変化為八大金剛之水、六変化為三壇之水、速速化為老君功徳之水、邪鬼自滅、吾奉太上老君急急如令敕」とある。文面はほぼ共通であるが、差異も見られ、異本を重ね合わせることでより原型の実態に近づくことができると考えられる。少なくとも老君功徳の水により祓い清めがなされると考えられている。

タイ本の文面では「東方有穢…九龍清水洒光明…南方有穢…九龍清水洗光明…西方有穢…九龍清水洗光明…北方有穢…九龍洒浄…中央有穢…九龍清水洒光明」（40 行～47 行）とあり同様の文面が中国本とベトナム本にもある。ただしベトナム本では「五龍清水洒清浄」（44 行～46 行）と五龍である。「五龍清水洒光明」という表現はベトナム本、中国本に共通し、龍の聖水によって祓い清められ、光明がもたらされると考えられている。東南西北中に穢れがあれば、九龍あるいは五龍の清水で浄化し光明あるいは清浄を得るという内容だが、中国本の文面には、東南西北中の穢れのほかに祭場の用具を一つひとつ取り上げ穢れがあれば、五龍の清水で清めるとし、さらにはそこに集まる神々の名を上げ、穢れがあれば清めるとし、徹底的な浄化が表現されているところに違いが見られる（96 行～123 行）。

藍山県ではかまどの清めに向かう場面で曲節をともなって唱えられる「洞中呪」（67 行～70 行）だが、タイ本にも「同中呪」はかまどの清め前に見え（33 行～36 行）、ベトナム本にはかまどでの清めは書かれていないものの「同中呪」（40 行～43 行）と題されて見える。浄化に必ず唱えられる呪文だが、内容は異なる部分が多いといえる。儀礼の実践ではタイの 3 灯儀礼でもベトナムの 7 灯儀礼でも祭場の清め、戸口の所作等は共通すると確認したものの、かまどの清めは把握できていない。

中国本・ベトナム本・タイ本のテキストの文面は脈絡、考え方の根幹にかかわる部分が同じといってよい。この文面の一致こそ、儀礼の実践面での斉一性が保たれている所以といえよう。

さらに経典には、剣で水に描くマジカルな文字が描かれており、中国本、ベトナム本、タイ本に共通するのは中国藍山県では出口令と称される[illegible]である。

その他中国では二十八宿と称される[illegible]、ベトナムでは、[illegible]や[illegible]タイでは[illegible]が経典に見え、地域的差異がある。儀礼のパフォーマンスの実践が図化されて記載されていることで、しっかりとした伝承の基盤が作られているといえる。

V. 道教儀礼・法教儀礼から考える

1. 道教儀礼における水との比較から考える

台湾の紅頭道士と烏頭道士による「勅水禁壇」の科儀における水の使用について、山田明広が解説している［山田 2010：53-74］。動作から「浄水を撒く」とは「浄水を入れた水盂（金属製の小型の水入れ）を左手で指を三台（左手の中指と薬指を内側に曲げて掌を上にし、残りの3本の指を伸ばす手指の形）の形にして執り、その中に枝のついた柳あるいは老榕樹の葉・花・手の指などを浸して浄水を付着させ、それを取り出してから付着した浄水を散布する動作のこと」［山田 2010：56］としている。「噀水」とは「指を三台の形にして左手でもった水盂中の浄水を口に含み、ぷっと霧状に吹き出す動作」［山田 2010：57］としている。

道教儀礼の実践から大淵忍爾は浄壇法を解説しているが、簡単な場合は浄壇呪を唱え水盂の浄水を撒くとある。普通は水盂を三台でもち、柳枝を浄水につけて「一心」と書きながら撒くとある。大きな科儀では盂と剣をもち、剣を振り、壇をめぐるとある。このとき浄天地神呪が唱えられるとある［大淵 1983：219］。

台湾道教の醮の儀礼で行われる儀礼項目「勅水禁壇」の内容には印破穢轍を

結び、浄水を口に含み、噀水することが見える［大淵 1983：287］。

この動作は、碗をもつ左手の形の三台はミエン・ヤオ族の老君訣に相当し、右手の柳は剣（楊柳枝）に相当する。「噀水」はミエン・ヤオ族は吩（噴）水と記すが、水を吹き出すことであり、藍山県では祭司によって剣で付けた水を口になめることで表現することもあるが、本来吹き出すとされる。浄化の身体的表現の共通性が見られる。

また香港道教の醮の儀礼で行われる儀礼項目「浄壇科」においては口誦に「清浄法水…神水解穢　濁去清来　常清常浄」とあり、さらに勅水の際三台罡を踏み、口誦には「上台一黄駆滅不祥　中台二白護身鎮宅　下台三青滅鬼除精　三台到處　大顕威光　急急如律令」とある［大淵 1983：727］。勅水の際風雷罡を踏むことが見える［大淵 1983：750］。水を聖水に変じ、その清水を撒くことで祭場の祓い清めが行われるが、呪文を唱えること、手訣を結ぶこと、罡歩を踏むことが必要である。この点はミエン・ヤオ族の儀礼の実践にも通じると考える。

山田氏によると祭壇や祭場だけでなく香や文書や符や供物等の浄化が水により図られる［山田 2010：59-60］とされるが、これもミエン・ヤオ族においても儀礼の実践において祭場や供物を準備するかまどを始めとし、受礼者自身さらに受礼に使用される種々な道具、五穀豊穣の祈願物等を水で浄化することと共通する。口誦される経文にも祭場にあるすべての物をあげ、浄化を図ろうとしていることが見える。

台湾紅頭道士の勅水において口誦される呪言から見ると、「我水非凡水、五龍真炁之水」［山田 2010：67］とあり、「吾今上清東方青帝青龍君、南方赤龍君、西方白帝白龍君、北方黒帝黒龍君、中央黄帝黄龍君」とある［山田 2010：71］。水は、非凡な水で東南西北中央の五方龍神五龍の水であるとされている。五方と五色の五行が見られるが、ミエン・ヤオ族では加えて木火土金水および十干（甲乙丙丁戊己庚辛壬癸）も組み合わされた陰陽五行が反映された五龍を見ることができる。

三級派道士の醮の儀礼の浄壇において、勅水の文句に「請勅、此水是水本是非凡水、五龍五江吐出眞炁水足躡北斗、…以水解穢…急准九鳳破穢大将軍按水急冷清浄…」とある［大淵 1983：631-632］。五龍の水であり九鳳もかかわり、浄化すると読める。ミエン・ヤオ族では（中国本34行～39行）「此水不是非凡之水、天中取来雲霧之水、地中取来九龍之水、山中取来楊柳之水、江中取来長流之水、塘中取来養魚之水、井中取来養人之水、東方取来青龍之水、南方取来赤龍神水、西方取来白龍之水、㊉方取来黒龍神水、中央取来黄龍神水…」とある。非凡ならざる水で、五方龍神の水とされる。

始まりの「非凡水」の文句ただならぬ水は、道教系の呪文とミエン・ヤオ族に共通すると見られるが、道教系では「本是」で始まり「不是」ではない。非凡水を肯定するか否定するかで、まったく逆の意味となる。文脈からは、修辞的表現と見るほかなく、特別な聖水を表していると考える。

続く内容は三級派道士の文句には五龍の水とあるが東西南北中央の龍とはされておらずさらに「水解東方青穢…水解西方白穢…水解南方赤穢…水解北方黒穢…水解中方黄穢」とあり、東西南北中央と穢れが結びついている。東南西北中と穢れが結びついているのは、中国本、ベトナム本およびタイ本とも共通するが、ミエン・ヤオ族では五色と穢れは結び付けられてはいない。穢れについては、中国本では五方だけでなく、祭場に供えられる香、紙銭供物だけでなくその場に来臨する神々に至まで穢れあれば五龍清水を注いで光明をもたらすとする徹底した浄化が見える。光明がもたらされるという表現はミエン・ヤオ族特有と解釈できる。

台湾道教で唱えられる浄天地神呪だが「天地自然、穢気分散、洞中玄虛、晃朗太元、八方威神、使我自然、霊宝符命、普告九天、乾囉嗒哪、洞罡太玄、斬妖縛邪、殺鬼万千、中山神呪、元始玉文、持誦一遍、却鬼延年、按行五嶽、八海知聞、魔王束首、侍衛我軒、凶穢消散、道炁長存、命魔攝穢天尊」とある［大淵：704］。この呪文にはミエン・ヤオ族が必ず唱える「洞中呪」に通じる文句が含まれている。

中国本洞中呪は「洞鐘玄去、光郎大神、此方穢上、水穢邪精、霊宝司命、普護九天、今日入吾堂壇、請聖不得留停、火急甲、急来霊」、ベトナム本同中呪は「同中玄●、光朗神明、斬邪伏邪殺鬼、案吾兵入海、知聞霊宝㊋命、普告九天、魔王小鬼、速降壇前、為吾解穢不得㊌停」、タイ本同中呪は「洞中玄戯、光浪大神、八万穢汚、洒穢我身、霊宝付命、霊叫天尊、斬妖小鬼、殺鬼万千、凶穢湯散、道気長存、為吾解穢、不得留停」である。異本により濃淡はあるとはいえ、道教本の文句に共通する、神明や除災の意味の文句から成立しているといえる。単純に相互の影響関係を論じることはできないが、除災にもっとも威力のあると考えられた呪文があり、それを取り入れてそれぞれの浄化の呪文が成立しているとみられる。

ミエン・ヤオ族の聖水は老君功徳水とされるがこの功徳について道教儀礼から見てみる。功徳儀礼については丸山宏、浅野春二、シッペール・サッソー、劉枝萬、大淵忍爾、ジョン・ラガウェイ、李豊楙、田仲一成、末成道男によりすでに数々の論文[6]がある。

諸氏の論によれば功徳儀礼は死者を地獄から超昇させる目的で行われる道教儀礼であると理解できる。「九龍符命」は、亡魂を地獄から解放するための符とされる［丸山 2004：289］。

中でも大淵により功徳の儀礼についても完全に復元されているが［大淵 1983：305-519］、そのうち二十九太上道元救古寶巻には、十大功徳が記述され、

第三不可思議功徳者言、我太上老君降生此炁…

第四不可思議功徳者言、我太上老君傳靈寶經法…

第五不可思議功徳者言、我太上老君、在大羅聖境…

とあり、太上老君と功徳との関連を見ることができる。しかし太上老君功徳水は見えない。

「不可思議功徳」とは仏典にも見える表現であるが、仏典にも功徳水とは見えない。

ミエン・ヤオ族の浄壇で使用されるどの経典にも太上老君功徳水とあり、太上老君を法の師とする考えの表れと見ることができるが、いつからどのようにこの表現が使われるようになったのか今後の課題である。

2. 法教儀礼から考える

法教に類似の経文があり、湖南省の法教系の儀礼の湘中梅山楊源張壇［勞 2015：1364］開光儀礼用の経文を例にすると、

存東／南方取来　青／赤帝　青／赤龍之水　青／赤衣童子　把筆向吾水中灌洒壇場　速臨清淨　西／北方取来　白／黒帝　白／黒龍之水　白／黒衣

童子　把笔向吾水中　灌洒壇場　速臨清淨　中央取来　黄帝黄龍之水　黄水童子　把筆向吾水中　灌洒壇場　速臨清淨　山中取来毛葉之水　井中取来泉源之水　河中取来川流之水　塘中取来養魚之水　用中取来養禾之水　此水不是非凡之水　朝在青揚洲　暮在洛陽縣　朝流山川　暮流不歇　朝／暮取　朝／暮回　朝／暮取一盏／盆度　在弟子手中　灌洒壇場　速臨清淨　天／地／中堂之上厭有穢　法水解穢　一／二洒　天寛／地●（潤？）　三洒信士長生　四洒鬼煞消滅　常清常淨

とあり、東南西北中の青赤白黒黄龍の水によって浄化されることが見え、さらに水を「不是非凡之水」と表現しており、山中や井戸や川や塘等から水を取ってくるとしている点で共通の考え方を見ることができる。しかし太上老君の功徳水とはされていない。法教の儀礼にもミエン・ヤオ族の儀礼における祭場浄化と共通する要素を見ることができる[7]が、文面だけから見ても、道教より近い関係にあると想像ができる。今後法教とミエン・ヤオ族の儀礼を儀礼の実践とテキストの経文の両面から比較し、相互の影響を明らかにする必要がある。

Ⅵ. まとめ

中国・ベトナム・タイのミエン・ヤオ族の儀礼において水は浄化する役割を果たし、祭場や供物を用意するかまどや儀礼で使用される道具類、吉祥を表す物、受礼する人々の祓い清めの役割を果たしている。

水を勅変し、太上老君の功徳水とし、また陰陽五行思想と結び付き東南中央西北に配された木の甲乙の青龍、火の丙丁の赤龍、土の戊己の黄龍、金の庚辛の白龍、水の壬癸の黒龍の五龍の水とし、この清水の力により穢れを取り除くことができ、さらに光明がもたらされると考えている。

この聖水が太上老君功徳水と考えられている点は、ミエン・ヤオ族の独自性を表しているのではと考えられる。太上老君は、法の師と考えられており［廣田 2013c：17］、浄化を行うという法術の重要な行為の道具となる水とも結び付けられているといえる。さらに光明がもたらされるとされる考えはミエン・ヤオ族特有の表現であり考え方である。儀礼項目に光に関連する項目（上光、掛灯等）が多くあることから、ミエン・ヤオ族ならではの価値をもとに案出されたと推測できる。

水の役割には、西岡宏等が論ずる、癒やしの水、蘇りの水としての役割を見いだすことは難しい。しかし、中国の還家願儀礼において、五穀豊穣の吉祥物の五穀幡を水に付けた剣で勅変したり浄化するが、この行為は、豊穣を促す力を与えたことになると考えられる。

また浅野春二が提起する「水が冥界に通じる通路の一つだと考えられている」という点は、還愿儀礼の儀礼項目盤王願において、最後に盤王神を送る段階における問答に、

酒是何人酒　棹是何人棹　何人声々還良愿　酒是大王酒　棹是大王棹　家主声々還良愿　何人棹上得分明　大王悼得分明

酒は誰の酒　船の櫂は誰の櫂　誰が還家願を行なうのか　酒は大王の酒　櫂は大王の櫂　施主が還家願を行う　誰が船のこぎ方を分かっているのか　大王が船のこぎ方を分かっている

とあり、片付けることを盤王に知らせる内容で、帰りの船も作り、供物も載せ、神を送る支度をする中、あえて問い掛けで、謎掛け謎解きの形式を取り、祭祀の終わりを予告しお帰りいただくように促している［廣田 2015c：244］。この部分から推測すると、船に乗って神はお帰りになるので水が冥界の通路であることは明らかである。

従来諸研究者によって水の役割と考えられてきたことは、ミエン・ヤオ族の儀礼においても、同様の考えをベースにして実践されているといえる。

中国・タイ・ベトナムのミエン・ヤオ族の水による浄化にかかわる経典の経文はほぼ一致を見せ、また儀礼の実践でも祓い清めにかかわる身体的な表現方法においても斉一性を見ることができる。これは数百年かけ漢字文化圏を越え、分散移住をしている状況から見ると、驚くべきことといえる。漢字経典を継承し続け、それに基づき儀礼の実践を続けてきたことにあるといえるが、移住先で日常生活では漢字を使わぬ生活をしている人々の儀礼知識の継承システムを明らかにする必要を感じている。

注

1　中国湖南省藍山県のミエン・ヤオ族の「点男点女過山根」と題される伝承［廣田 2016：42-44］。

2　盤姓には大盤と小盤の区別があり、儀礼の供物等の点で相違が見られる。
3　4カ所に酒杯、線香立て等が配置され、開壇願・元盆願・招兵願・盤王願の各儀礼に対応するとされる。
4　2006年馮家で実施された還家願儀礼では馬元帥の神画を加え、18種であり、掛ける順番にも違いが見える［廣田 2011a：320］。祭司の役割に従い、持参する軸の内容も異なる。
5　同じく文献番号Z-13のテキスト5頁目、
「打燈（櫈）甲用」
一打橙（ママ）頭立獅子　二打橙（ママ）尾立麒麟
麒麟獅子两辺坐　吽你傷鬼莫傷行
一つ椅子を敲けば獅子が立つ　二つ椅子を敲けば麒麟が立つ
麒麟と獅子が両脇にいれば　傷鬼も悪さはできない［廣田 2011a：580-581, 342］
6　［丸山 2004：289-310］、［大淵 1983］、［浅野 2005：459-486］
7　その他の法教の例を示す。
①　江西省銅鼓県棋坪鎮顕応雷壇［勞 2014：79、85］の例では、
授籙奏職儀礼用
靈寶大法司、本司恭依道旨、肅建瑤壇、將格眞遊、必先蕩除厭穢。欲揚清淨、須仗神功。合行移文者。右牒上九鳳破穢大將軍、解穢局中一行官將、請肅揚雲旆。醮筵散百和之眞香、灑五龍之法水。庶使天無厭穢、地絶妖塵、四海朗清、萬靈洞鑒、如靈寶玄科律令。謹牒。天運ム年ム月ム日奉行。
清淨之水非凡水、日月華開照眼明。中藏北斗吐祥光、内隠三台降眞炁。我手握成玄元印、故將此水蕩妖氛。下方塵穢朗然清、内外醮筵悉清淨。謹召青龍白虎將、朱雀玄武身。助吾持法水、乾元享利貞。（敕水）唵吽吒唎嗽嚓囁。とある。高功は勅水し、権杖で水碗の水に向かい霐霮霨靇靍靎靏靐靋の字を書く。罡歩を行う。「向來法水、遍灑云週、一滴纔沾、十方倶潔」の唱えごとをする。水は非凡水としている。
②　福建省龍巖市東肖鎮閭山教廣濟壇『開光點眼一宗』［葉 1996：479-481］の例では、
勅水。此水不是非凡之水。原是崑崙大山取来。五龍帥神●、とある。水は不是非凡之水としている。
③　上海南匯縣正一派道壇與東嶽廟［朱 2006］の例では、
写真203に洒淨　左小碗　右小枝　水撒く、写真207に洒淨　左小碗　右剣　口から水吹く、とある。
④　福建省建陽市閭山派『開光本』［葉 2007：594］の例では、
伏以一点法水洒得西天佛。二点法水洒得壇前清浄。三点法水洒得神光。四点法水護神登位、とある。
⑤　江西省高安縣淨明道の例では、
勅水呪［毛 2006：137］は、剣をもち水碗もち唱える。
吾之水、龍渦渥日、鳳沼浮空、清波湛、而暁監同盟、素煉同、而秋天一色、湛々、故能潔濁、涓々、何以納汚、川竭魚枯、曾作甘泉之妙用、浧乾撥弱、能為法雨之大施、今將神呪作加持、便是太上三光水、太上剣水相刑律令勅、太上神水、浩渺汪洋、九龍萬化、百海千祥、明如日月、冷若冰霜、口中聖化、碗内吉祥、吸為太陰、呵為太陽、噀洗上下、光明八方とある。竹枝に水を付け、此水一灑天開、二灑地裂、三灑人生、四灑瘟滅、急急如太上剣水相刑律令勅と唱える。

参考文献

浅野春二（2003）『飛翔天界―道士の技法―』春秋社。

(2005)『台湾における道教儀礼の研究』笠間書院。

井之口章次（1954）「末期の水」『仏教以前』古今書院、34-35 頁。

大淵忍爾（1983）『中國人の宗教儀禮』福武書店。

小川直之（2013）「「若水」から聖水信仰論へ」『國學院雑誌』114 巻、10 号、國學院大學総合企画部、85-110 頁。

折口信夫（1965）「若水の話」『折口信夫全集』第 2 巻、中央公論社、110-137 頁。

神奈川大学大学院歴史民俗資料学研究科（2011）神奈川大学歴民調査報告第 12 集『中国湖南省藍山県ヤオ族儀礼文献に関する報告』Ⅰ、神奈川大学大学院歴史民俗資料学研究科。

(2012) 神奈川大学歴民調査報告第 14 集『中国湖南省藍山県ヤオ族儀礼文献に関する報告』Ⅱ、神奈川大学大学院歴史民俗資料学研究科。

(2014) 神奈川大学歴民調査報告第 17 集『南山大学人類学博物館所蔵上智大学西北タイ歴史文化調査団資料文献目録』Ⅱ、神奈川大学大学院歴史民俗資料学研究科。

朱建明（2006）（編著）『中国伝統科儀本彙編 9―上海南匯縣正一派道壇與東嶽廟科儀本彙編』新文豊出版公司。

西岡宏（2002）『中国古代の葬礼と文学』汲古書院。

廣田律子（2009）「湖南省藍山県ヤオ族の還家愿儀礼の演劇性」『中国近世文芸論―農村祭祀から都市芸能へ―』東方書店、99-128 頁。

(2011a)『中国民間祭祀芸能の研究』風響社。

(2011b)「『盤王大歌』―旅する祖先―」『万葉古代学研究所年報』第 9 号、万葉古代学研究所、167-216 頁。

(2011c)「資料紹介　文献に見る盤王伝承」『瑶族文化研究所通訊』第 3 号、ヤオ族文化研究所、61-74 頁。

(2011d)「2010 年 5 月架橋儀礼程序」『瑶族文化研究所通訊』第 3 号、ヤオ族文化研究所、86 頁。

(2011e)「2010 年 8 月喪葬儀礼程序」『瑶族文化研究所通訊』第 3 号、ヤオ族文化研究所、88-90 頁。

(2011f)「〝囉哩嗹（ルオリレン）〟の詞章に関する研究」『神奈川大学国際常民文化研究機構年報』2、神奈川大学国際常民文化研究機構、235-247 頁。

(2013a)「祭祀儀礼に見る旅―中国湖南省藍山県ヤオ族の通過儀礼を事例として―」『旅のはじまりと文化の生成』大学教育出版、210-244 頁。

(2013b)「構成要素から見るヤオ族の儀礼知識―湖南省藍山県過山系ヤオ族の度戒儀礼・還家愿儀礼を事例として―」『國學院中國學會報』第 58 輯、國學院大學中國學會、1-25 頁。

(2013c)「湖南省藍山県過山系ヤオ族の祭祀儀礼と盤王伝承」『東方宗教』第 121 号、日本道教学会、1-23 頁。

(2013d)「祭祀儀礼と盤王伝承―儀礼の実施とテキスト―」『瑶族文化研究所通訊』第 4 号、ヤオ族文化研究所、88-106 頁。

(2013e)「ヤオ族春節調査」『瑶族文化研究所通訊』第 4 号、ヤオ族文化研究所、133-136 頁。

(2013f)「願掛け願ほどきの民俗―中国福建省漢族の元宵会と湖南省ヤオ族の還家愿儀礼を事例として―」『東アジア比較文化研究』第 12 号、東アジア比較文化国際会議日本支部、56-68 頁。

(2013g)「ボードリアン図書館蔵ヤオ族テキスト盤王関連校訂用資料」『麒麟』第 22 号、神奈川大学経営学部一七世紀文学研究会、58-68 頁。

(2013h)「湖南省藍山県勉系瑤族道教儀式調査研究―以表演性項目為中心之考察―」『「地方道教儀式実地調査比較研究」国際学術検討会論文集』新文豊出版股份有限公司、217-306 頁。

(2014)「儀礼知識の伝承に関する研究―身体コミュニケーションによる伝承とテキストによる伝承から―」『国際常民文化研究叢書 7―アジア祭祀芸能の比較研究―』神奈川大学国際常民文化

研究機構、199-230 頁。
(2015a)「湖南省藍山県ミエン・ヤオ族調査報告」アジア研究センター年報 2014－2015『神奈川大学アジア・レビュー』No.2、神奈川大学アジア研究センター、82-96 頁。
(2015b)「湖南省藍山県過山系ヤオ族（ミエン）の祭祀儀礼にみる盤王の伝承とその歌唱」『歴史民俗史料学研究』第 20 号、神奈川大学大学院歴史民俗資料学研究科、103-146 頁。
(2015c)「儀礼における歌書の読誦―湖南省藍山県ヤオ族還家愿儀礼に行われる歌問答―」『國學院雑誌』第 116 巻第 1 号、國學院大學、225-254 頁。
(2015d)「湖南省藍山県過山瑶的還家愿儀礼与盤王伝承及其歌唱（中文）」『民俗曲藝』第 188 期、財団法人世合鄭民俗文化基金会、177-249 頁。
(2016)「儀礼における歌謡―「大歌」の読誦詠唱される還家願儀礼を事例として―」『ミエン・ヤオの歌謡と儀礼』大学教育出版、1-53 頁。
マーセル・グラネー（2003）内田智雄訳『支那古代の祭礼と歌謡』アジア学叢書、100、大空社。
丸山宏（2004）『道教儀禮文書の歴史的研究』汲古書院。
三村宜敬・譚静（2012）「湖南省藍山県過山系ヤオ族の送船儀礼」『神奈川大学国際常民文化研究機構年報』223-240 頁。
毛禮鎂（2006）（編著）『中国伝統科儀本彙編 7――江西省高安縣淨明道科儀本彙編上』新文豊出版公司。
守屋美都雄（1978）『荊楚歳時記』東洋文庫 324、平凡社。
山田明広（2010）「台湾の道教儀礼に見られる「水」」『文化交渉による変容の諸相』Institute for Cultural Interaction Studies, Kansai University、53-74 頁。
葉明生（1996）（編著）『中国伝統科儀本彙編 1――福建省龍巖市東肖鎮閭山教廣濟壇科儀本彙編』新文豊出版公司。
(2007)（編著）『中国伝統科儀本彙編 10――福建省建陽市閭山派科儀本彙編』新文豊出版公司。
吉野晃（2001）「中国からタイへ―焼畑耕作民ミエン・ヤオ族の移住―」塚田誠之編『流動する民族―中国南部の移住とエスニシティ―』平凡社、333-353 頁。
(2003)「タイ北部ミエン族の出稼ぎ―二つの村の比較から―」塚田誠之編『民族の移動と文化の動態―中国周縁地域の歴史と現在―』風響社、159-192 頁。
(2008)「槃瓠神話の創造？―タイ北部のユーミエン（ヤオ）におけるエスニック・シンボルの生成―」塚田誠之編『民族表象のポリティクス―中国南部における人類学・歴史学的研究―』風響社、299-325 頁。
(2010a)「タイ北部におけるユーミエン（ヤオ）の儀礼体系と文化復興運動」鈴木正崇編『東アジアにおける宗教文化の再構築』風響社、273-299 頁。
(2010b)「ユーミエン（ヤオ）の国境を越えた分布と社会文化的変差」塚田誠之編『中国国境地域の移動と交流―近現代中国の南と北―』有志舎、237-258 頁。
(2013)「祖先と共に―タイ北部、ユーミエンのピャオ集団の核家族化過程に見られる「家」の構成原理―」信田敏宏・小池誠編『生をつなぐ家』風響社、153-175 頁。
(2014a)「タイ北部、ユーミエンにおける儀礼文献の資源としての利用と操作」塚田誠之編著『中国の民族文化資源：南部地域の現在および分析』風響社、67-95 頁。
(2014b)「タイにおけるユーミエンの家族構成の社会史―合同家族から核家族へ―」クリスチャン・ダニエルズ編著『東南アジア大陸部 山地民の歴史と文化』言叢社、219-246 頁。
(2016)「タイ北部のミエンにおける歌と歌謡語―「歌二娘古」発音と注釈―」廣田律子編『ミエン・ヤオの歌謡と儀礼』大学教育出版、55-71 頁。
李祥紅等（2010）『湖南瑤族奏鎗田野調査』岳麓書社。
劉枝萬（1984）『中国道教の祭りと信仰』下 桜楓社。

勞格文等（2014）道教儀式叢書①『江西省銅鼓県棋坪鎮顕応雷壇道教科儀』新文豊出版股份有限公司。
（2015）道教儀式叢書②『師道合一：湘中梅山楊源張壇的科儀與傳承』新文豊出版股份有限公司。

第10章
日中文化交流の一側面
—『西湖佳話』と津藩の治水事業—

鈴木陽一

I. はじめに

2016年4月30日付けの毎日新聞（三重版）に以下のような記事が掲載された。

鈴鹿市は28日、江戸時代に玉垣村（現・同市桜島町）で行われた開墾の経緯や様子を記した「吉澤桜島碑記」を市有形文化財（歴史資料）に指定したと発表した。

碑記は、同市桜島町の吉田神社境内にあり、高さ約172センチ、横約117センチの石碑に書かれている。内容は、文化13（1816）年、津藩主・藤堂高兌（たかさわ）による農地開発の一環として津藩郡奉行・吉田重麗が行った工事について記述。ため池を5倍に拡張し、掘り起こした土で島を作り、山桜200株を植えて桜島と名付けたことなどが書かれている。

同市の開墾史上、貴重な歴史的資料として位置づけられ指定された。この指定で市指定文化財は45件になった。（加藤新市）

写真10-1　桜島の石碑

出所：筆者撮影。

なお、この記事のもとになった鈴鹿市の記

者会見の内容が、鈴鹿市によってネットにアップされているので、上記と重ならない部分を紹介する。原文に合ったふりがなは全て省略した。

平成 28 年 4 月 28 日　市政記者クラブ提供資料
新市指定文化財について
所在地　鈴鹿市桜島町 1-11-12（吉田神社境内）
所有者　宗教法人　彌都加伎神社（代表者　遠藤龍夫）
年代　文化 13 年（1816 年）頃
寸法　高約 172cm　幅約 117cm
作者：撰吉田重麗，書市河米庵，刻広瀬群鶴。
碑記の本文は，縦 27 文字，横 13 行（内 11 字空）の計 340 文字。
選者でもある吉田重麗は，漢学や儒学を津坂東陽に学び，藩主藤堂高兌の知遇を受け，藩政の改革に幾多の功績を残している。

この石碑については、鈴鹿市の文化財指定の以前に、鈴鹿市の同地区の地域史、地域文化を紹介するサイト「朝日が昇る[1]」に早くから詳しい紹介があった。筆者はこのサイトで紹介された内容に着目し、2013 年、2016 年の二度、この石碑を見るため、また関連する文献の調査のため、同市、並びに文中にある吉田神社を訪れた。というのも、この石碑の内容に江戸時代の日中文化交流、とりわけ日本が中国文学を受容した状況が窺えると考えたからである。本小論では、この石碑に記された荒れ地（湿地）開墾の経過と、中国とどのように関わりがあるのかを述べることにする。

なお、この文章はその際の調査に基づくところもあるが、主たる内容は「朝日が昇る」サイトに掲載された資料によることを、予め感謝の念とともにお断りしておく。

Ⅱ．「吉澤桜島碑記」の概略

まずはじめに、この石碑に彫られた碑文の原文と口語訳を示す。

潘県之花、蘇堤之柳、其必有為、而非徒事風流也。我北鄙、玉垣村之西南曰町田者、水利甚艱、十日不雨田輒亀坼。且去村一里、尤為僻偶、故民惰而不力、耕耨滅裂、土壌羸瘠、卽非旱歳、不足完租。田凡三十餘町殆荒廃矣。

余承乏司農愍而憂之。按視其地、旧有陂塘鞠為茂草。此宜修濬、而恢弘之冀、瀦蓄潦水、足以興廃焉。遂為建請賜米五百包。命郷司伊藤輔寿、督役民奮致力。不日成之周廻三百六十歩。比旧五倍矣。其所鑿之土、積為一島屹然乎水之中央。因命植山桜二百株、号曰桜島。加有山海之望、頗為景況。通橋開磴、以延遊客焉。又環池種蓮、皆以為民之利也。於是民請移于此者十有二戸。賜金資給費用、割官林為聚落、名曰吉澤之里、祝水利也。

夫么麼斯挙、雖非潘県蘇堤之比、庶幾其導民楽、而進乎業。君子諒其非徒事風流矣。文化丁丑（1817）三月、邀余観其竣功、村長因輔寿稟、竊願建碑于島奉戴。国恩永世弗諼、敢請得錫片言、不勝幸甚。余嘉其志、為記予之。

津藩北郡司農吉田重麗撰　江戸河三亥書冊并題額

（訳）

潘県の花、蘇堤の柳はいずれも目的があって実現されたもので、単に風流を求めたものではない。我が領土の北方にあたる玉垣村の西南、町田と呼ばれる地域は水利に恵まれず、十日も雨が降らなければたちまち田にひび割れが生ずるほどであった。しかも村から一里も離れれば僻地となるため、民もこの地に力を注がず、耕されることもなく、土地は痩せ、旱魃の年でなくとも租税を納めることができない有様であった。田畑は三十町歩もありながらほとんど荒廃していた。

私（代官吉田重麗）はこの地の司農を引き受けた後、どうすべきか大いに悩んだ。その地を視察すると、かつてのため池が荒廃し、堤は草ボウボウになっていることに気がついた。これを修復し、ため池を大きく広げ、十分な貯水を確保すれば、荒廃した田畑を元に戻すことは可能であると考えた。そこで、工事のために米五百俵を賜るよう建議し、郷司の伊藤壽輔に、民がため池の工事に懸命にあたるべく監督するよう命じた。（上下の協力で）工事は短期間に完成し、池の周囲は三百六十歩、従前の五倍になった。

ため池の工事によって掘り進んだ土によって、ため池の真ん中に島を造ったところ、かなりの高さになった。そこで、桜を二百本島に植え、島に桜島と命名した。島の上に立つと、鈴鹿の山と太平洋とを見ることができ、頗る素晴らしい風景を味わうことができる。島には橋も架け、遊びに来る人々の便を図り、池には睡蓮を植えた。これらは全て民の利益のためである。

その後、この地に移住を希望する民が十二戸あったが、彼らには資金援助をするとともに、お上の土地を分け与え、彼らのための集落を形成させた。水利が整ったことを祝うため、この地を吉澤と呼ぶこととした。

この工事全般は、唐土の潘岳の業績や蘇東坡の業績に比べるすべもないものではあるが、民の幸せのために行ったもので、君子の行いに学んだものであること、決して単なる風流のためのものではないことを諒とされたい。

文化丁丑（1817）三月、私は竣功式に招待された。その際村長の壽輔は「できれば碑記念碑を島に建立し、藩の援助への感謝を永世忘れることのないようにしたい。そのために吉田様のお言葉が頂ければこれに勝る幸いはございません。」と頼まれた。私は其の志すところを喜び、ここに文を草して村長に与えることとした。

津藩北郡司農吉田重麗撰。江戸河三亥書冊并題額。広群鶴鐫

以下、少し補足をしておく。

まず「潘県の花」とは西晋時代の文人潘岳[2]が河南省の地方官であった際に、農民に桃李を植えさせ、辺り一面が桃李の花で美しい風景になったことを指す。これに続く「蘇堤の柳」とは、北宋の文人蘇東坡[3]が杭州の地方官であった際に、西湖を浚渫した土砂で堤防を造り、ここに柳を植えさせたことを指す。ここで碑文が述べているのは、彼らの行為が美しい風景を実現することを目的としたものではなく、それぞれ民衆の利益を図る行為――潘岳は農民に桃李の果実を与えること、蘇東坡は西湖の浚渫によって水資源の確保を目的とした――の結果として美しい風景が実現したのだということである。

玉垣村のあたりは、もともと大きな河川はなく、かつ山から海までの距離が

写真 10-2　蘇東坡が築いたとされる蘇堤の現況

出所：筆者撮影。

短いため、安定した水資源の確保が難しい地域であった。そのためか、この地域には今でも相当数のため池が残っている。しかし、完全に乾燥した土地ということではなく、ところどころに湿地が点在するような地形であったため、利用の難しい地域であったらしい。そこで、大きな池を掘り、そこに水を集中させ、周りを乾燥させるという方法で対処したのである。その際に、池を掘った時の土砂で池の中に島を造り、そこに桜を植え、橋を架け、回りには蓮を植え、公園に相当するものを完成させたのが、このプロジェクトのユニークなところであった。この島の上に立てば、当時は東に海が、西に鈴鹿の山々が見えたため、誇るに足る風景が出来上がったということになる。

碑文は最後にもう一度、自分たちの成果を唐土の潘岳と蘇東坡のそれに準えつつ、これが風流のための工事ではないということを強調して終わっている。但し、潘岳と蘇東坡とを並べて述べてはいるが、潘岳の事績は三世紀のことであり、具体性がなく、かつ工事の中身は池を造った時の土砂で島を造るという手法は蘇東坡のそれに学んだものと考えられるのだが、このことは後で詳しく述べる。

なお、この地はその後、ため池として明治時代までは使われたが、その後干上がり、現在は整地されて公園となっている。写真 10-3 がそれである。

この碑文を草した吉田重麗は先の鈴鹿市の記者発表によれば、当時の津藩の郡奉行で、津坂東陽を師とし、京都古義堂系統の学問を学んだ人物とされる

写真 10-3　桜島の現況（2015）

注：正面手前がもとのため池、後方の樹木の茂っている場所がもとの桜島。
出所：筆者撮影。

が、現在のところ伝記が伝わらず詳細は不明である。

この碑文の文字を書いた河三亥は当時の有名な書家で、本名は市川三亥、これを唐様に表記した。号は米庵。代々の書家の家に生まれ、長崎に遊学し、清国人に書を学ぶなど、幕末の「唐様」の書家の代表でもある。また自らも漢詩を作るなど、漢学に深い関心を寄せ、京都の古義堂に集う人々との交遊もあった。特に藤堂藩との縁が深く、その縁で藤堂家の分家にあたる津藩にも書を教えに行っていた。この碑の字を草することになったのは、そのためである。

廣群鶴はこの碑を彫った人物廣瀬群鶴を唐様に表記したもの。廣瀬群鶴とは下谷の石工の頭領の名前であるが、代々受け継がれたものであるため、おそらく五代目にあたる。書家、石工ともに当代一流の人物による石碑であり、石碑自体にも価値があることは確かである。

Ⅲ. 碑記の背景

この碑を建立することになった治水、灌漑工事には二人の重要な人物が関わっている。一人は、当時の津藩藩主藤堂高兌（1781～1825）である。父高嶷（1746～1806）の死後、後継者が不在のため、すでに分家久居藩の藩主となっていた高兌が津藩の藩主となった。この時期、他藩と同様に、津藩も財政など深刻な問題を抱え、父高嶷が改革に着手したものの、藩士の同意を得られず挫折した。そうした状況の中で、藩士の意向を尊重しながら改革に取り組まざるを得なかった高兌は、自ら質素倹約に務めながら、灌漑治水による田畑の改良、新田の開発などにより収入の増加を図った。その一つの成果がこの桜島であった。

高兌は「中興の祖」と言われた名君であったが、彼一人で政策を立案できたわけではない。彼にはブレインがいたのである。そのブレインの名前は『桜島碑記』の中には一切現れていないが、この人物が藩主高兌と代官吉田重麗との間にあってプランをまとめたのではないかと筆者は想像している。その人物の諱は津坂孝綽（1758～1825）、字は君裕、通称常之進、号して東陽（呼び名については以下最もよく知られた号の東陽に統一する。）である。江戸時代後期の漢学者であり、江戸後期を代表する漢詩人の一人でもある。以下、その履歴を簡単に紹介しておく[4]。

四日市の郷士の家に生まれた東陽は初め医学を学ぶも満足せず、漢学に志し、十八才になった時京都へ遊学した。その後十余年京都にあって、ほとんど独学で古学を学んだ。或いは学費に事欠き、正式に古義堂などの門下に入ることができなかったのではと推測される。しかしその学問は伊藤仁斎、伊藤東涯につながる古学にあり、やがて自ら私塾を開くほどの水準になったが、大火に巻き込まれ蔵書と著述の稿本を失ったためやむを得ず帰郷した。

その後、津藩主藤堂高嶷に招かれ、伊賀上野で教えることにはなったが、その建言は全く用いられず、雌伏十二年に及んだ。高兌が藩主となった翌年（1807）になって、東陽に経書を講義する機会が与えられ、これをきっかけとして、高兌に建言を行うようになった。文化十一年（1814）には侍読に取り立てられ、「浚渫、築堤その他の諸工事を建議して、その改善を図った」[5]。この記述と、先に引用したように桜島の工事を行った吉田重麗が東陽の弟子であったことを併せて考えると、工事の基本プランが東陽によって建議された可能性が高い。

藩主によって東陽が取り立てられるにつれて、もともと郷士身分の出身であった東陽に対し、学問を重要視しない当時の風潮もあり、嫉妬心も手伝って、彼の足を引っ張る動きが顕在化し、度々左遷、減俸、二度の閉門などの憂き目に遭った。しかし、彼の出世に反感を持つものも、その学問と著作を無視することができず、決定的なダメージを与えることはできなかったらしい。そのためか、高兌は東陽の建義を容れて藩校有造館の創設に踏み切り、藤堂光教を名目上の総帥「総教」とし、東陽を初代督学として実質上の指導者とした。石高も督学就任とともに二百石として上士に列し、その二年後には四百石にまで増録しており、高兌がいかに東陽を信頼していたかが分かる。まさに高兌の藩政改革の最も重要なブレインの一人であった。

その著作は「聿修録」「孝経発揮」「夜航詩話」など五十に余る。詩集、文集の他に中国古典の校注、多くの学問、道徳の入門書を著した。

交遊の範囲を見ると、当時の代表的な文人、特に古義堂の学問と縁のある人々、大久保天民、頼春水、岩垣龍渓、菅茶山、十時梅厓、亀田鵬斎、橘南谿など[6]との関係が目につく。特に、ここで挙がっている十時梅厓の名に筆者は注目したが、そのことは次の節で触れる。

ここまでのところから、桜島の治水工事の過程について、筆者は以下のように推測する。1807年に藩主となった高兌は、改革の機会を窺っていたが、当初は藩内の強い抵抗に遭って思うようにはいかなかった。その時期に、城内へ経書の講義に来ていた東陽の学問と経綸に目をつけ、改革に取り組む際に、彼を侍読に登用し、その建義に耳を傾けた。東陽の弟子であった吉田重麗が郡奉行に登用されたのもこうした背景があったからだと思われる。

おそらくは東陽が侍読に登用される少し前から、改革の実施にあたり、土地改革、治水、灌漑などによる収入増加のための具体策を求めていた高兌が東陽に意見を求めた。これを受けて東陽は弟子の重麗に調査を命じ、その結果工事の対象の一つとして選ばれたのが桜島であった。こう考えると、東陽の侍読登用と、工事の完成とが時期的にピタリと一致するのである。この工事に吉田重麗という郡奉行の役割が重要であったことは言うまでもない。当地の地主や農民たちの協力と、藩主の支援を得て、短期間で事業を完成させた功労は間違いなくこの地方官にある。しかし、その背後には、吉田の師であり、藩主と奉行

写真 10-4　千歳山の現況

注：手前がため池で、後方が浚渫した泥で造られた部分。
出所：筆者撮影。

との間をつなぐ役割を果たした津坂東陽の力があったと考えるべきである。

私が特に重視するのは、治水灌漑のためのため池の中に、それ自体は治水の役には立たない島を造成し、これを今日で言うところの公園にしたことである。というのも、東陽はこの後文政六年（1823）に、藩主の命により、城の南郊千歳山において同様の工事を行っているのである。その地の高台に桜三千本、その他楓や松を植え、池の回りの堤には楊柳を植え、士民に開放している。このやり方は桜島と全く同様であって、千歳山付近が高低の差が激しいため、池の中に島を造らず、周辺の高台に桜や楓を植え、池と高台とをまとめて公園としたのである[7]。このことから見て、桜島を公園として利用するというこの点に関しては、吉田重麗が単独で実施することはあり得ず、少なくとも東陽との協同事業であったか、公園を造るという発想は東陽から出たと考えるのが理に適っていよう。そして公園部分が治水と別々に企画されたはずもないことから、桜島の事業は東陽と吉田重麗の協同事業であり、この成功例を踏まえて、東陽は千歳山の工事を企画し実現したと考えるべきである。

桜島、千歳山の開発の言わば副産物として、士民に親しまれる遊楽の地を造成したことが当時としては特異なことであることが、同じ津市の公園偕楽園（津駅の西南側）の歴史から窺い知ることができる。偕楽園は、高兌の長子高猷が造成した庭園であるが、その名とは異なり、藩主のための山荘と庭園であった。もともと高低差の激しい場所であったことから、自然がそのまま残され、藩主の鷹狩りなどに利用されていた。後に、それが藩士への褒美として分け与えられていたものが、高猷の代になって、改めて買い戻し、江戸の下屋敷が染井にあったことから、染井吉野を大量に移入し、藩主のための本格的な庭園を造成したのである。かたや治水のための工事を通じて、士民が共有できる公園を造成し、かたやわざわざ土地を購入して自らの庭園を造成した、その違いは明らかである。偕楽園は必然的に明治になって荒廃し、現在の姿は明治以降に新たに再開発されたものである。

そこで次に問題になるのが、治水灌漑工事を完成した際に、同時に公園を造成するという考えはどこから出てきたのかということである。碑の原文を紹介したところですでに触れたように、吉田重麗は自らの事業の成果を潘岳と蘇東坡の業績に準えているが、池の中の島に木々を植えた結果出来上がった美しい風景は、内陸部に果樹を植えた潘岳のそれではなく、蘇東坡によって西湖の中に築かれた蘇堤と同一のものであると考えざるを得ない。つまり吉田重麗、及びその師である津坂東陽は蘇東坡の事業を参考にしてこのプロジェクトを完成させたと思われるが、そのことについては次節で筆者の考えを具体的に明らかにしたい。

Ⅳ. 桜島と西湖

日本の戦国時代から安土桃山にかけて、絵画や書物、さらには日本と唐土の間を行き来した日中の僧侶たちを通じて、西湖の美しさは日本でも知られていた。

> 西湖の景は天下にも稀とされた。（中略）明の正徳年間（16 世紀初頭）に日本国の使者が西湖を経て北京に向かった。その折以下のような詩を残した。
> 昔年曾て見る此湖図　信ぜず人間此湖有ることを
> 今日湖上を通り過ぎるに　画工還だ工夫に欠けたり

詩の表現は滑稽ではあるが西湖を羨慕する心が海外にまで伝わって久しいということが知られよう。（明・田汝成『西湖遊覧志餘』[8]第二十巻「熙朝楽事」）

詩の言いたいことを少し説明すると、絵画で描かれた西湖はあまりにも美しく、このような風景はあり得ないと思っていた、ところが実際の西湖は絵画で描かれたよりもさらに美しく、画家はその美しさを表現できていないことが分かった、というものである。では当時の日本人は何を以て、西湖を美しいと思ったのだろうか。

江戸初期に日本で流行した西湖図、たとえば秋月等観筆「西湖図」（石川県立美術館所蔵、いずれも16世紀初頭に描かれたもの）、狩野元信の「西湖図屏風」手になる雪舟の作と伝えられる「西湖図」（静嘉堂文庫美術館所蔵、15世紀末～16世紀初頭）は全て絵の中心の上方に南北高峰（西湖の西側に並び立つ二つの峰。西湖の周囲では最も高い峰である。）とその下に水平に延びる蘇堤とそこにかかる橋が描かれている。現存する最古の「西湖全図」が上海美術館に所蔵されているが、これもまた中心は蘇堤である。従って、西湖の美しさの相当の部分を蘇堤が、杭州の街から見れば正面に蘇堤と南北高峰が見えるということもあって、占めていたと考えることができる。

蘇堤を西湖の美の中心と考える傾向は、江戸時代になって更に強まったと思

写真10-5　秋月等観「西湖図」

出所：石川県美術館所蔵　http://www.pref.ishikawa.lg.jp/kyoiku/bunkazai/kaiga/3.html

写真 10-6　狩野元信「西湖図屏風」

出所：出光美術館所蔵　http://www.museum.or.jp/uploads/topics/topics6f842f322f620656454f83bd8345f7c6f.jpg

写真 10-7　雪舟（伝）西湖図

出所：静嘉堂文庫美術館所蔵　https://images.dnpartcom.jp/ia/workDetail?id=SAMA2238X001

写真 10-8　西湖図巻

注：右手に孤山、左手に雷峰塔が描かれ、正面には蘇堤が描かれる。しかし、湖に人工の島がなく、正面に南北高峰が描かれていない。

出所：上海博物館所蔵　http://www.tnm.jp/uploads/fckeditor/exhibition/special/2013/shanghai/uid000067_201308161720234d6f3acc.jpg

写真 10-9　後楽園の西湖堤

出所：筆者撮影。

写真 10-10　浜松町駅前、旧大久保家庭園の西湖堤

出所：筆者撮影。

写真 10-11　江戸中期までの不忍池

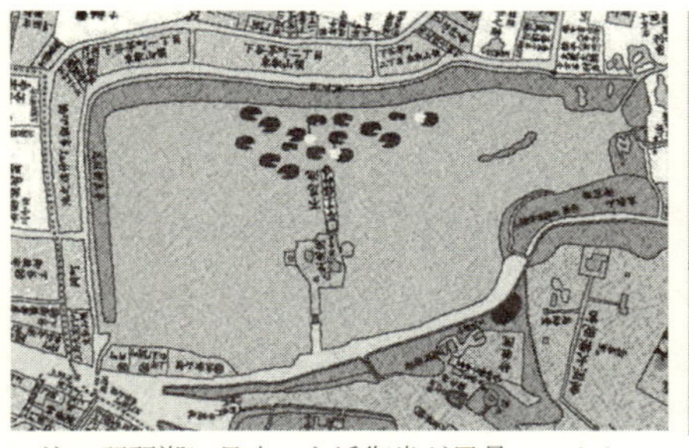

注：琵琶湖に見立てた浮御堂が風景のアクセントとなっている。
出所：http://ginjo.fc2web.com/198okubyou_genbei/sinobazu_map_edo.jpg

写真 10-12　江戸中期以降の不忍池

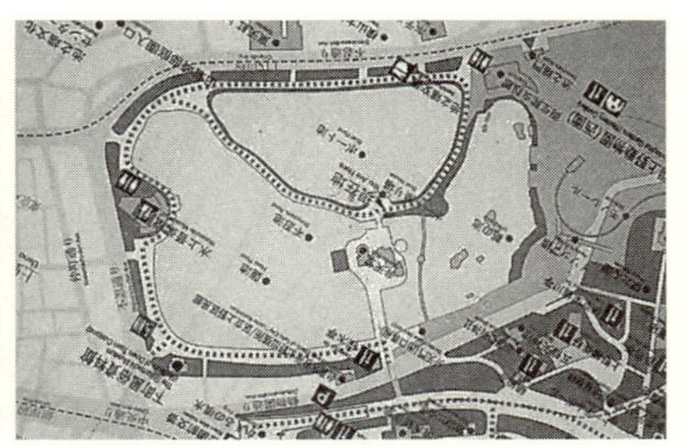

注：新たに堤が築かれ柳が植えられた。
出所：http://ginjo.fc2web.com/198okubyou_genbei/sinobazunoike_map.htm

われる。17 世紀半ば頃から　大名庭園で西湖の風景の一部を再現することが流行する（徳川光圀が造成の指揮を執った後楽園、浜松町駅前旧小田原藩主大久保家の庭園、尾張徳川家、紀州徳川家の各庭園などが現存する。）が、それらはまさにこの蘇堤（当時はこれを「西湖堤」と称した。）を池の中に再現することだったのである。

これらのことから、池の中に築かれた小島に植樹することで出来上がった美しい風景を蘇堤に準えるそのこと自体は、おそらく江戸時代を通じて極めて当たり前の発想であったと思われる。現に、上野不忍池にさえも、幕末に至って文人たちによって柳が植えられ、不忍池を「小西湖」と称した[9]のである。しかし、碑文は、蘇東坡が「風流」のために蘇堤を築いたのではなく、「其導民楽」、すなわち民衆の生活向上のためにやったように、「我々も荒れ地開墾という目的を達成したうえで美しい風景を造り出したのだ」と述べており、単に美観のことだけを問題にしているわけではないということを重視しなければならない。というのも、桜島は池を掘る過程で出現した大量の土砂を用いて造成した人口の島であり、蘇東坡が西湖を浚渫してその土砂で蘇堤を造成したとされることとが、実態としてもほぼ重なるものであり、そのことを重麗も（その背後の東陽も）強く意識していたからこそ、碑文に記録したからである。

なお、現在蘇堤と呼ばれる堤が、実際に蘇東坡の命によってなされたものか否かは必ずしも明確ではない。しかしながら、南宋の頃に描かれたと考えられる西湖図（上海博物館所蔵）によっても蘇堤六橋は確認できるので、南宋以前に通称「蘇堤」は築かれていたことは間違いがなく、それが蘇東坡の業績であると人々に理解されていたことも事実なので、以下の検討でもその前提で議論を進めていくことにする[10]。

では、吉田重麗、或いは津坂東陽は、史書によって蘇東坡と蘇堤の関係を理解していたのだろうか。その可能性は無論あるのだが、彼らが蘇東坡の業績を理解する上で、影響を与えた可能性がより高い書物が存在するのである。それを考えるヒントが、東陽の交友関係、そこに出てくる古義堂がらみの人物にある。すなわち十時梅厓である。

梅厓、名を業のちに賜、字は季長のちに子羽。梅厓は号。寛延2年（1749）～享和四年（1804)、江戸時代中期の南画家、儒学者。儒官として伊勢長島藩に仕えた。伊藤東所に経学（主に古学）を学び、池大雅や木村蒹葭堂、皆川淇園など当時名声を馳せていた文人と親しく交流した。天明4年（1784）頃、伊勢長島藩主 増山雪斎に招かれ藩儒となり、廃れていた藩校省耕館を再興し学長（祭酒）となった。寛政2年（1790)、数カ月の暇を得て長崎に遊学する。この後、藩儒の職を辞せんとするがかなわず、長島藩の藩儒としてその生涯を終えた。

梅厓は今で言うマルチタレントで、文、詩、書画いずれも堪能であり、学問も一通りではない上に中国語もできたと思われる。また、おそらく書画の対象として、かつ詩文の対象として西湖には強い関心があった。そのため、十八世紀日本に輸入され、大いに歓迎されていた『西湖佳話』の翻訳に取り組んだ。

『西湖佳話』とは清初の短編小説集。16巻。全書名は『西湖佳話古今遺蹟』。編者は古呉墨浪子とあるが、未詳。西湖の名勝・古跡にまつわる葛洪、白居易、蘇軾、駱賓王、林逋、蘇小小などの物語を史伝や雑記に基づき潤色したものである[11]。この書物の他に類を見ない特色は、書物の初めに西湖十景の絵図と、西湖十景に関わる詩の一部を当代の有名書家が筆を執って書いた書があることで、そのためもあってか中国でも日本でも読者に喜ばれたのである。

梅厓は中国語の能力を発揮し、同書十六篇の中から四篇を選び、漢文訓読体によって翻訳し、文化元年に出版した。その際、画家として自ら筆を執り、西湖全図を描いている。なお、彼が選んだ四篇とは葛洪を主人公とする『葛嶺仙跡』、文世高の恋を描いた『斷橋情跡』、忠臣岳飛の『岳墳忠跡』、それに蘇東坡と蘇堤の物語『六橋才跡』である。彼の翻訳は残念ながら生前には出版されず、彼が世を去った翌年（西暦で言えば同年、1804年の3月に元号が享和から文化に変わった）に出版されているが、大いに評判を呼んだらしく版を重ねた。

梅厓が『西湖佳話』を重視したのは、西湖に対する画家、文人としての関心だけではなかったと考えられる。古義学を代表する伊藤東涯の『秉燭譚』（寶暦十三年1763刊）巻五で、漢語の俗語「和盤」を考証し、その際に『西湖佳話』を引用して、「和盤」の意味を確定しているのである。これは『西湖佳話』が全くの白話ではなく、通俗的な文語と白話とが入り交じっているため、漢学者にとっても扱いやすい資料であったせいかと思われる。少なくとも、当時の漢学者にとって、目にすることが容易な、同時代の中国語を知る手がかりとなる書物として考えられていたからこそ、東涯はこの書を典拠として考証を行ったはずである。従って、梅厓が翻訳に取り組んだのは、この書物が日本文人のあこがれである西湖を描いた作品集であると共に、学問的にもある程度の価値があると考えたからではなかったか。西湖に対して、画家として、文人として、そして漢学と中国語の双方に精通した学者としての関心から『西湖佳話』の翻訳に取り組んだというのが筆者の理解である。

直接教えを受ける機会には恵まれずとも、東陽にとって師と仰ぐべき伊藤東涯が重視し、古義堂の学者が目にしたであろう『西湖佳話』の存在を東陽が知らぬはずがなく、輸入された原本、日本の刊本のいずれかを目にしていた可能性が高い。まして、先輩にもあたり、かつ東陽に先んじて藩儒として活躍していた十時梅厓が翻訳に取り組んだ『西湖佳話』を、東陽自身が読了しなかったはずがない。梅厓が藩儒として働いていた長島藩は東陽の生まれ故郷四日市に隣接する藩でもある。東陽が京から戻り、出仕する機会もない折、或いは伊賀上野で武士たちを相手に講義をするだけの日々に、梅厓に向かって自らの経綸を語り、また梅厓から中国古典や文化について学ぶことがあったのではないかと思う。そういう中で、『西湖佳話』が話題に上り、中でも『蘇堤才跡』に描かれた蘇東坡の業績について梅厓と語り合い、考えることも多くあったのではないか。そうした素養の蓄積によって、やがて高兌にその才覚を認められ、片腕として腕を振るうようになった時、蘇堤をヒントにして、治水灌漑工事を完成させると共に、美しい風景を創造するという桜島の構想が浮かんできたのではないだろうか。

吉田重麗が碑記の中で繰り返し述べているように、この工事の最大のポイントは、美しい風景の創造を目的としたことではなく、民の利益を図る工事の副産物として、美しい、それも士民が共に享受できる風景を創り出したことにある。そうした発想そのものが何もないところから突然出てきたものとは考えがたい。津坂東陽が嘉業を離れ京都に遊学し、文字通り苦学の末に学んだ中国古典の大事なところを活用したからこそ、これまでの日本にない発想が出てきたのだと考えるべきである。

ここで、西湖開発の歴史をざっと振り返りながら、蘇堤の持つ意味を確認しておこう。もともと浅い入り江であった西湖は、錢塘江の運ぶ土砂によって海とさえぎられ、やがて淡水湖となった。しかし、かつて海であったこと、また満ち潮の際に海水が錢塘江を逆流してくることから、飲用水については難儀をしていた。これを大きく改善したのが唐代の杭州刺史李泌（722～789、字长源）[12]である。安史の乱の際の大功により、唐の宰相に任ぜられたが、権力闘争に敗れ、当時は田舎町にすぎない杭州の刺史に左遷された。その際に、治水工事を行い、出口のない西湖の東北隅に水路を造り、また水を城内に引き入れたとされる。

蘇東坡の弟蘇轍の文集『栾城后集』巻二十二に収める墓志铭「亡兄子瞻端明墓志铭」には以下のように記す。

　杭本江海之地，水泉咸苦，居民稀少。唐刺史李泌始引西湖水作六井，民足于水，故井邑日富。

　杭州はもともと河川と海の境にあり、水はひどい硬水であったため、居民は稀少であった。唐の刺史李泌が始めて西湖水引いて六つの井戸を設けた結果、民は水に困らぬようになり、故に井戸の周辺の集落は日ごとに豊かになった。

次に名が上がるのが白居易（772～846）、字は楽天である。彼もまた中央政界ではその意見が容れられず、自ら進んで杭州の刺史となった。李泌の時代から半世紀、水深の浅い西湖は早くも一部が田畑になり、或いはマコモや葦によって湖面が覆われ、西湖の水資源は大幅に減少した。西湖の水を直接、或いは間接的に水源とする城内の井戸も水が涸れるなど、杭州の住民を苦しめることとなった。これに対し、先に挙げた蘇轍の「亡兄子瞻端明墓志铭」は以下のように述べる。

及白居易復浚西湖、放水入運河、自河入田、所漑至千頃。然湖水多葑、自唐及錢氏、歳輒开治、故湖水足用。

白居易によって西湖は再び浚渫され、増えた水が城内の運河に注がれ、また運河から田畑の灌漑にも使われた。但し、湖水にはマコモが多く生えるため、唐から五代の呉越国の時代には毎年マコモの刈り取りが行われて、湖水が十分に足りるようになった。

ここで挙げられているマコモをはじめ、蓮などの水底に根を張る水草は、西湖の水量を維持する最大の敵の一つであった。特に浚渫の際に、徹底して取り除くことが必要であったが、極めて困難を極めたため、毎年の刈り取りが必要であった。

この他に、白居易は「錢塘湖石記」[13]において、錢塘湖（西湖）の管理のポイントとして、周囲の堤防を高くして貯水量を増やすこと、南北にある出水口の管理を厳格にすること、旱魃の際には機敏に対応することが必要であること、城内の井戸と西湖とを結ぶ地下の水路の管理を万全にすることが挙げられている。同時に、旱魃になると田に成るために税も納めていない土地（湖底）が十数頃（10ha前後）あることが指摘されており、これもまた西湖の治水の敵であった。

その後、蘇東坡は1089年杭州の知事となった際には、西湖はすっかり荒れ果てていた。一部は豪族の田畑となり、残りの部分も水草が生い茂り、貯水量は著しく減少していた。このため、蘇東坡は「杭州乞度牒開西湖狀」を草して、西湖の浚渫と再整備を上奏した。この時、蘇東坡は西湖の治水の必要性について五つその理由を挙げている。第一に、西湖が巨大な放生池であり、灌仏会の際には万民集いて放生会を行い、西北に向かって聖上の萬壽を祈る場所であり、そうした聖なる場は守らねばならない。第二に、西湖は杭州住民の飲用水の水源であって、西湖がマコモで埋め尽くされれば杭州はおしまいである。第三に、西湖の水は付近の田畑の灌漑用水であり、これが失われればたちまち食料が不足する。第四に西湖の水は城内の運河の用水でもあって、これが失われれば錢塘江の水を運河に引き込まなければならない。そうなるとたちまち運河は土砂で埋まり、毎年毎年杭州の住民は運河の浚渫に駆り出される。最後に、現在の杭州は名酒の産地であり、酒税の収入は莫大である。その酒造りの水の水源は西湖であり、これが失われれば、山間部から水を運ばねばならず、そのために収入は大幅に減少する[14]、とした。

この上奏は聞き届けられ、一年がかりで浚渫が行われ、西湖は豊かな水を取り戻した。その浚渫の際に掻き出されたマコモなどの水草の根と泥の山で、築かれたのが現在の蘇堤である。先に引用した『宋史』巻338では以下のように述べる。

> 又取葑田、積湖中、南北徑三十里、為長堤以通行者。呉人種菱、春輒芟除、不遺寸草。且募人種菱、湖中葑不復生、收其利、以備脩湖、取救荒。餘錢萬緡、糧萬石。及請得百僧度牒、以募役者。堤成、植芙蓉楊栁其上、望之如畫圖。杭人名為蘇公堤。
>
> マコモの根と泥とをまとめて取り除き、それを積み上げて湖の南北を結ぶ堤とし、南北の通路とした。呉の人は菱を植え、(秋に実を食した後)春には茎一本も残さぬよう刈り取っていることをヒントに、菱を皆に植えてもらい、湖にマコモが生えぬようにした。菱の実で上がる利益は西湖の治水のため、飢饉のための食料の基金とした。また多くの僧侶の度牒を朝廷より申し受け、これと引き換えに浚渫の作業に従事させた。堤が出来上がると芙蓉や柳を植え、それを城内から見ればまるで絵のようである。そこで、杭州の人はこれを蘇公堤と呼んだ。

このような蘇東坡の苦心があったからこそ、南宋において「西湖十景」が成立し、多くの人々が絵画や詩文でその美を称賛したのである。しかし、その美しい風景はそうは長続きしなかったと思われる。その第一の原因は南宋の首都杭州の繁栄にある。

もともと金に首都を占領され、亡命政権として成立した南宋の首都杭州は、膨大な数の難民を短期間で受け入れることになった。その時の繁栄ぶりは『武林旧事』、『夢粱録』などに書かれているが、ここでは省略に従う。問題はそうした都市の繁栄を支える水資源を杭州がほとんど西湖に頼り切っていたということにある。湖の周辺には散策を楽しむ人であふれ、湖上には酒と料理と音楽とを楽しむ船が四六時中行き交い、湖畔には豪壮なファサードを見せる貴族たちの別荘が建ち並ぶ、そして城内では、料理屋、酒場、妓楼、芝居小屋で人々の笑い声がさんざめく、この繁栄が西湖という真珠のごとき自然を消費し続けたと考えれば、そこには汚染と破壊が進行していたことは容易に想像ができよう。これに加えて、南宋の滅亡と元朝による占領と破壊、さらには元末から明初にかけての戦闘と混乱が西湖にどれほどのダメージを与えたかを併せて考えるならば、「西湖十景」を中心とする西湖の美は明代にはまさに危機的な状況にあったと思われる。

この危機に起ち上がったのが楊孟瑛（1459～？年、字温甫、四川省重慶府酆都県人、成化二十三年（1487）の進士。）で、弘治年間に杭州府の知府となり、その有能ぶりを評価された。特に、西湖の破壊に心を痛めた楊孟瑛は蘇東坡に倣い、西湖を守るべき五つの理由を挙げ、西湖の浚渫に財政出動を求める上奏文を草し[15]、これが実現したため、一層高く評価され、一旦は出世の糸口を掴んだかに見えた。しかし、間もなく浚渫費用の膨大さを批判され、失意のうちに官界を去り、卒年不明という末路をたどった。

楊孟瑛の手になる西湖の治水事業は 15 世紀末のことであり、その成果は少なくとも 16 世紀の半ば頃までは見ることができたと思われる。或いは『西湖遊覧志』のようなガイドブックが出版され、杭州、西湖を舞台とする短編小説が陸続と世に出てきたことを考えると、西湖の歴史と美しさとは多くの人々によって共有されていたと見るべきかも知れない。

こうした西湖の歴史、蘇東坡の事績について、東陽は当然一定の知識を持っていたことは疑う余地はないが、『西湖佳話』という物語と、詩と絵とが一体となった作品によって、或いはその結果創出された蘇堤六橋（蘇堤春暁）という美しい風景の詩や絵画によって、改めて蘇東坡の事績の偉大さをより深く理解したのではないだろうか。そして、それが改革の大事に取り組む中で、彼の脳裏に蘇り、荒れ地の灌漑治水の工事を通じて、蘇東坡の求めたところを郡奉行の吉田重麗や地主の伊藤壽輔らとともに求めようとしたのだと思う。

無論、書物に書かれ、絵画で表現された世界の中からその本質を読み取り、そこに書かれていることの意義をしっかりと理解したうえで、これを現実の政策に活かすということはなみなみならぬことであり、東陽、重麗という師弟の、政策の立案と実現をやり遂げた能力の高さに驚くより他はない。しかも、ここで大事なのは、現場で働く地主や農民がこれを理解して協力し、藩主高兌もその意義を理解して支援していたことである。このことは東陽と重麗がただの能吏ではなく、人間的にも魅力を持った存在であることを証明しているように思われる。

総じて言えば、彼らは芭蕉の言う「古人の跡を求めず、古人の求めしところを求めよ」を実践したのである。しかも、ここでいう古人は唐土の文人蘇東坡であった。或いは今風に言えば、スポンサーである藤堂高兌と、プロデューサーである津坂東陽、そしてディレクターの吉田重麗、スタッフとキャストにあたる地主と村人たち、それぞれがプロジェクトの本質的な意義を理解したうえで、それぞれが各々の持ち場でしっかりと働いたということになる。ここに我々は古典の学習と活用、そして文化交流のささやかではあるが一つの理想的な姿を見出すことができるのではないか。

最後に、こうした埋もれがちな歴史を丹念に調べ、その結果を広く公開された、そして今も公開され続けておられる鈴鹿市の「朝日が昇る」サイトの運営者に対して、心からの敬意と謝意とを捧げたい。と同時に、我々学問研究、高等教育に携わるものにとって、こうした方面にも視野を広げ、多くの人々と協力しながら研究を進めていくことは、担うべき社会的責任の重要な一部分であることを改めて認識したことを付記し、かつ多くの識者のご教示、ご叱正をお願いして小論の結びとする。

注

1　http://asahiup.html.xdomain.jp/home/home.htm

2　247～300。字は安仁。河南省中牟県の出身。その文才は陸機と並び称された。容貌の美しさでも有名であった。八王の乱の際に讒言により処刑される。『晋書』55 に伝がある。

3　諱は蘇軾、1036～1101。中国、北宋の政治家・文学者。四川省眉山の出身。字は子瞻。東坡居士は号。唐宋八家の一人。父蘇洵（そじゅん）、弟蘇轍（そてつ）と合わせて三蘇とよばれる。王安石の新法に反対して左遷され、杭州を含む諸州の地方官を歴任。黄州では「赤壁賦」を生む。詞・書・画にもすぐれた。『宋史』巻 338 に伝がある。

4　『津市史』(1961.11、津市役所発行) による。

5　前掲『津市史』596頁。

6　前掲『津市史』605頁。

7　前掲『津市史』598頁。なお、千歳山の池は現在岩田池公園として利用されている。周辺の高台は私人 (川喜多家) の所有となっているが、その一角に伊勢商人であった川喜多家及び先代の当主政令氏の収蔵品を展示する「石水博物館」が設立され、公開されているため、十九世紀の姿を偲ぶことができる。なお、筆者は2016年に訪問し、博物館の館員に千歳山及び津坂東陽について質問したが、『津市史』に記載されていることも全く知らないということであった。

8　『西湖遊覧志餘』は『西湖遊覧志』とともに明の田汝成 (1503～1557、字叔禾) の著書。後者は杭州・西湖の地理志に相当し、宋、元、明の地名等の変遷も詳しく記録される。また著名人とかかわる建築についても詳しい。前者の『西湖遊覧志餘』は杭州と西湖の歴史、筆記、野史、エピソードを集めたもので、小説史の史料にも利用できる。嘉靖年代の刊本と萬歴年代のものがある。

9　星巌及び其社中の詩人は蓮塘と書し又杭州の西湖に擬して小西湖と呼んだ。星巌が不忍池十詠の中霽雪を賦して「天公調玉粉。装飾小西湖。」と言っているが如きは其一例である。(永井荷風『日和下駄』)

金文京「西湖と不忍池」(『俳諧と漢文学』和漢比較文学叢書第十六巻、1994.5、汲古書院) を参照されたい。

10　元代に編纂された『宋史』によれば、「堤成、植芙蓉、楊柳其上、望之如畫圖，杭人名爲蘇公堤。」とあり、元代の人々がそう考えていたことが分かる。(『宋史』巻338)

11　成書は1673年、現存する版本では金陵王衙蔵版がもっともよいとされる。

12　李泌については『新唐書』巻139、『舊唐書』巻130にそれぞれ伝記があり、杭州刺史に任ぜられたことは記載があるが、何をしたかについては全く記載がない。

13　『全唐文』巻676、白居易21所収。

14「杭州乞度牒開西湖狀」(『東坡全集』巻五十七「奏議六首」) の原文を以下に示す。下線部が本文中で説明した個所に当たる。

元祐五年四月二十九日、龍圖閣學士左朝奉郎知杭州蘇軾狀奏。右臣聞天下所在陂湖河渠之利、廢興成毀、皆若有數。惟聖人在上、則興利除害、易成而難廢。昔西漢之末、翟方進為丞相、始決壞汝南鴻隙陂、父老怨之、歌曰：「壞陂誰？翟子威。飯我豆食羹芋魁。反乎覆、陂當複。誰言者？兩黃鵠。」蓋民心之所欲、而托之天、以為有神下告我也。孫皓時、吳郡上言、臨平湖自漢末草穢壅塞、今忽開通、長老相傳、此湖開、天下平、皓以為己瑞、已而晉武帝平吳。由此觀之、陂湖河渠之類、久廢複開、事關興運。雖天道難知、而民心所欲、天必從之。

杭州之有西湖、如人之有眉目、蓋不可廢也。唐長慶中、白居易為刺史。方是時、湖溉田千餘頃。及錢氏有國、置撩湖兵士千人、日夜開浚。自國初以來、稍廢不治、水涸草生、漸成葑田。熙寧中、臣通判本州、則湖之葑合、蓋十二三耳。至今才十六七年之間、遂堙塞其半。父老皆言十年以來、水淺葑合、如雲翳空、倏忽便滿、更二十年、無西湖矣。使杭州而無西湖、如人去其眉目、豈複為人乎？

臣愚無知、竊謂西湖有不可廢者五。天禧中、故相王欽若始奏以西湖為放生池、禁捕魚鳥、為人主祈福。自是以來、每歲四月八日、郡人數萬會於湖上、所活放羽毛鱗介以百萬數、皆西北向稽首、仰祝千萬歲壽 (一)。若一旦堙塞、使蛟龍魚鱉同為涸轍之鮒、臣子坐觀、亦何心哉！此西湖之不可廢者、一也。杭之為州、本江海故地、水泉咸苦、居民零落、自唐李泌始引湖水作六井、然後民足於水、井邑日富、百萬生聚、待此而後食。今湖狹水淺、六井漸壞、若二十年之後、盡為葑田、則舉城之人、複飲咸苦、其勢必自耗散 (二)。此西湖之不可廢者、二也。白居易作《西湖石函記》云：「放水溉田、每減一寸、可溉十五頃；每一伏時、可溉五十頃。若蓄洩及時、則瀕河千頃、可無凶歲 (三)。」今歲不及千頃、而下湖數十里間、茭菱穀米、所獲不貲。此西湖之不可廢者、三也。西湖深闊、則運河可以取足於湖水。若湖水不足、則必取足於江潮。潮之所過、泥沙渾濁、一石五斗。不出三歳、輒調兵夫十餘萬工開浚、而河行市井中蓋十餘里、吏卒搔擾、泥水狼籍、為居民莫大之患（四）。此西湖之不可廢者、四也。天下酒稅之盛、未有如杭者也、歲課二十餘萬緡。而水泉之用、仰給於湖、若湖漸淺狹、水不應溝、則當勞人遠取山泉、歳不下二十萬工（最後）。此西湖之不可廢者、五也。

臣以侍從、出膺寵寄、目睹西湖有必廢之漸、有五不可廢之憂、豈得苟安歲月、不任其責。輒已差官打量湖上葑田、計二十五萬餘丈、度用夫二十餘萬工。近者伏蒙皇帝陛下、太皇太后陛下以本路飢饉、特寛轉運司上供額斛五十餘萬石、出糶常平米亦數十萬石、約敕諸路、不取五穀力勝稅錢、東南之民、所活不可勝計。今又特賜本路度牒三百、而杭獨得百道。臣謹以聖意增價召入中、米減價出賣以濟飢民、而增減耗折之餘、尚得錢米約共一萬餘貫石。臣輒以此錢米募民開湖、度可得十萬工。自今月二十八日興工、農民父老、縱觀太息、以謂二聖既捐利與民、活此一方、而又以其餘棄、興久廢無窮之利、使數千人得食其力以度此凶歲、蓋有泣下者。臣伏見民情如此、而錢米有限、所募未廣、葑合之地、尚存大半、若來者不嗣、則前功複棄、深可痛惜。若更得度牒百道、則一舉募民除去淨盡、不複遺患矣。

伏望皇帝陛下、太皇太后陛下少賜詳覽、察臣所論西湖五不可廢之狀、利害較然、特出聖斷、別賜臣度牒五十道、仍敕轉運、提刑司、於前來所賜諸州度牒二百道內、契勘賑濟支用不盡者、更撥五十道價錢與臣、通成一百道。使臣得盡力畢志、半年之間、目見西湖複唐之舊、環三十里、際山為岸、則農民父老、與羽毛鱗介、同泳聖澤、無有窮已。臣不勝大願、謹錄奏聞、伏候敕旨。

貼黃。目下浙中梅雨、葑根浮動、易為除去。及六七月、大雨時行、利以殺草、芟夷蘊崇、使不複滋蔓。又浙中農民皆言八月斷葑根、則死不複生。伏乞聖慈早賜開允、及此良時興工、不勝幸甚。

又貼黃。本州自去年至今開浚運河、引西湖水灌注其中、今來開除葑田逐一利害、臣不敢一一煩瀆天聽、別具狀申三省去訖。

15　楊孟瑛の上奏文は、注の８に引用した『西湖遊覧志』第一巻「総序」に引かれる。その内容は先に紹介した蘇東坡の上奏文に倣ったものであるため、ここでは省略する。

第11章
物流と海洋：海運と国際調達の新たな役割

田中則仁

Ⅰ．はじめに

日本は古来より海洋国家であった。古くは遣隋使、遣唐使に始まり、仏教伝来はもとより多くの文物が海を渡って日本に伝わった。アジアの多様な水事情を、歴史、生活、経済の視点から解明する本叢書で、この章では海運、物流の過去、現在そして将来の姿を考察していく。現在、日本の貿易総量の99.7％は海運によっている。今でも毎年その取扱量は増加傾向にある。海運の歴史は古く、とてもこの小論では論じきれない。そこで、水にまつわる海運の長く深い歴史の一部を、事例をもとに垣間見ていく。過去の海上交易の実態、アジア地域の日本人の活躍を整理し、現状の海運と国際物流とロジスティクスを国際経営の視点から考察してみる。

奈良東大寺の正倉院の９千点に及ぶ宝物の大半は日本製であるが、大陸からの輸入品も多く，素材，技法、デザインの面で広くアジア全域の影響がみられる品物が収められている。中世の日宋貿易においても、海外で製作され日本に持ち込まれた渡来品の品々は、日本人の羨望の的であった。そこに目を付け、平清盛は、当時の福原、現在の神戸を拠点にして日宋貿易を盛んに行い、宮中への献上品や謝礼、武士への恩賞として活用し、当時の権勢を極めた。このような日本人の舶来品志向は今に始まったことではない。日本人は歴史的にも古くから渡来品は好まれており、進んだ技法の文物を崇める意識は日本人の伝統のようである。その背景を近世の歴史の一コマから辿っていきたい。

II. 近世日本のアジア海洋交易

1. アユタヤの日本人町

近世の日本人は、実に進取の気性が強く、困難をものともせずに海洋に出かけて行った。タイの近郊アユタヤには16世紀から17世紀初めにかけて最盛期をむかえた日本人町があった。アユタヤ王朝は西暦1351年から1767年まで次のトンブリ王朝に代わるまで400年以上にわたる王朝を築いていた。アユタヤ日本人町は14世紀中頃から18世紀頃まで存続した。特に16世紀には日本人町が盛況になり、最大時には1,000人から1,500人の日本人が居住していたとの説がある。海外との海上交易には人と物の往来がある。当時のアユタヤ王朝は隣国ビルマ、現在のミャンマーとの軍事的緊張関係にあり、日本の戦国時代には諸大名間の下克上で主君を失い、浪人になった武士が糧と仕事を求めてアユタヤに行き、アユタヤ王朝の傭兵になった。山田長政は17世紀初めにアユタヤに貿易商としてわたり、交易で成功を収めたのちに当時のアユタヤ王からの信任を受けて王朝内でも成功したが政変に巻き込まれて毒殺されたのが1630年である。

アユタヤからはシカやサメなどの皮革製品や陶器、香木など日本には無い物や珍しい品が輸出された。一方、日本からアユタヤへは刀剣が輸出されていた。ビルマとの軍事対立が深刻になっていたアユタヤ王朝にとって、日本の堺で生産された上質な刃物は、現地式の刀剣や槍の穂先に加工されて実戦配備された。最先端の兵器が海を越えてアユタヤに届いたことになる。

日本国内では、戦国時代が豊臣秀吉の全国統一、徳川家康の江戸幕府開府により支配体制が整った。キリスト教の普及が徳川幕府の諸大名への政治的支配を危うくすると察知して、1635年にはキリスト教の禁教令と、海上交易をアジア方面との交易を管理していた長崎奉行に一括集中し、それ以外には下知状を発布して、その後200年余に及ぶ鎖国体制へと進んでいった。この動きを受けて、アユタヤ日本人町は衰退し、タイ社会に同化して消滅した。

このように4,000キロメートルをこえる距離をものともせず、小型船による海上交易が相当な頻度で日本と現地を往来していたことになる。しかし現場において、航海術もままならない400年前に、危険を顧みずにまさに荒海に出かけていき、海上交易に励んでいた日本人に思いをはせるとき、その情熱に改めて感心させられる。現在のアユタヤ日本人町は遺跡として記念碑が残るのみで、今や訪れる日本人も少なくなり、往時を偲ぶことはできない。

2. ベトナムの日本人町

ベトナムの中部ホイアンは、古くからの港町である。16世紀以降、ポルトガル、オランダ、中国そして日本から商人が訪れて海上交易を活発に展開した。1601年に当時の広南阮氏から徳川家康に書状が送られ、正式な国交と交易が進められた。その結果、江戸幕府との朱印状をもとに、鎖国令にいたるまでの30年間で広南には71隻の朱印船が往来したと記録にある。

その朱印船貿易最盛期には300名を超す日本人が滞在し、繁栄を極めたといわれている。しかし日本国内での鎖国令が段階的に強化されると、急ぎ帰国する日本人が増え、日本人町も急速にさびれていった。同時期、オランダ東インド会社の商館も活動していたものの、中国の華僑の影響が強くなるのにつれて、1639年には閉鎖されたという。またこの頃から、ホイアンと南シナ海を結ぶ河川に土砂が堆積して推移が浅くなり、座礁を怖れる大型の船舶が寄港できなくなったため、海上交易港はダナンに移っていった。

当時の名残は、遠来橋、通称、日本橋にみることができる。屋根がついた中国風の橋で1593年に日本人により建設されたとのことである。その後の学術調査で、現在あるこの橋は19世紀に再建されたものであることが判明したが、一部の木杭や板材が見つかっている。ホイアンの古い町並みはベトナム戦争の厳しい戦禍にも耐えて残り、1999年にユネスコの世界文化遺産に登録された。

Ⅲ. 近世日本の海上交易

1. 日本近海航路の整備

アジア地域での海上交易と同時期に、日本国内でも船の大型化による海上交易が盛んになってきた。近世初期には、近江商人が全国各地に進出していた。その近江商人が蝦夷地、現在の北海道に目を付けて、特産品を仕入れては本土の各寄港地を経由して全国の消費地に向けて廻送していた。蝦夷地からは金や皮革、海産物が集荷されていた。当時は近江商人に雇われた越前、加賀、能登、越中などの船乗りが廻送していたが、後にはこの船乗りたちが自分で船を所有し、船主として活躍することになる。

近江商人の全国への進出は紹介したが、越中商人は薬問屋、薬種商人としてその専門性を活かしながら全国で活躍していた。17 世紀の江戸幕府の成立により、全国から江戸への 5 街道の整備が進んできたが、それでも遠路の参勤交代においては、海路を利用する事例が多く見受けられた。江戸から遠い九州南部の薩摩藩では、参勤交代では大坂まで瀬戸内海航路を海路で行き、その後に東海道、中山道を利用していた。

このように近世においても、海上交通路は海の高速道路ともいえる大動脈であった。現在の高速道路が民間の自家用車のみならず、陸送輸送のトラックが夜間には列をなして貨物を運んでいるように、かつての日本近海航路は海の大動脈として明治期まで重要な役割を果たしていた。

2. 北前船の登場

北前船は江戸時代中期から明治中期まで、蝦夷地と大坂の間で、日本海各地の寄港地に立ち寄りながら、下関、瀬戸内海を通って往来した廻船である。北前とは、大坂や瀬戸内海で日本海を意味する言葉である。北日本海から来る船を北前船と呼ぶことに由来する。そのため日本海沿岸の地域では、北前船とは言わずに、千石船、弁才（べざい）船と呼ぶことがある。船の大きさは 500 石から 1,500 石であったが、中には 2,000 石に及ぶ大型船もあった。千石船は現在の積載量で 150 トンに相当する。

北前航路が確立してからは、日本海沿岸だけで大小 100 港以上の寄港地があり、その母港の多くは北陸地方に所在していた。江戸中期からの海上航路整備以来、明治中期の鉄道網整備で海運航路が代替されるまで、200 年以上にわたり日本海航路が海の高速道路として物流の大動脈の機能を担っていたことがわかる。

北前航路や西廻り航路といわれた日本海航路は、北陸の加賀藩が手掛け、大消費地であり経済の中心地であった大坂向けの航路として形成されていった。北陸の各藩は、蔵米を大阪に運び入れるため、かつては敦賀で船荷を陸揚げし、陸路と琵琶湖の水運を利用して大津、京都、大坂へと輸送していた。しかし荷の積み降ろしや陸路の搬送は手間がかかって効率が悪い。そこで加賀藩は下関から瀬戸内海を経由し、大坂に廻送する経路の確かさを示した。さらに 1672 年には、幕府の命を受け、河村瑞賢により蝦夷地と大坂を結ぶ西廻りの北前航路が拓かれたという。

3. 北前船の日本海航路

船は基本的に船主が住む港が母港で、そこから物資の集積地である大坂に出航する。大坂では生活雑貨品を積み込み、蝦夷地へ向かう途中の瀬戸内海や日本海沿岸の寄港地で物資を売買しながら航行していた。これを買積み制といい、北前船は船主が荷主であると同時に、各港で商売をしながら輸送していた。海の大動脈であり多くの物資を送っていた北前船の存在は、海をいく総合商社といって過言ではない。本州からの物品は多岐にわたる。米や塩、砂糖、酒、酢、鉄、綿、反物や衣類が海上交易の主たる品目であった。蝦夷地に向かう船を下り荷、蝦夷地から大坂方面へ向かう荷を登り荷といい、昆布、鰊、干鰯、鮭、鱈などの海産物が好まれた。航海の売り上げから原価を差し引いて現在の価値に換算すると、1 回あたり 1 億円ほどの利益になったという。現在の北海道内のかつて栄えた北前船寄港地には、鰊御殿と呼ばれる船主の豪邸がある。北前船は船主たちに巨万の富をもたらした。さらに、鰊粕や干鰯などの魚肥は、上方の綿花栽培を支え、麻に替えて肌触りの良い木綿の衣類を普及させたほか、各地の生活文化に多大な影響を及ぼしてきた。

北前船の特徴は、単に船を用船して積み荷を運ぶだけでなく、荷主たる船主が、その責任において商社機能を果たしていたことである。その間には、各主要特産品の市場価格が形成され、時には乱高下することもあったであろう。この相場観も含め、より良いものを安く仕入れて高く売るという商売上の基本ルールが形成されて現代に続いているといえよう。広島県尾道市で江戸時代中期の安政年間から 230 年続いた老舗の福利物産では、現在でも地道にちりめんとその加工食品を製造し販売している。当初は綿問屋として発足したものの、その後海産物問屋になり、今日に続く暖簾を守って7代目がその責を担っている。環境の変化に対して迅速に変化し得たものが生き残れる、とするダーウィンの進化論を企業理念として掲げながら、現社長が老舗の舵取りをしている。

Ⅳ．現代の海運と物流

1．メーカーとサプライヤーの関係

日本のものづくりにおいて、2011年3月11日の東日本大震災は大きな教訓を残した。大地震で道路網が寸断された陸上輸送はもとより、津波で多くの港を失った東北各地の多くの港湾は、改めて海運の重要性と役割を認識した。かつて1995年1月の関西淡路大震災では、神戸港が甚大な被害を受けた。その時の教訓は、16年後の東日本大震災でどのように活かされたのであろうか。

東北地方にある製造業の企業の存在が非常に大きかったことは、主要各企業の製造ラインが震災後に完全に停止したことをもってしても明らかである。一例としては、トヨタ自動車の豊田章男社長は2011年6月13日の記者発表で、同社の生産水準は2011年6月で震災前の90％、7月以降ほぼ従前の段階に復し、2011年11月頃にはグローバル（世界規模）で完全回復を図るべく挽回に努めると述べている。また半導体のルネサスエレクトロニクスは、主力の茨城県那珂工場における震災前水準の生産体制回復時期を10月末と発表した。半導体は製造業特に情報通信はじめとして、デジタル家電やその他のあらゆるものづくりにとって産業の米と言うべき基幹部品である。その生産体制の遅れと影響は、さまざま分野に計り知れない影響を与えている。生産された部品や部材、中間材が海上輸送によって日本のみならず世界各地に向けて輸出されている。仮に生産工場が被災を免れた場合でも、製品の出荷を行うトラックの手配と高速道路等の輸送経路の確保。海運においては船積みができる港湾の被害が多かった。破壊された港湾の整備だけでなく、山間部からの土砂の堆積やがれきの蓄積により、水深が上昇して座礁の危険が高まってきた。積み出しとその実態をさらに詳しく考察していきたい。

2. 一貫生産主義の時代

現在では、ものづくりの企業において、使用する部品や部材いわゆるパーツやコンポーネントの全てを自社で内製化している企業は殆どないといってよいであろう。かつて 1960 年代の日本の産業界では、原材料から完成品に至るまでの川上から川下までを、自社内で製造する一貫生産主義、いわゆるワンセット主義が支配的な考え方であった時期がある。その理由の 1 つとして、国内で部品や部材を製造できる中小中堅企業が十分育っていなかったことがある。欧米各国からの先端技術製品を輸入し、それらを分解精査し、真似して学ぶということが 1960 年代の企業の姿であった。一日でも早く最先端の技術を入手し、分解して自家薬籠中の物にすることで、欧米企業に追いつき追い越そうということが多くの日本企業の目標であった。戦前から日本企業には、それを支えることができる多くの技術蓄積や技術者の職人芸があったことは事実である。しかし敗戦後のおよそ 10 年間で、欧米企業の技術進歩に後れをとり、素材の開発もままならなかったのである。また当時の日本の中小企業では、欧米企業の先端技術製品を目にする機会も少なかった。原材料として使用する金属等の素材の研究開発力が不十分で、似て非なる物しか作れなかった。試作品を作っても、それが十分な設計強度をもっているかを検証する試験設備や公設試験機関も不足していた。現在でこそ企業の試験実験設備が充実してきたし、国や自治体の工業試験場も拡充してきた。試作した製品の強度を中立的な機関で検証することで、製品化に向けての品質を裏付けることができるようになってきた。

またワンセット主義の第 2 の理由として、日本経済の高度成長期にあって、部品の一部を外部企業に依存するよりは、自社で責任をもって製造することが、ものづくりの信頼性を維持するためにも不可欠であるとの認識と自負があったであろう。自社製品に関して自信を持って顧客に提供するためには、たとえ一部の工程であろうと他人任せにはしない、というものづくりの矜持がその仕組みを支えてきたのである。工業製品ではその部品点数が多くなればなるほど、どの部品のどの個所で不具合が生じたかを突き止めることが難しくなる。ワンセット主義の最大の利点は、製品の川上から完成段階まで、自社で責任をもって対応することであった。この努力の積み重ねが日本製品のブランド力になってきた。ブランドとはそこに内包された品質への信頼であり、また消費者に対する企業からの約束である。約束を守ることについては、全社を挙げて真剣に対応するという企業の姿勢が、今日の信用を築いてきたといっても過言ではない。経営者の意識には、自分の製品は自社で作る、という自助努力の考え方が色濃く残っていた。当時の経営者には、海運は完成品の輸出手段という位置付けが大きかった。原材料の天然資源の海外からの輸入はあるとしても、海運の存在は完成品の海外市場への輸送手段に他ならない。諸外国の企業から部品や部材を買い付けるという国際調達の発想そのものが無かったといっても過言ではないではない。

3. B2B サプライチェーン

市民生活では、毎日当然のようにスーパーマーケットやコンビニエンスストアの店頭に並んでいるさまざまな生活物資も、店ごとに日々何便もの配送トラックが届けに来ることで、商品が途切れることなく品出しが行われている。震災後の買いだめで商品が店頭から姿を消した事態に直面して、このような正確で確実な物資の供給体制いわゆるサプライチェーンが、今日の社会生活を構築していたことに改めて気付かされたといってもよかろう。

2011 年の東日本大震災を通じて、現代の社会生活がこのサプライチェーンに頼り過ぎていたことが明らかになり、その弱点も大きくクローズアップされた。下記の図表 11-1 は、サプライチェーンの概念を簡単に図式化している。

図表 11-1　B2B サプライチェーンの概念図

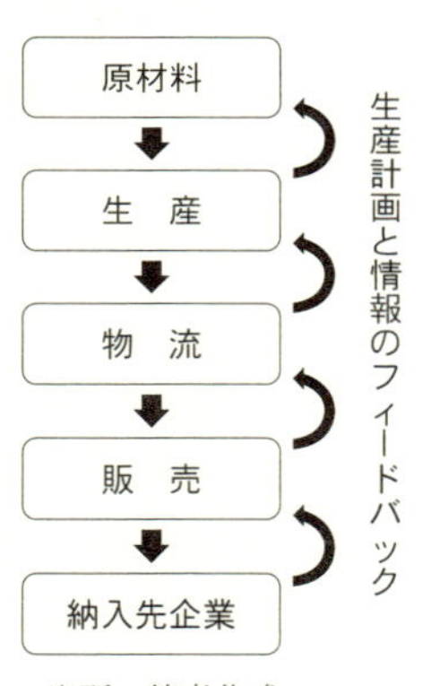

出所：筆者作成。

ここでは企業から企業への生産販売を意味する B2B（Business to Business の略）を考えてみる。サプライチェーンの重要な要素は、単なる原材料供給に始まる生産、物流、販売、企業への納入という川上から川下へという縦の流れだけではない。販売段階で顧客企業に納入された時の販売情報が、一つ前の段階に向けて次々に伝達されていく。欠品を補う物流部門への配送指示、生産部門への増産計画指示や原材料の追加調達を促す逆の流れ、これらの情報のフィードバックとしての役割も持っているのがB2Bサプライチェーンである。そしてこの段階ごとの担い手の企業が、国境を越えた海外に所在し、あるいは供給される情報や製品が海外からであったりするとき、この流れはまさにグローバルサプライチェーンというにふさわしい。下記のような製造業を前提にしたサプライチェーンマネジメントだけではない。日本の大手通信販売会社の巨大な商品倉庫は、韓国の釜山新港に置かれている。そこで消費者の注文通りのピッキングが自動で行われたのちに箱詰めされ、数時間のうちにコンテナごと船で門司港に運ばれ、日本国内の注文主に配送されている。注文主はおそらくその品物が海を越えての長旅を経て手元に届いたこともわからないであろう。

改めて震災の影響で生じた出来事を、サプライチェーンにあてはめて振り返ってみよう。消費者が日常生活で最低限必要な生活物資の買いだめに走り、通常の購入量の何倍もの需要増が生じたため、小売店での品切れが首都圏でも起こったことは記憶に新しい。水や食料はもとより乾電池に至るまで、多くの品物が短期間に売り切れてしまい、生産が追い付かない状態になって小売店での欠品が続いた。震災の被災地で物資が無くなったのであればやむをえないものの、首都圏のように現実の社会生活が数日後には復旧していた地域で起こった現象である。市民の先行きに対する不安な心理が増幅し、その結果発生したパニックによる買いだめ行動が、サプライチェーンに影響を与えたものである。また被災地だけでなく、関東圏や首都圏でもガソリンや灯油などの石油製品の買いだめによる品薄状態が響き、物資を運ぶトラックが運行できずに物流が停滞する事態になった。メーカーや卸問屋の倉庫には十分な在庫があったにもかかわらず、それを運搬する手段が運行できなかったために、店頭から商品が消えていった。

サプライチェーンの課題は、この仕組みが精緻に組み立てられているために、生産体制や物流能力を超える超過需要が短時間に発生した場合は、ほとんど無力であることを示している。コンビニエンスストア大手のローソンが、全社を挙げて被災地への物資を支援したことは特筆に値する。全国に店舗展開している同社は、激甚被災地に向けて、最も近い関東圏から物資を支援し、その関東圏に向けて東海地区から、さらには東海地区へ向けて関西地区から不足物資を送り届けたのである。被災地で必要な支援物資や各地区で不足した商品を、駅伝のたすきリレーのように西から順に東に向けて送っていったことは、危機管理対応策として大変適切な対処といえよう。この事例では、東北地区に向けて、関東地区、東海地区、さらには関西地区が後方支援拠点として機能したことになる。コンビニエンスストアでは、集中配送の仕組みをとっている。各配送センターは所管範囲の店舗に向けて、欠品補充の情報をもとに必要な数量を次の配送便で届けている。しかしこの仕組みでは、集中配送センターをエリアの中心に置いた場合の一つ単位ごとに自己完結する仕組みである。平常時であればそれで十分回ることが、今回の大震災のような場合、他のエリアや地区からの緊急配送が不足分を助け、支援することになった。すなわち物資や製品の配送が滞って不足した場合、他のエリアや地域から後方支援のように必要な物資を間違いなく届ける体制を常に考えかつ迅速に実施できるようにすることである。この点からもローソンの対応は、日本におけるサプライチェーン管理に大きな示唆を与えている。さらに陸上輸送の経路が寸断されたときに、それと並行して補完しあうような海上輸送経路が確保されていれば、災害時の物資輸送経路を複線化できるであろう。

都市型災害を想定したとき、自治体や企業に求められる役割も明らかになった。自治体は正確な被災状況や物資の支援情報を、迅速かつ正確に繰り返し発信することが求められる。企業は在庫状況を正確に示し、物資の不足は生じないことを繰り返し映像媒体やSNSなどを利用しながら伝えていくことが重要である。ガソリンを求めての長時間の車列は、それ自体が正常な判断を欠いた行為である。ガソリンの備蓄量を正確に示すことで、不要不急の買いだめに走らないことが必要であると情報発信すべきであった。

1973年10月の第一次石油危機では、OPEC（石油輸出国機構）の段階的な原油価格引き上げが行われた。当時の標準油種アラビアンライトの原油価格は1バレル（約159リットル）米ドルで2ドル70セント程度であったものが、結果的には約1年半の期間で11ドルへと4倍に高騰した。日本国内ではガソリン価格の引き上げと買いだめ石油元売りによる売り惜しみが起こった。現実には石油の備蓄が十分にあり、また石油元売り各社が石油を買い付けてきたので、需要を満たすには十分な供給量が確保されていた。この価格高騰により、他の産油国からも日本国内に向けて相当量の原油が海上輸送されていたことは、ロンドンのロイズ保険組合の日報でも明らかになっている。企業が物を運搬するときには、必ず保険をかけ、その再保険先がロイズ保険組合である。この海運情報は、正確な物流の時々刻々の動きを示しているだけに、国際物流の実態を把握することである。1973 年当時、さらに石油との因果関係が少ないトイレットペーパーの買いだめなどにも波及して、小売店での混乱が社会問題になった。このような噂が引き起こす疑心暗鬼を打ち消すような対処も、政府や自治体、そして企業が正確な情報提供を通じて行わなければならないであろう。また市民一人ひとりは、決してパニックに陥ることなく、生活物資の購入においても冷静に対処して、必要なものを必要なだけいつも通り買うことに徹すべきであろう。首都圏での品不足は、こうした買いだめがなければ、ほとんど起こり得なかった現象である。防災訓練と同時に、生活物資の買いだめは控えること、必要なものこそみんなで分け合い、助け合うことを認識しなければならない。こうした相互扶助の精神を、市民一人ひとりの倫理観としてしっかり持つことを心掛けることが必要である。社会心理学的な視点からも、サプライチェーンの体制を維持するための啓蒙的な示唆や提言が今こそ求められている。また企業においては、さらに社会の公器としての果たすべき役割を十分認識した適切な行動が必要になることはいうまでもない。

V. メーカーとサプライヤーの国際調達

1. アウトソーシングの増加

1980 年代からの急激な円高や、景気の上昇下降を繰り返す状況は、企業の経営者に多くの課題を与えた。この困難な局面において、経営者は無理、無駄、ムラを極力排除して、贅肉を削ぎ落とした企業経営の体質改善を図ってきたのである。高度成長期から十余年を経て、多くの企業は巨大に膨れ上がった設備の整理縮小を開始した。高度成長期であれば、自社設備が常にフル稼働して、生産計画の柔軟な変更も意のままであった。しかし 1970 年代の二度にわたる石油危機やニクソンショックなどの外部からの企業環境の要因を受け、ひとたび低成長期に入ると経営戦略の大きな方針転換をする必要が生じた。重厚長大型の大型機械設備は、稼働率を維持できてこそ、減価償却が可能になるが、過剰生産能力を維持するだけの需要は最早見込めなくなっていった。自社の生産能力を適正規模まで圧縮すると同時に、部品や部材の一部を外部委託するいわゆるアウトソーシングを増やしていった。工業部品の場合には、高度な加工と仕上げを要求される工程が必ずある。一部は専門の機械と職人を擁する中小中堅のサプライヤーの協力が必要な場面が出てくるものである。本来は組み立てメーカーとサプライヤーが、少しでも良いものを作りたい、作っていこうという同じ目標を共有できてはじめて緊密な連携が出来上がり、優れた製品に仕上がるものである。

ところが時がたち、人が異動で入れ替わっていく中で、次第にサプライヤーとの関係が希薄になっていく。企業間での関係では、組み立てメーカーとサプライヤーとの連携強化を継続してはいるものの、自社による内製化割合を極力切り詰め、設備投資を必要最低限にする生産の仕組みを作り上げてきた。さらにコスト削減や調達費用を切り詰めるといった、組み立てメーカー側の方針が強まると、本来底流に流れていた両社の信頼関係や情報共有といった重要な要素が、次第に欠落してしまうことになる。図表 11-2 で示すように組み立てメーカーとサプライヤーの関係には重層的な構造が出来上がっている。しか

図表 11-2　組み立てメーカーとサプライヤーの部品調達先国の関係

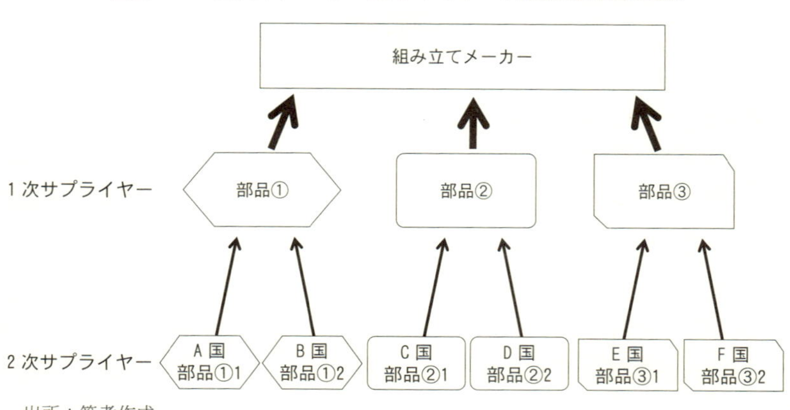

出所：筆者作成。

も、より良い部品や部材をより安い企業から購買するという国際調達の観点から、必要な部品が、必要な時に、必要な数が届く限りにおいて、その国籍は問わない仕組みができている。国際物流の現状をみると、国境を越えた迅速な海運システムにより、世界各地を部品や部材が移動し、組み立てメーカーに届けられ完成品に仕上げられている。

いまや自動車企業はもとより、家電、IT関連産業の主要企業は、いずれも製造業というよりは、サプライヤーから納入された部品や部材の組み立てメーカーと呼ぶ方がふさわしい。これらのサプライヤーとの密接な関係があってはじめて消費者が目にする製品が完成し、出来上がってきているのである。見方を変えれば、完成品の品質はサプライヤーが担っているといっても過言ではない。したがって現在の製造業ではその背景に、組み立てメーカーとサプライヤーとの密接不可分な連携が存在する。それは単なる部品納入企業と得意先という上下の関係ではなく、新製品を設計段階から意見交換してつくり上げていくという、協力関係に進化したパートナーの位置付けになっているともいえよう。さらに各サプライヤー企業が納入する部品部材は、その多くが海外の中堅企業やアジア諸国に展開する自社の製造拠点からの調達である場合が多い。2012年の年央時点で、当時の民主党政権下での円高は、諸外国からの部品調達をさらに進める方向に導いたのである。部品や部材の製造に不可欠な金型製造では、その中心的な生産拠点がすでにアジア諸国に移転していた。しかし数ミリ角内に3ピース4ピースという精密加工を必要とする金型では、依然として日本国内で経験豊富な職人による製造が継続していたものの、それらの出荷先は海外の日系企業生産拠点であることが多くなっている。

1次サプライヤーの企業のもとには、そこに部品を納入する2次サプライヤーが存在する。自動車産業であれば、さらに3次サプライヤーまで組織され、それぞれが構成部品を製造し、上位のサプライヤーに納入しているのが現状である。ものづくりにおける組み立てメーカーとサプライヤー間の、緊密で高い相互依存性を基礎としたサプライチェーンこそが、今日の日本の製造業の特徴であるといってよい。

2. グローバルサプライチェーンの課題

2011年の東日本大震災を契機に、これほど精緻に構築されたサプライチェーンの問題点が明らかになった。製造業に関わる人々の基本書ともいうべき『トヨタ生産方式』を著した大野耐一氏は、生産現場に密着して常にムリ、ムダ、ムラを無くすことを説いてきた。同様なことはサプライヤーにも向けられ、サプライヤー各社自身も、ムダとりを意識した行動を心掛けるよう訴えている。

そこで震災によって提示されたサプライチェーンの問題点を改めて検証してみよう。サプライヤーから組み立てメーカーの各現場で、余剰部品在庫を持たず、必要なモノを、必要な時に、必要な（数量）だけ組み立てラインに納入することが無駄を削ぎ落とした仕組みであった。作り過ぎや過剰な在庫は、明らかに無駄な在庫費用の積み増しである。しかし組み立てラインが停止する事は、もっと深刻な機会損失である。ここで提案していることは、無駄と知りつつ余剰な在庫を持つべきということではない。むしろ適性在庫数量を厳密に定義した上で、特に基幹部品についての危機管理としてバックアップやサポートできる体制を作ることが重要であると提示している。

ものづくりの現場において、震災による部品や部材の滞りの影響は、日本国内の企業にとどまらず、世界の主要企業の生産体制にも影響した。日本から部品や中間製品を輸入していた各国の企業は、日本からの部品供給が滞ったことを教訓にして、調達システムの危機管理を強化している。その結果、部品や部材の一部を中国やアジアのサプライヤーに求め、部品調達の多角化と危険分散を模索している。この動きが一度加速してくると、各国主要企業の日本からの部品調達離れが進み、日本企業への発注が戻ることがなくなる非可逆的な動きになることが懸念されている。

サイプライチェーンの再構築は供給体制の単なるダイエットとは本質的に異なる。人は無知なダイエットを続け、ムリな運動で体脂肪を減らし続けると、筋肉や臓器を覆っている保護膜が少なくなり、わずかな気温の変化でも風邪をひきやすくなるという。企業経営においてムダを削ぎ落とすリーン経営という概念が提唱されて久しい。現実の企業や組織において、必要な緩衝材の部分がどこにどのようにあるべきなのかを考えてみる必要がある。

3. 部品共通化と海外生産の課題

現代のものづくりで最も精緻に組み立てられているのが、自動車産業における部品調達の仕組みである。しかしこの精緻な仕組みであるからこその問題点が顕在化し、いまや再考を迫られている。改めて震災に伴う生産現場の問題点を単純に考えると、部品の供給が止まったことである。自動車一台はおよそ 2 万点から 3 万点の構成部品でできている。それらの部品を合わせて部材を作り、実際に自動車組み立てメーカーが調達する点数は、それでも 4 千点以上になる。これらの中には、一つたりとも無くて支障のない部品は存在しない。設計上の必要性から各装着部品が構成されているとはいえ、それぞれの共通化を可能な限り模索することも必要な課題であろう。

4. 部品共通化の模索

上記の各事例で明らかになったことは、供給体制の過度な効率化は、組み立てラインにおける操業停止というリスクを高めるという事実である。各社とも事故等のリスク回避のために、複数企業での生産体制を整えてはいるようであるが、アイシン精機の事例のように、重要な部品が一つでも欠ければ、部材にはならないのである。その部品を 1 社が独占的に製造していれば、決定的なリスクを負っているといわざるを得ない。そこで必要な事は、基幹部品に関する製造ラインや技術的な面でのバックアップとサポート体制を構築することに他ならない。図表 11-3 ではサプライヤーごとに基幹部品の共通化を図ることをイメージした図を示している。

大野耐一（1978）『トヨタ生産方式』では、「後工程はお客様」、「バトン・タッチ方式」、チームワークを「助け合い運動」と捉える考え方が示されている。

「後の工程の人がもたついて遅れていた場合には、その人の持ち分と思われる機械の取り外しをやってやりなさい」（同書 48 頁）

組み立てラインの作業者を部品サプライヤーに見立てれば、上記の概念図での 2 次サプライヤー各社と 1 次サプライヤーが、いわば多能工としての役割を果たすことと考えられる。多能工が組み立てラインの前後の作業を修得することと、企業が共通部品や基幹部品の製造や加工までできることとは、その要求

図表 11-3　組み立てメーカーとサプライヤーの部品調達先国の関係

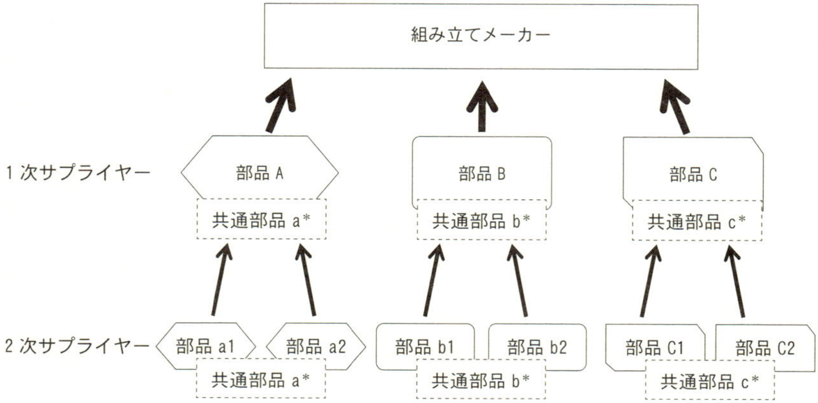

出所：筆者作成。

度において格段に違うことは事実であろう。しかしこのような発想で部品の微細加工までもバトン・リレー方式で行えることこそが、今自動車産業に限らず部品のサプライヤーを多く持つ組み立てメーカーにとって、何より必要なことではなかろうか。

そのためにはこれまでの長年にわたる限られた範囲のサプライヤー間だけでなく、より広い視野から、十分なコミュニケーションがとれるサプライヤー企業を世界市場の中で確保できるかを考える必要がある。

5. 為替動向と海外生産の課題

組み立てメーカーと部品サプライヤーの関係を、共通部品の設計思想共有という視点から考えてきた。現実に震災以降、諸外国の製造企業は、日本のサプライヤーだけでなく、アジアや他地域からも積極的に部品供給企業模索する方向に動きだしている。日本企業にとってはまさに正念場の状況である。ただし安易な提携拡大には、たとえ国内企業であっても慎重になる必要がある。今後のサプライチェーン構築を万全なものにするには、どのような課題が残るであろうかを考察してみよう。

自動車産業のみならず、IT デジタル家電でも白物家電でも、試作から量産

図表 11-4　組み立てメーカーと協力企業との関係

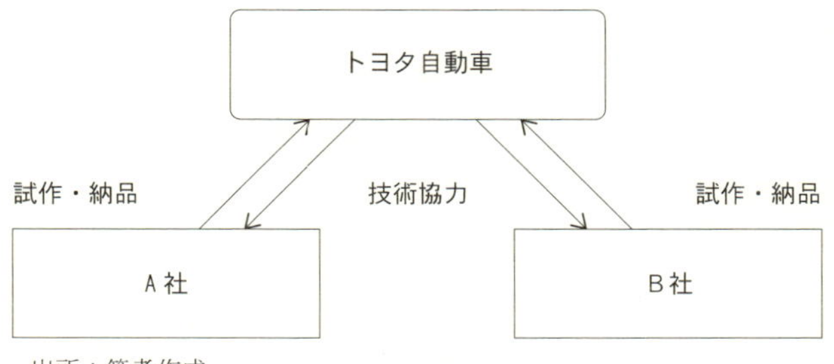

出所：筆者作成。

体制に移行する過程では、組み立てメーカーとサプライヤーとの技術の「すりあわせ」常に行われてきた。時には新製品の企画設計段階から、有力な部品サプライヤーとの共同作業が展開され、部品づくりのプロ集団であるサプライヤーが、新製品を具現化する部品を考案することもしばしばある。このようなすりあわせの思考過程を共有できるサプライヤーがいてこそ、ものづくりのパートナーといえるのであろう。

部品サプライヤーの役割は、単に部材のＡやＢを仕上げて納品する、モジュール型の役割分担ではなくなっている。モジュール部材の品質管理体制を確立し、その作り込みをすることは当然のことながら、完成品の全体的な調和のために、どのような微調整と改良が必要かを常に提案し、工夫していくカイゼンの意識を持っていなければ良い製品には仕上がらない。

6. 海外生産と国際技術移転

日本企業が戦後60有余年を経て、生産現場では団塊世代の大量退職があった。その結果、退職していった技術者に体化された熟練度と経験知も失われていったのではなかろうか。また職人気質の技術者にしか判らない暗黙知が、一体どれほど日本の作業現場内で継承されているのであろうか。これらの経験知や暗黙知を、なんとか継承可能になるようにする形式知化の努力も必要である。

特に、今後とも日本企業による生産拠点の海外移転は、進みこそすれ減少することはないであろう。一部の企業で生産拠点の国内回帰の動きがあるものの、まだ少数派であり例外事例である。そうであればなおのこと、生産現場での技術者の熟練度を高めるとともに、生産性の維持と向上にむけたあらゆる努力をすることが必要になる。職人技の形式知化に取り組み、自動車産業やデジタル家電産業などでのものづくり技術の経験、勘、コツを見える形にしていく「知識基盤化」が急務である。

日本企業のサプライチェーンは、現在大きな岐路に立っている。現在内包しているさまざまな問題が、この大震災を機に顕在化してきた。サプライチェーンの構築は、損なわれて無理があった仕組みを、外見だけ単純に元に戻すという復旧で終わってはならない。新たなシステム構築は、精巧だが脆弱なガラス細工ではなく、漆塗りのような椀のように、美しくかつ実用性を兼ね備え、しかも100年以上長持ちするような要素をこの機会に取り入れなければならない。日本企業に求められているのは、従来からの枠に縛られることなく、世界を視野にした意欲ある企業との連携である。その前向きな活動こそが、閉塞感がある現在の日本経済を、新たな方向に展開していく最良の起爆剤になるであろう。

7. 技術移転の実態

日本のものづくりにおいて、ITデジタル家電産業は10年ほど前まで、日本企業の独壇場であったといっても過言ではない。一方、半導体でのインテル、アプリケーションソフトでのマイクロソフトなど、独自の技術と高い独占的な市場支配力をもっていた企業がある。またアップルのように、個性的な製品開発により根強いファンを持ち、PCから携帯音楽端末、タブレット型端末、さらにiPhoneにみられるパームトップ型のコンピュータ機能を備えたスマートフォンを開発し、時代を先取りしてきたアメリカ企業もある。

2000年以降、日本企業は国内市場の厳しい経営環境下で、利益を計上するために事業の選択と集中を行ってきた。その過程において、大量の人員削減が行われ、多くの優秀な技術者が日本企業を去って行った。特に、1947年から49年生まれのいわゆる団塊世代の人々は、2000年以降、50歳代で長年務めたこれら企業を不本意ながら退職せざるを得なかったといってよい。しかし、日本企業での30年以上に及ぶ技術の習得で培ってきた経験と勘は、まさに成長志向の韓国や中国の企業の経営者三顧の礼で迎えるに足る技術者であり職人であった。技術は人に体化されることが多く、その職人芸こそがこれまでの日本企業の何よりの競争優位であった。

職人芸をもつ技術者たちは、この 10 数年間に海外企業からの誘いを受け、2 年間あるは 3 年間などの諸条件で韓国や中国の企業に雇用された。現地では、日本企業の最先端の技術を学ぶべく、若い技術者たちがそのノウハウを吸収していった。日本人のベテラン技術者たちは、本来であれば自社の若手工員を指導し、鍛え上げげたいところであったろうが、経営者の近視眼的な経営判断により、職を去っていったのである。技術者としての経験と勘は、むしろ韓国や中国の技術吸収に貪欲な若手工員たちに移転されていった。そこには同じ技術者としての知識欲や向上心を感じ、国境を越えて自らの技術を伝達することにこそ技術者の使命と誇りを感じたのではなかろうか。海外の新天地で活躍する日本人のベテラン技術者に聞くたびに、異口同音に返ってくるのは、当時の経営者が現場を顧みなかったこと。特に、日本の主要企業の競争力が何によって支えられているかを肌で感じていなかったとの厳しい意見である。日本企業の全てが、このような人員削減で利益を計上し、表面的な体裁を繕ってきたということではない。しかし、企業にとっての一番の財産である人材を粗略に扱ってきた企業は、現在厳しいしっぺ返しを国際市場で受けている。

VI. 望まれる国際的企業間連携

1. サプライヤーの底力

いまや自動車企業はもとより、家電、IT 関連産業の主要企業は、いずれも製造業というよりは、電子部品専業のアウトソーシング企業である EMS（Electronics Manufacturing Services）サプライヤーから納入された部品や部材の組み立てメーカーという方がふさわしい。これらのサプライヤーとの密接な関係があってはじめて消費者が目にする製品が完成し、出来上がってきているのである。見方を変えれば、完成品の品質は EMS サプライヤーが担っているといっても過言ではない。したがって現在の製造業ではその背景に、組み立てメーカーとサプライヤーとの密接不可分な連携が存在する。それは単なる部品納入企業と得意先という上下の関係ではなく、新製品を設計段階から意見交換してつくり上げていくという、協力関係に進化したパートナーの位置付けになっているともいえよう。さらに各サプライヤー企業が納入する部品部材は、その多くが海外の中堅企業やアジア諸国に展開する自社の製造拠点からの調達である場合が多い。2012年時点での民主党政権（当時）時の円高は、諸外国からの国際部品調達をさらに進める方向に導いたのである。部品部材の製造に不可欠な金型製造では、その中心的な生産拠点がすでにアジア諸国に移転している。精密加工を必要とする一部の金型では、依然として日本国内で経験豊富な職人による製造が継続しているが、それらの出荷先は海外の日系企業生産拠点であることが多くなっている。またこれらの職人芸を持つ技術者たちは現在では高齢化し、若手技術者たちがそれらを自家薬籠中のものにするには、最早時間がないのが現状であろう。ものづくりにおける組み立てメーカーとサプライヤー間での、職人的な技術者同士の緊密で高い相互依存関係を基礎としたサプライチェーンこそが、これまでの日本の製造業の特徴であり、競争優位の源泉であったといってよい。

2. サプライチェーンの課題

ものづくりの現場において、震災による部品や部材の滞りの影響は、日本国内の企業にとどまらず、世界の主要企業の生産体制にも影響した。日本から部品や中間製品を輸入していた各国の企業は、日本からの部品供給が滞ったことを教訓にして、調達システムの危機管理を強化している。その結果、部品や部材の一部を中国やアジアのサプライヤーに求め、部品調達の多角化と危険分散を模索している。この動きが一度加速してくると、各国主要企業の日本からの部品調達離れが進み、日本企業への発注が戻ることがなくなる非可逆的な動きになることが懸念されている。

サプライチェーンの再構築は供給体制の単なるダイエットとは本質的に異なる。企業経営においてムダを削ぎ落とすリーン経営という概念が提唱されて久しい。現実の企業や組織において、必要な緩衝材の部分がどこにどのようにあるべきなのかを考えてみる必要がある。そのためにはこれまでの長年にわたる限られた範囲のサプライヤー間だけでなく、より広い視野から、十分なコミュニケーションがとれるサプライヤー企業を世界市場の中で確保できるかを考え、次世代の企業間連携の構築を考える必要がある。

新たな企業間連携のシステム構築は、実用性を兼ね備え、しかも強靭で長持ちするような要素をこの機会に取り入れなければならない。日本企業に求められているのは、従来からの枠に縛られることなく、世界を視野にした意欲ある企業との連携である。特に、韓国や中国の企業、国際市場での競争相手として牽制することは意味がなかろう。むしろ、これらアジアの成長企業との新たな企業間連携を創造し、優位な人材を育てていくことこそが、真の意味での企業の長期的発展になるであろう。その前向きな活動こそが、少しは明るさが見えてきた現在の日本経済を、一層、新たな方向に展開していく活力になるであろう。

3. 今後の海運と物流の方向性

これからの海運はどのような方向に進むのであろうか。企業は常に必要な部品を必要な個数、必要な時に入手するジャストインタイムの納入システムを国際的な視点で構築することを追及している。その結果、本社所在地や本社工場とは離れた遠隔地にも部品や部材の中間製造拠点を設けて、最終組み立てにつなげていく精巧なサプライチェーンが構築されてきた。その仕組みを海運の視点から分析していく必要がある。

① リードタイムの短縮：企業にとっての一番の課題は企画、製造から最終出荷までの所要時間の短縮である。各段階に要する時間を費用と考えれば、これを短縮することが急務であることは明らかであろう。

② シームレス物流：国際物流の最大の課題は、流れるよう物流の仕組みである。多くの物資がコンテナ輸送される今日にあって、各コンテナを運ぶトラック（ヘッド）がどの国の登録ナンバーであっても、接岸と同時に運転手が乗り込んで、目的地に自走できるような仕組みを国家間で道路運送車両法などの関係法規の調整を行って整備することが課題である。北海道の物流の南の玄関口である苫小牧港では、埠頭に全国のナンバープレートを付けたトラックのヘッドが並んでいる。これらのトラックは、予定した

コンテナが着くたびに、苫小牧港周辺に位置する、自動車関連のサプライヤー企業に迅速に向かって行くのである。トヨタ自動車北海道、いすゞエンジン製造北海道、アイシン北海道など、多くの従業員を擁して中心的な役割を担っているサプライヤーが所在している。これを可能にするのが、シームレス物流の仕組みである。この仕組みが国境を越えて構築されれば、さらなる国際物流の時代が開かれるであろう。

③　ハブ化（集中配送拠点）：物流の仕組みとして、ハブアンドスポークの考え方がある。世界地図をもとに、港湾や空港、高速道路などの輸送経路を総合的にみながら、最適な位置に集中配送拠点であるハブを置くことで、効率的な物流の仕組みが出来上がる。

④　サードパーティーロジスティクス（3PL）：現在、多くの家電、自動車メーカーは組み立て企業になっている。その効率化を図るために、極力部品在庫は自社内に置かない仕組みが完成している。それを可能にするのは、運送業や倉庫業の企業が、サプライヤー企業から集めてきた部品や部材を一度倉庫に保管して、組み立てメーカーの発注指示書に応じてそれらを定時定点で届けることがサードパーティーロジスティクスである。この仕組みがさらに広範に行われることで、集積の利益が拡大し、効果が倍増するであろう。

海運と国際物流の分野には、まだ解決すべき課題や問題が多い。釜山新港、仁川空港をはじめとして、新たな物流ロジスティックスの世界が進行していることは明らかである。上記の事項はそのごく一部でしかなく、国境を越えた視野の広がりの中で、今後の姿を可視化できるような基本方針の策定と戦略提案を考察することが求められている。

参考文献

石井米雄・吉川利治編（1993）『タイの事典』同朋舎、257-258頁。
石原伸志・魚住和宏・大泉啓一郎編著（2016）『ASEANの流通と貿易―AEC発足後のGSM産業地図と企業戦略』成山堂書店。
伊藤賢次（2009）『国際経営―日本企業の国際化と東アジアへの進出』新版、創成社。
馬田啓一（2015）「メガFTAの潮流と日本の通商戦略の課題」『日本国際経済学会年報―新段階を迎えた日本のグローバル化―課題と展望』日本国際経済学会編、第66巻。
田中則仁（2017）「国際経営のパラダイム転換」『国際経営論集』神奈川大学経営学部、第53巻、3月。

田中則仁（2016）「地域創生と地場産業の振興」（SME 中小企業研究センター中間報告）『国際経営フォーラム』神奈川大学国際経営研究所、11 月。
田中則仁（2016）「国際企業環境とアジアの地域統合」『国際経営論集』神奈川大学経営学部、第 51 巻、3 月。
田中則仁（2015）「国際企業環境の課題―アジア地域におけるインフラ形成の一考察―」『国際経営論集』神奈川大学経営学部、第 50 巻、11 月。
田中則仁（2015）「日本企業の国際経営活動―アジア地域事業展開の一考察―」『国際経営論集』神奈川大学経営学部、第 49 巻、3 月。
中西聡（2017）『北前船の近代史（改訂増補版）』交通ブックス、成山堂書店。

あとがき

神奈川大学アジア研究センターは、アジア研究を目的に全学部の横断的な研究組織として2013年設立された。学際的な個別共同研究プロジェクトと同時に、センター全体で取組める「総合研究」を設けることが決められた。そして「アジアの水に関する総合的研究」は、センターの全所員・研究員が取り組める総合的課題として始まった。水に関心を持っている研究員が中心となって、5年間にわたり研究を進め、個々人の問題や課題を報告し合い、それぞれの問題意識を深めた。研究叢書としてまとめ出版できたので研究代表者としてほっとしているが、水研究の奥の深さ、総合的に研究する難しさを認識した次第である。

水は、我々の生存、生活に不可欠のものであるとの観点から水を取り上げた。我々の生活と水との関係を、執筆者の専門や興味から論じたもので、歴史的な視点、生活における水、経済における水など、水に関する一断面を取り上げたので、体系だって論じたものでなく、まとまりを欠く印象は否めない。しかし、水に興味を持った所員や客員研究員が、タイや中国、韓国などアジアの国々で現地調査をした成果の一部でもある。個々のメンバーは、水の研究者というより、政治や経済、歴史、民俗など異なった専門領域を持っており、そうした専門領域からみて水がどのように見えるのかといった視点で論じている。アジアの多様な水の一端を紹介できたのではないかと考えている。

現在、地球上の水は、97.5%が海水などの塩水で、淡水は2.5%しかない。そのうち、氷河等に1.76%、地下水として0. 76%、河川、湖沼などが0.01%であると言われている。そのため、我々が活用できる水は、地球上のほんのわずかな水に過ぎない。そのわずかな水のうち、70%が農業用水として利用され、工業用水が20%、残り10%が生活用水として活用されている。しかも、世界の水が偏在していることも問題を複雑にしている。

日本は、水の豊富な国と思われている。「湯水のごとく使う」という表現があるように、水を惜しげもなく、無尽蔵のごとく使ってきたように思われる。一方、バーチャル・ウオーター（仮想水）という概念を使うと日本は水の輸入国だという。日本の食料自給率はカロリーベースで40％である。多くの食料を輸入に依存している。農産物や畜産物を生産するのに必要な水を貿易売買で換算すると、日本は海外の水に依存する水の輸入国になる。日本が水不足に直面する可能性が出てくる。

世界経済が成長し、所得が増加し生活が豊かになると水需要は大きく増大する。限られた水資源を有効活用しないと、水不足が深刻化することは確実である。また、自然災害や地下水の過剰取水から水資源の枯渇の問題も出てくる。水不足の影響は、まず、農業生産に影響する。増加する世界の人口を賄うために食料の増産をしなければならない。しかし、水が不足すると食料を生産できない。食料不足と飢饉が深刻な問題として浮上する可能性が出てくる。日本は、世界の水不足で農産物・畜産物を輸入できなくなる。食料安全保障という問題に直面するかもしれない。

水は、我々の生活に不可欠なものであるがゆえに、水不足は、世界の重要課題と考えられる。水不足の危機は刻々と迫っているため、その紛争のリスクは高まっている。その世界的なリスクにいかに対応し、リスクを回避し、問題を解決していくのか問われている。今後とも避けて通れない問題であり、いろいろな視点から検討しなければならない。

水不足の原因はなにか。経済発展や人口増に伴う水需要の増大なのか、環境汚染によるものなのか、地球温暖化・気候変動あるいは経済開発などによる水環境や生態系の変化などによるものなのか。その原因に対し、対策が求められる。また、水不足は、経済・産業・生活だけでなく、政治への影響、国際政治・安全保障との関係もある。特に、国際河川をめぐる水争いは、戦争に至る懸念も出てくる。

限られた水資源をいかに有効活用するかという視点も必要である。ITを利用した節水、農業における点滴灌漑のような農業イノベーション、水の生産として海水の淡水化も考えられるが、コスト面など工学的視点も必要である。水は公共財であるため、水ビジネスのような市場を通じて解決できるのだろうか。いろいろな疑問や課題が浮かび上がってくる。また、課題は、水不足だけでなく、気候変動による巨大台風や集中豪雨、水害、旱魃などの水被害、自然災害による水リスクもある。水研究は多方面にわたり、捉えどころがなく非常に難しい。しっかりとした分析視点を持たないと、問題をとらえられない。「水危機の世紀」と言われる現在、持続的な水利用を可能にするために、水の研究は、あらゆる観点から行われなければならない。

最後に、出版事情の厳しい折、快く出版を引き受けてくださった文眞堂の社長前野隆氏と編集作業にご尽力いただいた営業部長の前野弘太氏に感謝を申し上げたい。また、本書は、神奈川大学の出版助成により出版することができた。神奈川大学は、研究条件に恵まれた大学であり感謝したい。本書には、不十分な点や気づかない誤りも多いと思われるが、読者諸賢のご批判・ご指導を仰げたら幸いである。

2018 年 1 月

秋山憲治

執筆者紹介

（執筆順）

後藤　晃（まえがき、第3章）　編者

最終学歴：東京大学大学院農学系研究科農業経済学専攻博士課程中途退学

専門：中東経済論、農業経済学

現職：神奈川大学名誉教授

主要著書：『中東の農業社会と国家』御茶の水書房、2002年

『人口、移民、都市と食』駱駝舎、2014年

『オアシス社会50年の軌跡』編著、御茶の水書房、2015年

佐藤　寛（第1章）

最終学歴：横浜市立大学大学院国際文化研究科博士課程修了、博士（国際学）

専門：環境社会学、環境政策

現職：中央学院大学現代教養学部長・教授

主要著書：『水循環健全化対策の基礎研究―計画・評価・協働』共著、成文堂、2014年

『水循環保全再生政策の動向―利根川流域圏内における研究』共著、成文堂、2015年

『モンゴル国の環境と水資源―ウランバートル市の水事情』成文堂、2017年

秋山憲治（第2章、あとがき）　編者

最終学歴：横浜市立大学大学院経済学研究科修士課程修了、博士（経済学）

専門：貿易政策、国際経済関係論

現職：神奈川大学経済学部教授

主要著書：『経済のグローバル化と日本』御茶の水書房、2003年

『米国・中国・日本の国際貿易関係』白桃書房、2009年

『貿易政策と国際経済関係』同文舘出版、2017年

内藤徹雄（第4章）

最終学歴：東京外国語大学スペイン語学科（国際関係専修課程）卒業

専門：国際経済・国際金融

現職：共栄大学名誉教授・神奈川大学経済学部非常勤講師

主要著書：『実践国際金融論』共著、経済法令研究会、2000年

『中国産業の興隆と日本の試練』共著、(株)エルコ、2003年

『多角的視点からみるアジアの経済統合』共著、文眞堂、2003年

山家京子（第5章）

最終学歴：東京大学大学院工学系研究科博士課程修了、博士（工学）

専門：都市計画、まちづくり

現職：神奈川大学工学部教授
主要著書：『建築・都市計画のための調査・分析方法［改訂版］』井上書院、2012年
『空間学事典【増補改訂版】』共著、井上書院、2016年
『アジアのまち再生―社会遺産を力に―』共著、鹿島出版会，2017年

鄭一止（第5章）
最終学歴：東京大学大学院工学系研究科博士課程修了、博士（工学）
専門：都市計画、まちづくり
現職：熊本県立大学居住環境学科准教授
主要著書：『自分にあわせてまちを変えてみる力―韓国・台湾のまちづくり』共著、萌文社、2016年
『アジアのまち再生―社会遺産を力に―』共著、鹿島出版会，2017年
『世界のSSD100―都市持続再生のツボ』共著、彰国社、2007年

川瀬　博（第6章）
最終学歴：東京教育大学理学部生物学科植物学専攻卒業、横浜国立大学大学院博士（学術）
専門：環境政策、環境学
現職：神奈川大学法学部特任教授
主要著書：『人間と自然のエコロジー』第一法規出版、1995年
『自治体環境政策の展望（改訂版）』共著、神奈川大学生協書籍部、2010年
『池子の森のエコフィロソフィ』共著、合同出版、2013年

松本武祝（第7章）
最終学歴：東京大学大学院農学系研究科農業経済学専攻博士課程修了　農学博士
専門：農業経済学、植民地朝鮮史
現職：東京大学大学院農学生命科学研究科教授
主要著書：『植民地期朝鮮の水利組合事業』未来社、1991年
『植民地権力と朝鮮農民』社会評論社、1998年
『朝鮮農村の〈植民地近代〉経験』社会評論社、2005年

高城　玲（第8章）
最終学歴：総合研究大学院大学文化科学研究科博士後期課程単位取得退学、博士（文学）
専門：文化人類学、東南アジア（タイ）研究
現職：神奈川大学経営学部教授
主要著書：『秩序のミクロロジー―タイ農村における相互行為の民族誌』神奈川大学出版会、2014年
『甦る民俗映像―渋沢敬三と宮本馨太郎が撮った1930年代の日本・アジア』共編著、岩波書店、2016年
『大学生のための異文化・国際理解―差異と多様性への誘い』編著、丸善出版、

2017年

廣田律子（第9章）
　最終学歴：慶応義塾大学大学院文学研究科史学専攻修士課程修了、博士（文学）
　専門：中国祭祀儀礼
　現職：神奈川大学経営学部教授
　主要著書：『ミエン・ヤオの歌謡と儀礼』大学教育出版、2016年
　　　　　　『中国民間祭祀芸能の研究』（博士論文）風響社、2011年

鈴木陽一（第10章）
　最終学歴：東京都立大学大学院人文科学研究科博士課程単位満了退学
　専門：中国白話小説史、江南地域文化
　現職：神奈川大学外国語学部教授
　主要著書：『小説的読法』北京文聯出版社、2000年
　　　　　　『中国の英雄豪傑を読む』編著、大修館、2002年
　　　　　　『金庸は語る』編著、お茶の水書房、2003年
　　　　　　『宣教師漢文小説の研究』監訳（宋莉華著、青木萌訳）、東方書店、2017年

田中則仁（第11章）
　最終学歴：上智大学大学院経済学研究科博士後期課程単位取得退学
　専門：国際経営論、多国籍企業論
　現職：神奈川大学経営学部教授
　主要著書・論文：『東アジアの地域協力と秩序再編』共編著、御茶の水書房、2012年
　　　　　　　　　「地場産業の振興と中小企業」『国際経営フォーラム』、2016年
　　　　　　　　　「国際経営のパラダイム転換」『国際経営論集』、2017年

アジア社会と水
―アジアが抱える現代の水問題―

2018年3月31日　第1版第1刷発行　　検印省略

編著者　後藤　晃
秋山憲治
発行者　前野　隆

発行所　東京都新宿区早稲田鶴巻町533
株式会社　文眞堂
電話　03（3202）8480
FAX　03（3203）2638
http://www.bunshin-do.co.jp
郵便番号(162-0041) 振替00120-2-96437

製作・モリモト印刷

定価はカバー裏に表示してあります
ISBN978-4-8309-4987-6 C3036